电力电子系统电磁干扰
分析与主动抑制

李 虹 杨志昌 张柏华 著

科学出版社

北 京

内 容 简 介

本书介绍了电力电子系统电磁干扰的形成机理、建模方法和主动抑制技术。针对基于全控器件的现代电力电子装置电磁干扰源的新特点，提出了电磁干扰分析与预测模型；通过分析不同频段电磁干扰决定因素，分别提出了基于混沌脉宽调制、有源驱动、有源电磁干扰滤波等主动电磁干扰抑制技术，在不增加或少增加电力电子装置体积、重量的前提下，有效降低了电磁干扰幅值并缓解了电力电子装置高功率密度与良好电磁兼容性之间的矛盾。

本书的读者对象为电气工程领域的高校教师、研究生，以及电磁兼容相关专业的技术人员。

图书在版编目（CIP）数据

电力电子系统电磁干扰分析与主动抑制 / 李虹，杨志昌，张柏华著. —北京：科学出版社，2023.6

ISBN 978-7-03-073181-4

Ⅰ. ①电… Ⅱ. ①李… ②杨… ③张… Ⅲ. ①电磁干扰–研究 Ⅳ. ①TM15

中国版本图书馆CIP数据核字（2022）第168315号

责任编辑：张海娜 纪四稳／责任校对：王 瑞
责任印制：赵 博／封面设计：蓝正设计

科 学 出 版 社 出版

北京东黄城根北街 16 号
邮政编码：100717
http://www.sciencep.com

中煤（北京）印务有限公司印刷
科学出版社发行 各地新华书店经销

＊

2023 年 6 月第 一 版 开本：720×1000 1/16
2024 年 4 月第二次印刷 印张：20
字数：398 000

定价：138.00 元

（如有印装质量问题，我社负责调换）

序

  电磁干扰是电力电子系统产品开发无法回避的问题。然而，国内外专门从事电力电子系统电磁干扰分析和抑制研究的学者并不多，工业界也难以获得更多技术上的支持，工程师大多是在实践中掌握解决电磁干扰问题的技术，并且较常采用产品样机研制、电磁干扰测试、电磁干扰抑制等被动解决方式。

  电力电子系统的电磁干扰行为与其他电气、电子设备相比有明显的不同：首先，电力电子器件在开关过程中产生非常高的电流和电压变化率，通过电路中的寄生电感和电容产生强烈的电磁噪声，作为主要的电磁干扰源，以传导和近场干扰形式传播；其次，电力电子系统电磁干扰的频带非常宽，采用传统的屏蔽和无源滤波技术难以有效抑制，且增大了系统的体积和重量；最后，电力电子系统的功率电路与控制电路通常布置在一起，强电磁干扰对弱电系统可靠运行影响大，此外大功率电力电子系统的体积、重量都很大，给电磁干扰实际测量带来很大的困难。

  李虹教授及其团队一直从事电力电子系统电磁干扰分析和抑制的研究，在研究思路上另辟蹊径，从混沌脉宽调制机理、有源驱动技术上提出了电力电子系统电磁干扰的主动抑制技术。混沌脉宽调制机理抑制电磁干扰源于混沌信号的连续频谱特性，可以使得电磁干扰产生的能量在一个较宽的范围内均布，从而降低电磁干扰的峰值。与现有随机脉宽调制相比，混沌脉宽调制避免了实际无法产生随机调制信号的困难；而与抖频技术相比，混沌脉宽调制频率变化可由简单的混沌电路产生，且混沌的有界性可以控制纹波的大小，因此是一种从机理上抑制电磁干扰的全新、可以广泛应用的技术。针对宽禁带功率器件的特点，采用有源驱动技术抑制电力电子系统电磁干扰是一个新的研究方向，也必将推动宽禁带功率器件电力电子系统的发展。

  《电力电子系统电磁干扰分析与主动抑制》一书是李虹教授多年深耕电力电子系统电磁干扰分析及抑制研究的结晶，不仅在理论上有很高的学术价值，而且是对航空航天、轨道交通、大功率电源等领域应用成果的总结，具有很好的实用性。该书的出版将促进电力电子系统电磁干扰的研究，推动这一领域的技术发展。

张波

华南理工大学教授

2023 年 3 月 25 日于华园

前　言

　　电力电子装置作为实现电能高效可控变换的主要技术手段，已经广泛应用于可再生能源发电、输配电系统、交通运输、信息和通信、国防科技、工业制造、家用电器等领域，现阶段超过 70%的电能需要经过电力电子装置进行电能变换后使用。电磁兼容问题是所有电力电子装置所面临的共性问题。电力电子装置向着小型化和集成化方向发展，使得电力电子装置内部电磁环境越来越复杂。电力电子装置产生的电磁干扰会对装置本身和周围电子设备的正常工作产生威胁，关系到电力电子系统的可靠运行，而电力电子装置电气性能研究日益成熟，电力电子系统的电磁干扰问题已经逐渐成为制约电力电子技术进一步发展的关键问题。

　　电力电子系统电磁干扰问题的根源是半导体开关器件的不断发展，尤其是宽禁带、超宽禁带半导体开关器件的出现和商业化应用，使得电力电子系统朝着高频化方向发展，其开关频率已经从几十千赫兹逐步发展到上兆赫兹，用传递信号的速率传递能量；另外，为了实现电力电子系统的高功率密度，降低系统损耗，电力电子系统的电压等级也逐步提升，使得半导体开关器件在开关过程中产生的电压和电流变化率越来越大，其产生的高频干扰也愈加严重，电力电子系统的电磁干扰面临着诸多新的挑战。

　　由电磁兼容基本原理可知，电磁干扰三要素为电磁干扰源、电磁干扰传播路径和敏感设备。由于电磁干扰源的偶发性和不确定性，传统的电磁干扰抑制方法主要集中在干扰传播路径和敏感设备方面，即采用电磁干扰滤波器或者接地技术切断电磁干扰的传播路径，并通过屏蔽的方法对敏感设备进行防护。虽然传统的电磁干扰抑制方法可以很好地抑制电磁干扰现象，但电磁干扰滤波器和屏蔽设备的大量使用，往往不可避免地伴随着成本、体积和重量的增加以及系统效率的牺牲，这与电力电子系统向高效、高功率密度发展的目标相悖。

　　由电磁干扰三要素可知，除了切断电磁干扰的传播路径，从电磁干扰源入手，减少电磁干扰源的数量或发射水平，也可有效抑制电磁干扰。在电力电子系统中，变换器中半导体开关器件持续高频的开关动作产生严重的电磁干扰，是系统中主要、明确的电磁干扰源。因此，针对电力电子系统中电磁干扰源采用电磁干扰主动抑制方法，同样可以实现对系统中电磁干扰的有效控制，从而避免滤波器与屏蔽器的大量使用，能够更加有效地降低系统的体积和重量，提高系统效率和功率密度。此外，能够对系统电磁干扰水平进行实时在线调节，是电磁干扰主动抑制方法相较于传统方法的另一个优点。例如，当电磁干扰滤波器发生老化造成电磁干扰抑制性能下降或电力电子系统中器件性能发生改变时，可通过电磁干扰主动抑制方法对系统的电磁兼容性能进行主动调整，保证系统安全可靠地运行。

　　本书针对基于全控器件的现代电力电子装置电磁干扰问题，提出电磁干扰建模方法和主动抑制策略，并形成适用于电力电子系统的一般性建模和抑制方法。电磁干扰建模方法为电力电子装置的电磁兼容设计提供理论指导；电磁干扰主动抑制策略实现从源头上抑制电磁干扰发射，能够在不增加电力电子装置体积和重量的前提下，有效抑制电磁干扰幅值，有助于电力电子装置向小型化和高功率密度化发展。

　　为了使广大读者对电力电子系统电磁干扰主动抑制方法有一个全面与系统的了解，本书作者结合多年教学和科研实践中取得的研究成果介绍电力电子系统电磁干扰的原理、建模方法和主动抑制技术等。本书针对当前电力电子系统电磁干扰出现的新问题和新特点，基于全控器件的现代电力电子装置电磁干扰的特点，建立电磁干扰分析与预测模型；通过分析电力电子系统不同频段电磁干扰的决定因素，分别提出基于混沌脉宽调制、多电平调制、有源驱动等技术的电磁干扰主动抑制技术，在不增加电力电子装置体积和重量的前提下，有效抑制电磁干扰的幅值，提高系统的可靠性。此外，基于宽禁带半导体器件的电力电子系统的电磁干扰分析与抑制、电磁干扰源的主动抑制技术也是本书重点介绍的内容。本书提供了大量电磁兼容设计实例，并展现了从理论设计、公式推导到仿真和试验验证的完整的电磁兼容设计流程。本书的研究内容有助于提高电力电子装置的安全性和可靠性，为电力电子与电力传动学科的发展提供电磁兼容理论依据和技术应用基础。

　　全书共 7 章，第 1 章概述电磁兼容的基本概念和电磁干扰测试与标准等内容；第 2 章总结电力电子系统中的电磁干扰问题、电磁干扰分析和抑制方法等；第 3 章着重介绍电力电子系统中的电磁干扰建模、量化与预测方法；第 4 章和第 5 章分别详细介绍基于混沌脉宽调制的电力电子系统的电磁干扰主动抑制方法和混沌脉宽调制与电磁干扰滤波器设计相结合的电磁干扰抑制方法；第 6 章详细介绍基于有源驱动技术的电力电子系统电磁干扰主动抑制方法；第 7 章主要介绍基于模块化多电平变换器的共模电磁干扰主动抑制方法。其中第 1 章和第 3 章由张柏华撰写，第 2 章、第 5~7 章由李虹撰写，第 4 章由杨志昌撰写。本书的完成，还要感谢李虹课题组的丁宇行、王佳信、蒋艳锋、冯超、张冲默、邱志东、刘永迪、周泽曦、潘锦昌等学生，他们的研究成果贡献了本书的部分章节内容，同时他们也参与了本书的绘图和校对工作，在此深表谢意。另外，书中还引用了国内外有关学者的部分研究结论，在此一并表示衷心的感谢。

由于作者的学术水平和写作经验有限，加之电磁兼容是一门在实践和运用中不断发展和进步的学科，书中内容难免有疏漏或不足之处，殷切希望各位读者和专家批评指正。

李　虹

2023 年 2 月

目　　录

第1章 电磁干扰概述

随着电力系统、电气工程和电子工程相关技术的迅猛发展,电磁兼容问题几乎涉及所有用电设备和系统。特别是随着各领域中的设备和系统向着高频、高速、高密度(小型化、大规模集成化)和大功率方向高速发展,电磁兼容问题呈现出前所未有的重要性,尤其是用电设备、系统的电磁干扰(electromagnetic interference, EMI)问题更加突出,越来越需要得到足够的重视。

本章介绍电磁兼容与电磁干扰的基本概念、电磁干扰形成的三要素,以及电磁干扰测试与标准,即电磁干扰的量化方法与限值。

1.1 电磁兼容基本概念

1.1.1 电磁环境

我国国家军用标准(简称国军标)GJB 72A—2002《电磁干扰和电磁兼容性术语》中对电磁环境的定义为存在于某场所的所有电磁现象的总和[1],即在一定的空域、时域和频域内由自然或人为产生的包括电场、磁场和电磁场的所有电磁现象。

电磁环境对电力电子系统、设备、装置运行能力的影响称为电磁环境效应,它覆盖了包括电磁兼容性(electromagnetic compatibility, EMC)、电磁干扰、电磁易损性、电磁脉冲、电子对抗、电磁辐射等所有电磁学科的内容。

各个领域中电力、电气、电子设备和系统自身的功率能量及功率密度的不断增加,致使周围的电磁环境遭受的电磁污染日益严重;另外,在有限的空间、时间和频谱资源下,各类用电设备的数量急剧增加,密集程度也越来越高,给电磁环境的治理增加了难度。在恶劣的电磁环境下,往往会使用电设备或系统无法正常工作,造成其性能降级甚至故障从而引发事故。因此,电磁环境的影响越来越需要得到足够的重视。如果对电磁环境的应对措施不充足,那么可能引起电磁兼容问题、造成经济损失甚至人身伤亡等严重事故。

2011年7月23日发生的甬温线特别重大铁路交通事故,由于雷击造成列控中心采集驱动单元采集电路电源回路中的保险管熔断,采集数据不再更新,错误地控制轨道电路发码及信号显示,使行车处于不安全状态;同时雷击还造成了轨道电路发送器与列控中心的通信故障,最终造成列车追尾的重大事故[2]。2018年5月1日千架无人机在西安南门上空编队飞行表演,无人机排列组成一系列文字与图案，该表演创造了"最多无人机同时飞行"的吉尼斯世界纪录，然而无人机表演过程中出现"乱码"，未能完成相关图案，经分析是由于部分无人机的定位及辅助定位系统在起飞后受到定向干扰，造成其位置和高度数据异常，导致未能呈现预期效果。

1.1.2　电磁兼容定义

电磁兼容是指设备、分系统、系统在共同的电磁环境中能一起执行各自功能的共存状态。而电磁兼容性在 GB/T 4365—2003《电工术语 电磁兼容》中的定义为设备或系统在电磁环境中能正常工作且不对该环境中任何事物构成不能承受的电磁骚扰(electromagnetic disturbance，EMD)的能力[3]。在工程实践中，往往不加区别地使用"电磁兼容"和"电磁兼容性"，且采用同一英文缩写 EMC。

国军标 GJB 72A—2002《电磁干扰和电磁兼容性术语》中对电磁兼容性的定义包括以下两个方面[1]：

(1)设备、分系统、系统在预定的电磁环境中运行时，可按规定的安全裕度实现设计的工作性能，且不因电磁干扰而受损或产生不可接受的降级；

(2)设备、分系统、系统在预定的电磁环境中正常地工作且不会给环境(或其他设备)带来不可接受的电磁干扰。

由此可见，电磁兼容性要求设备或系统对其所在环境产生的电磁干扰不能超过一定的限值；同时要求设备或系统需要具备一定的抗扰度，使其电磁敏感度(electromagnetic susceptibility，EMS)能够满足在其工作的电磁环境中正常工作的要求，敏感度在民用标准中又称为抗扰度。根据电磁干扰传播途径的不同，如图 1.1 所示，电磁干扰又可分为传导电磁干扰和辐射电磁干扰，电磁敏感度又可分为传导敏感度和辐射敏感度。

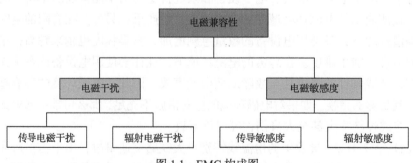

图 1.1　EMC 构成图

电磁兼容学是研究在有限的空间、有限的时间、有限的频谱资源下，各种用电设备或系统(广义的还包括生物体)可以共存，且不致引起性能降级的一门学科。

电磁兼容的理论基础涉及数学、电路分析、电磁场理论、信号分析与处理、天线理论、传输线理论等学科与技术，其应用范围几乎涉及所有用电领域。电磁兼容研究的对象从芯片到器件，从电源、通信设备到电力系统，从各型车辆、无人机、有人机、航天器到武器装备、洲际导弹，甚至包括整个地球的电磁环境等。

1.1.3　电磁兼容标准

电磁兼容标准是规范电力、电气、电子设备或系统电磁兼容性的重要依据，我国和世界上的主要国家都制定了电磁兼容标准，提出了设备级和系统级电磁兼容性的强制性要求。电磁兼容标准是进行电磁兼容设计的指导性文件，也是电磁兼容试验的重要依据，只有满足相应的电磁兼容标准的要求，通过标准中规定的电磁兼容试验，才能够取得相应的产品认证，具备市场准入的基本资格。

电磁兼容标准同所有标准一样，并不是一成不变的。随着科学技术的发展和不断的实践检验，电磁兼容标准也在不断地迭代与更新，以对标准限值、测试方法等做出更为科学的规定。

1. 电磁兼容标准化组织

表 1.1 为国际上主要的电磁兼容领域的标准化组织。其中关于电磁兼容的标准主要是由国际电工委员会所制定的。国际无线电干扰特别委员会和第 77 技术委员会分别为 IEC 中负责制定电磁兼容标准的平行组织。关于 CISPR 和 IEC/TC77 的分工问题，一般倾向于 9kHz 以上的电磁兼容问题由 CISPR 负责，9kHz 以下的由 IEC/TC77 负责。除上述标准化组织，表 1.1 中列出的其他组织也制定了标准和法规对电磁兼容做出限制。

表 1.1　电磁兼容领域标准化组织

组织简称	中文名称	组织全称
IEC	国际电工委员会	International Electrotechnical Commission
CISPR	国际无线电干扰特别委员会	International Special Committee on Radio Interference
IEC/TC77	国际电工委员会第 77 技术委员会	IEC Technical Committee 77
CENELEC	欧洲电工标准化委员会	European Committee for Electrotechnical Standardization
FCC	美国联邦通信委员会	Federal Communications Commission
ANSI	美国国家标准学会	American National Standards Institute
IEEE	电气与电子工程师协会	Institute of Electrical and Electronics Engineers
VDE	德国电气工程师协会	Prufstelle Testing and Certification Institute
VCCI	干扰自愿控制委员会	Voluntary Control Council for Interference

我国电磁兼容标准化起步较晚，原创性标准较少，我国已颁布的绝大多数电磁兼容国家标准"等同采用"（标注为 IDT）或"修改采用"（标注为 MOD）国际标准。民用电磁兼容的国家标准基本上等同采用或修改采用 IEC 标准（IEC/CISPR、IEC/TC77），因此我国电磁兼容标准体系与国际 IEC 体系相同。

2. IEC 电磁兼容标准体系

IEC 电磁兼容标准体系的构架由基础标准、通用标准、产品类标准和专用标准四个层级构成，每个层级分为发射标准和抗扰度标准。IEC 电磁兼容标准体系架构如图 1.2 所示。

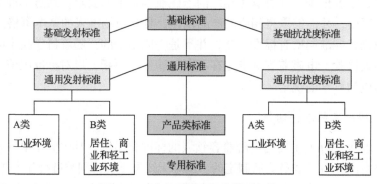

图 1.2　IEC 电磁兼容标准体系架构

3. 电磁兼容标准分类

基础标准是制定其他电磁兼容标准的基础或引用文件，包括电磁兼容术语、电磁现象的描述，干扰发射限值的总要求，测量、试验技术和方法，试验等级，环境的描述和分类等。

通用标准规定了通用环境下电磁兼容最低的基本要求、测试与试验程序，通用环境分为两大类：A 类为工业环境；B 类为居住、商业和轻工业环境。

产品类标准是针对特定系列产品而制定的电磁兼容发射和抗扰度要求、限值、测量和试验程序等标准。系列产品是指一组类似的产品、系统或设施。

专用标准是针对特定产品、系统或设施而制定的电磁兼容标准。专用标准更加具体，更加具有针对性。

4. 我国电磁兼容标准

中华人民共和国国家标准（简称国标），由国家标准化管理委员会发布。其中，强制性国家标准的代号为"GB"，推荐性国家标准的代号为"GB/T"，国家标准化指导性技术文件的代号为"GB/Z"。标准编号后一般跟随年份标识以表示该标准版本的发布年份。在 1994 年之前发布的标准，以 2 位数字代表年份。自 1995 年开始发布的标准，标准编号后的年份才以 4 位数字代表。

目前，我国已制定和颁布的电磁兼容类国家标准有 100 余部，大部分基于 CISPR 和 IEC 所制定的标准等同采用或修改采用而来，还有一些蓝本来自 IEEE 和其他标准化组织的标准，以及部分我国自主制定的标准。我国核心电磁兼容标准与国际标准对照如表 1.2 所示。

表 1.2　我国核心电磁兼容标准对照表

中国标准	标准名称	对应国际标准
GB 4824—2019	工业、科学和医疗设备 射频骚扰特性 限值和测量方法	CISPR 11: 2016
GB 14023—2011	车辆、船和内燃机 无线电骚扰特性 用于保护车外接收机的限值和测量方法	IEC/CISPR 12: 2009
GB 4343.1—2018	家用电器、电动工具和类似器具的电磁兼容要求 第 1 部分：发射	CISPR 14-1: 2011
GB/T 4343.2—2020	家用电器、电动工具和类似器具的电磁兼容要求 第 2 部分：抗扰度	CISPR 14-2: 2015
GB/T 17743—2021	电气照明和类似设备的无线电骚扰特性的限值和测量方法	CISPR 15: 2008
GB/T 6113.101—2021	无线电骚扰和抗扰度测量设备和测量方法规范 第 1-1 部分：无线电骚扰和抗扰度测量设备 测量设备	CISPR 16-1-1: 2019
GB/T 6113.201—2018	无线电骚扰和抗扰度测量设备和测量方法规范 第 2-1 部分：无线电骚扰和抗扰度测量方法 传导骚扰测量	IEC/CISPR 16-2-1: 2014
GB/T 6113.202—2018	无线电骚扰和抗扰度测量设备和测量方法规范 第 2-2 部分：无线电骚扰和抗扰度测量方法 骚扰功率测量	CISPR 16-2-2: 2010
GB/T 6113.203—2020	无线电骚扰和抗扰度测量设备和测量方法规范 第 2-3 部分：无线电骚扰和抗扰度测量方法 辐射骚扰测量	CISPR 16-2-3: 2016
GB/T 6113.204—2008	无线电骚扰和抗扰度测量设备和测量方法规范 第 2-4 部分：无线电骚扰和抗扰度测量方法 抗扰度测量	CISPR 16-2-4: 2003
GB/T 7343—2017	无源 EMC 滤波器件抑制特性的测量方法	IEC/CISPR 17: 2011
GB/T 18655—2018	车辆、船和内燃机 无线电骚扰特性 用于保护车载接收机的限值和测量方法	IEC/CISPR 25: 2016
GB/T 9254.1—2021	信息技术设备、多媒体设备和接收机 电磁兼容 第 1 部分：发射要求	CISPR 32: 2015
GB/T 9254.2—2021	信息技术设备、多媒体设备和接收机 电磁兼容 第 2 部分：抗扰度要求	CISPR 35: 2016

中国标准	标准名称	对应国际标准
电磁兼容 限值		
GB 17625.1—2012	电磁兼容 限值 谐波电流发射限值(设备每相输入电流≤16A)	IEC 61000-3-2: 2009
GB/T 17625.2—2007	电磁兼容 限值 对每相额定电流≤16A 且无条件接入的设备在公用低压供电系统中产生的电压变化、电压波动和闪烁的限制	IEC 61000-3-3: 2005
GB/Z 17625.3—2000	电磁兼容 限值 对额定电流大于 16A 的设备在低压供电系统中产生的电压波动和闪烁的限制	IEC 61000-3-5: 1994
GB/Z 17625.4—2000	电磁兼容 限值 中、高压电力系统中畸变负荷发射限值的评估	IEC 61000-3-6: 1996
GB/Z 17625.5—2000	电磁兼容 限值 中、高压电力系统中波动负荷发射限值的评估	IEC 61000-3-7: 1996
GB/Z 17625.6—2003	电磁兼容 限值 对额定电流大于 16A 的设备在低压供电系统中产生的谐波电流的限制	IEC TR 61000-3-4: 1998
电磁兼容 试验和测量技术		
GB/T 17626.1—2006	电磁兼容 试验和测量技术 抗扰度试验总论	IEC 61000-4-1: 2000
GB/T 17626.2—2018	电磁兼容 试验和测量技术 静电放电抗扰度试验	IEC 61000-4-2: 2008
GB/T 17626.3—2016	电磁兼容 试验和测量技术 射频电磁场辐射抗扰度试验	IEC 61000-4-3: 2010
GB/T 17626.4—2018	电磁兼容 试验和测量技术 电快速瞬变脉冲群抗扰度试验	IEC 61000-4-4: 2012
GB/T 17626.5—2019	电磁兼容 试验和测量技术 浪涌(冲击)抗扰度试验	IEC 61000-4-5: 2014
GB/T 17626.6—2017	电磁兼容 试验和测量技术 射频场感应的传导骚扰抗扰度	IEC 61000-4-6: 2013
GB/T 17626.7—2017	电磁兼容 试验和测量技术 供电系统及所连设备谐波、间谐波的测量和测量仪器导则	IEC 61000-4-7: 2009
GB/T 17626.8—2006	电磁兼容 试验和测量技术 工频磁场抗扰度试验	IEC 61000-4-8: 2001
GB/T 17626.9—2011	电磁兼容 试验和测量技术 脉冲磁场抗扰度试验	IEC 61000-4-9: 2001
GB/T 17626.10—2017	电磁兼容 试验和测量技术 阻尼振荡磁场抗扰度试验	IEC 61000-4-10: 2001
GB/T 17626.11—2008	电磁兼容 试验和测量技术 电压暂降、短时中断和电压变化的抗扰度试验	IEC 61000-4-11: 2004
GB/T 17626.12—2013	电磁兼容 试验和测量技术 振铃波抗扰度试验	IEC 61000-4-12: 2006

中国标准	标准名称	对应国际标准
	电磁兼容 通用标准	
GB/T 17799.1—2017	电磁兼容 通用标准 居住、商业和轻工业环境中的抗扰度	IEC 61000-6-1: 2005
GB/T 17799.2—2003	电磁兼容 通用标准 工业环境中的抗扰度试验	IEC 61000-6-2: 1999
GB 17799.3—2012	电磁兼容 通用标准 居住、商业和轻工业环境中的发射	IEC 61000-6-3: 2011
GB 17799.4—2012	电磁兼容 通用标准 工业环境中的发射	IEC 61000-6-4: 2011
GB/T 17799.5—2012	电磁兼容 通用标准 室内设备高空电磁脉冲(HEMP)抗扰度	IEC 61000-6-6: 2003
GB/Z 17799.6—2017	电磁兼容 通用标准 发电厂和变电站环境中的抗扰度	IEC/TS 61000-6-5: 2001

5. 我国国家军用电磁兼容标准

我国在国防和军事领域同样建立了国家军用标准。美国现有一套十分完善的电磁兼容军用标准，我国的军用电磁兼容标准多数与美国军用标准(MIL-STD)所对应。表 1.3 列出了我国部分国家军用电磁兼容标准。

表 1.3　我国部分国家军用电磁兼容标准

标准编号	标准名称	对应国际标准
GJB 5313A—2017	电磁辐射暴露限值和测量方法	
GJB 8848—2016	系统电磁环境效应试验方法	
GJB 151B—2013	军用设备和分系统电磁发射和敏感度要求与测量	MIL-STD-461G
GJB 6242—2008	军用 EMI 电源滤波器规范	
GJB 1389B—2022	系统电磁环境效应要求	
GJB 72A—2002	电磁干扰和电磁兼容性术语	MIL-STD-463
GJB 3590—99	航天系统电磁兼容性要求	
GJB 2926—97	电磁兼容性测试实验室认可要求	
GJB 1696—93	航天系统地面设施电磁兼容性和接地要求	
GJB/Z 17—91	军用装备电磁兼容性管理指南	MIL-HDBK-237A

1.1.4　电磁兼容设计

保证设备或系统的电磁兼容是一项极其复杂的工作，并不存在一种万能的方法或手段可以解决所有问题，需要针对不同设备或系统的技术特点，及其在不同电磁环境下的使用需求或相关标准要求进行有针对性的设计，利用不同性质的措施和方法才能够有效且高效地解决电磁兼容问题。

如图 1.3 所示，在一个设备或系统自研发设计到产品生产的整个开发周期内，不同阶段解决电磁兼容问题的可选方案与所需成本有着很大的不同。在产品的初期设计阶段，解决电磁兼容问题的可选方案多且较容易实现，因此所需的成本较低。随着产品从最初的设计阶段到最终的产品阶段，越来越多的方面被固化和限定，因而能够用来解决电磁兼容问题的可选方案越来越少，也越难以实现，同时伴随着成本的大大增加。

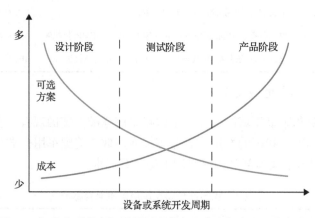

图 1.3　解决电磁兼容问题的可选方案和成本与产品开发各阶段[4]

对于设备或系统的研发、设计与生产，效费比是非常重要的指标，产品的电磁兼容设计也是如此。因此，电磁兼容设计的意义在于：

(1)保证产品能够通过电磁兼容测试，满足其使用条件下的电磁兼容标准要求，保证产品的可靠性；

(2)使产品满足电磁兼容标准要求所带来的附加成本最小化；

(3)使产品满足电磁兼容标准要求所需的时间成本最小化。

在进行电磁兼容设计时，首先，要对设备或系统的电磁兼容性进行分析，对电磁干扰进行预测与分析。这是实现设备或系统电磁兼容的必要步骤，也是进行电磁兼容设计的重要依据。其次，要从其使用环境或相关标准(国际、国家、行业、企业、特殊标准等)的要求中挖掘出该产品或系统的电磁兼容设计的需求，再从这些具体的需求出发进行相关设计。在进行电磁兼容设计时应当重点关注的内容可以总结为以下几个方面[5]：

(1)明确产品必须满足的电磁兼容标准，包括国际标准、国家标准、行业规范和使用方根据实际使用环境提出的要求与剪裁等；

(2)明确设备中与电磁兼容有关的敏感元器件和控制单元；

(3)设备安装、使用及维护过程中可能面临的电磁干扰源和干扰途径等，以及整个产品周期中可能出现的电磁兼容风险。

电磁兼容设计的内容包括但不限于印制电路板(printed circuit board, PCB)设计、器件选型、接地、屏蔽、隔离和滤波设计等。新材料、新技术和新器件的不断发展,为电磁兼容设计方法提供了更多的选择。表 1.4 为部分电磁兼容设计的内容及其目的的总结。

表 1.4 部分电磁兼容设计的内容及其目的[6]

分类	设计内容	设计目的
电路	信号输入电路的滤波设计	提高电路对空间干扰的抗扰度
	信号输出电路的滤波设计	减小辐射电磁干扰发射
	电源线输入滤波设计	提高抗传导电磁干扰能力,减小传导电磁干扰发射
	输入/输出(input/output, I/O)电路设计	减小电缆导致的干扰发射和敏感性问题
	频谱控制	减小电磁干扰源
	电源设计	减小通过电源形成的电磁干扰耦合
	地线设计	减小通过地线形成的电磁干扰耦合
PCB	PCB 布局	减小电路之间的空间耦合,提高滤波电路的效果,减小 I/O 端口的辐射和敏感度
	PCB 布线	减小电路之间的空间耦合,减小电路的电磁辐射,减小 I/O 端口的辐射和敏感度
	地线和电源线	减小地线和电源线导致的电磁干扰耦合
电缆	电缆的分束	减小电缆之间的串扰
	电缆的屏蔽	减小电缆之间的串扰,降低电缆的电磁辐射,提高电缆的抗扰度
	电缆的滤波	
结构	机箱/机柜的屏蔽	减小机箱的电磁泄漏
	滤波器的安装	提高滤波器的滤波效果
	接地和搭接	保证地线阻抗的稳定性

1.1.5 电磁兼容测试

电磁兼容测试与电磁兼容设计是相辅相成的,电磁兼容测试是检验电磁兼容设计的重要手段,同时也是产品电磁兼容性的评定依据。

电磁兼容测试、试验是指依据相应的电磁兼容标准，通过规定的测试方法、测试仪器和测试环境对设备、系统内或系统间的电磁兼容性指标进行测试。其目的是通过测试和试验找出干扰源的干扰特性和被干扰对象的抗干扰能力。

电磁兼容测试、试验按内容可分为电磁干扰测试和抗扰度测试，抗扰度测试在军用标准中又称为敏感度测试。电磁干扰测试是测量被测设备向外界发射的电磁干扰，根据传播方式又可分为传导发射(conducted emission，CE)测试和辐射发射(radiated emission，RE)测试；抗扰度测试或敏感度测试是向被测设备施加各种类型的干扰，检测被测设备对这些干扰的抗干扰度或敏感度，敏感度测试同样可分为传导敏感度(conducted susceptibility，CS)测试和辐射敏感度(radiated susceptibility，RS)测试。

传导发射测试主要考察被测设备在交流或直流电源线上产生的干扰信号，这类信号的频率通常分布在25Hz～30MHz，信号的形式有连续波、尖峰冲击波等。

辐射发射测试主要考察被测设备经空间发射的电磁信号，这类测试的典型频率范围是10kHz～1GHz，但对于磁场发射测试要求低至25Hz，而对工作在微波频段的设备，频率高端要测到40GHz。

传导敏感度测试主要考察设备或产品对来自电源线、互联线、机壳等的电磁干扰的承受能力。测试所涉及的干扰信号可能是连续波，也可能是几种规定波形的脉冲信号。

辐射敏感度测试主要考察设备或产品对空间辐射电磁场形成干扰的承受能力。这些干扰可能是连续波，也可能是脉冲信号等。

各测试项目可总结为图1.4，传导发射测试、辐射发射测试、传导敏感度测试和辐射敏感度测试之间的关系如图1.5所示。

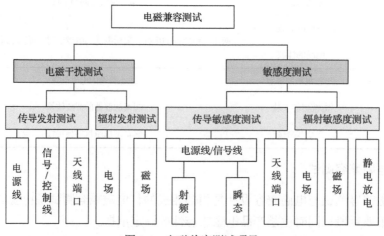

图1.4　电磁兼容测试项目

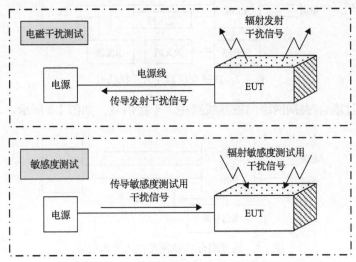

图 1.5　四类测试示意图

EUT 指被测设备

电磁兼容发射类测试将在 1.4.1 节进行详细介绍,下面对军用标准中电磁兼容敏感度测试进行简要介绍[7]。

1. 传导敏感度测试系统

传导敏感度测试是向电源线或信号线注入一定强度的干扰信号,以考核电气、电子设备抵抗传导电磁干扰的能力。注入干扰信号有以下几种方法:

(1)通过注入探头(注入卡钳)向被测线路注入干扰信号,如图 1.6 所示。

(2)通过变压器向被测线路注入干扰信号,如图 1.7 所示。

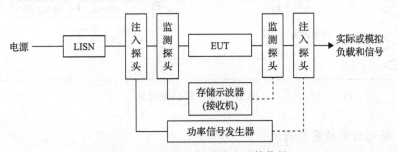

图 1.6　通过注入探头注入干扰信号

LISN 指线路阻抗稳定网络(line impedance stabilization network)

图 1.7　通过变压器注入干扰信号

(3)通过耦合/去耦网络向被测线路注入干扰信号，如图 1.8 所示。

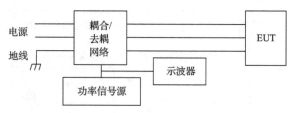

图 1.8　通过耦合/去耦网络注入干扰信号

2. 辐射敏感度测试系统

辐射敏感度测试是将被测设备置于某一电磁环境中，考核设备抵抗其环境电磁场的能力，最常见的方法如图 1.9 所示，在开阔场地或电波暗室内，用发射天线在规定的距离上产生试验标准要求的干扰电磁场，作用于被测设备，考核其承受干扰电磁场的能力。

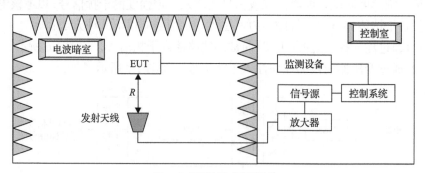

图 1.9　辐射敏感度测试

3. 静电放电敏感度测试

下面简单介绍我国国家标准 GB/T 17626.2—2018 和国家军用标准 GJB 151B—2013 中均涉及的静电放电敏感度测试(图 1.10)。

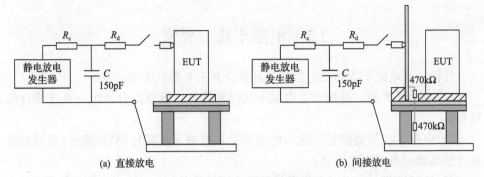

(a) 直接放电　　　　　　　　　　　　(b) 间接放电

图 1.10　静电放电敏感度测试

静电放电敏感度试验模拟的是在低湿度环境下，人体通过摩擦带电，并在与设备的接触过程中对设备产生的放电现象。静电通过直接放电方式可能引起设备中电子器件的损坏，从而造成设备的永久性损坏；也可能由放电引起附近电磁场的变化，造成设备的误动作。静电放电敏感度试验模拟以下两种情况：

(1)直接放电，即设备操作人员直接触摸设备时对设备放电及放电对设备工作的影响；

(2)间接放电(或空气放电)，即设备操作人员触摸邻近设备放电对该设备的影响。

1.1.6　电磁兼容与电磁干扰

这里需要注意区分电磁骚扰和电磁干扰的概念，电磁骚扰是指电磁能量的发射过程，强调的是起因；而电磁干扰强调的是由电磁骚扰造成的结果。

电磁骚扰：任何可能引起设备或系统性能降低或者对生命或无生命物质产生损害作用的电磁现象。

电磁干扰：由电磁骚扰引起的设备、传输通道或系统性能的下降。

电磁干扰包括电磁发射和电磁敏感两个方面。电磁兼容是对电磁干扰提出的限值要求，规定了系统的电磁发射不高于发射限值的要求，电磁敏感度不低于敏感度限值的要求[8,9]。

电磁兼容研究的目的是消除或降低自然和人为的电磁干扰，并减少其危害，提高设备或系统的抗干扰能力，保证设备或系统的电磁兼容，而电磁兼容的实现可以说与电磁干扰的研究密不可分。

为实现电磁兼容，需研究电磁干扰源的产生机理与性质；研究电磁干扰如何由电磁干扰源传播到敏感设备，包括对传导电磁干扰和辐射电磁干扰的分析；研究敏感设备对电磁干扰的响应特性及抗干扰能力。

1.2　电磁干扰三要素

任何一个电磁干扰的产生都需要具备以下三个基本条件：

(1)电磁干扰源，是指产生电磁干扰的元器件、设备、分系统、系统或自然现象；

(2)电磁干扰传播路径，是指电磁能量从电磁干扰源传播(或耦合)到敏感设备并使敏感设备响应的媒介；

(3)敏感设备，是指对电磁干扰产生响应的设备。

电磁干扰三要素如图1.11所示，所有的电磁干扰现象都是由上述三个要素构成的，缺一不可，这三个要素称为电磁干扰三要素。

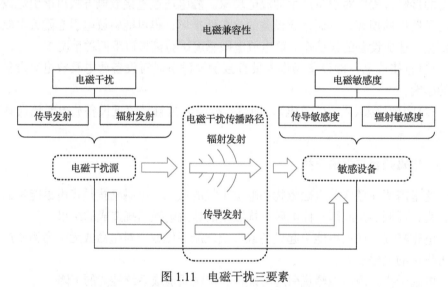

图 1.11　电磁干扰三要素

1.2.1　电磁干扰源

电磁干扰源的本质源于电压或电流的剧烈变化，用数学的方法描述就是电磁干扰产生于较大的 du/dt 或 di/dt。当设备或系统的电路中存在较大的 du/dt 或 di/dt 时，就构成了潜在的电磁干扰源。

电磁干扰按照传播方式可分为传导电磁干扰和辐射电磁干扰，辐射电磁干扰是指以电磁波的形式通过空间传播的电磁干扰，传导电磁干扰是指通过导体传播的电磁干扰，传导电磁干扰的频率一般最高为几十兆赫兹，因为当频率高至几十兆赫兹以上时，由于导体损耗及其布线电感和分布电容的作用，传导电流的损耗大大增加，此时干扰主要以空间辐射的方式传播。

图 1.12 给出了电磁波频段的划分以及 CISPR 32 中定义的信息技术设备的传导电磁干扰和辐射电磁干扰频率范围。其中，频率低于 300Hz 的为极长波和超长波等，30～300kHz、300kHz～3MHz、3～30MHz 和 30～300MHz 频率范围内的电磁波分别为长波、中波、短波和米波，对应的频段分别为低频（low frequency，LF）、中频（medium frequency，MF）、高频（high frequency，HF）和甚高频（very high frequency，VHF），频率高于 300MHz 为微波和红外线等。CISPR 最初制定电磁兼容标准时，主要是为了防止无线电通信和广播的信号受到干扰。民用远距离无线电通信和广播采用的频率范围主要为 150kHz～1GHz（频率低于 150kHz 的电磁波不能通过地球的电离层传播），当频率高于 30MHz 时，由于线路的阻抗和寄生电感作用，传导电磁干扰电流被大幅衰减，因此 CISPR 定义的传导电磁干扰和辐射电磁干扰的频率范围分别为 150kHz～30MHz 和 30MHz～1GHz。值得注意的是，由于微波技术在通信和数据传输领域的应用越来越广泛，辐射电磁干扰的频率上限有提高至 10GHz 的趋势[10]。

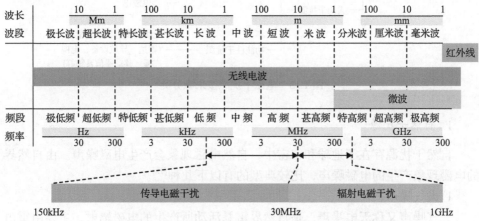

图 1.12　电磁波频段划分以及传导电磁干扰和辐射电磁干扰的频率范围

按照频率范围，电磁干扰源可细分为表 1.5 中的五类。

表 1.5　按频率范围划分电磁干扰源[11,12]

干扰信号	频率范围	典型电磁干扰源
工频与音频干扰源	50Hz 及其谐波	输电线、电力牵引系统、有线广播
甚低频干扰源	30kHz 以下	雷电等
载频干扰源	10～300kHz	高压直流输电高次谐波、交流输电及电气铁路高次谐波
射频与视频干扰源	300kHz～300MHz	工业、科学、医疗设备、电动机、照明电气、宇宙干扰
微波干扰源	300MHz～100GHz	微波炉、微波接力通信、卫星通信

电磁干扰源按照其来源一般可分为两大类(图 1.13),即自然干扰源和人为干扰源,自然干扰源是指由自然现象产生的电磁干扰源,人为干扰源是指由人工装置产生的电磁干扰源。人为干扰源按照其属性又可分为功能性干扰源和非功能性干扰源,功能性干扰源是指人工装置在实现其使用功能时产生的有用电磁能量对其他设备或系统造成的干扰;非功能性干扰源是指设备在实现自身功能的同时附加产生的电磁能量对其他设备或系统造成的干扰。

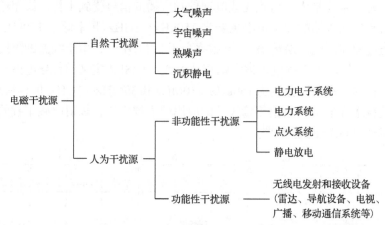

图 1.13　电磁干扰源按来源分类

1. 自然干扰源

自然干扰源存在于地球和宇宙中,自然电磁现象会产生电磁噪声。由自然界的电磁现象产生的电磁噪声,比较典型的有以下几种[13]。

1)大气噪声

大气噪声又称天电噪声,是自然界雷暴活动所产生的电磁辐射,主要由雷电产生,具有相当的随机性和复杂性。

2)宇宙噪声

宇宙噪声主要来自于太阳辐射和银河系无线电辐射。太阳辐射源于太阳黑子发射出的噪声和太阳黑子增加或活动激烈时产生的磁暴。

3)热噪声

热噪声是电阻类导体(如天线)或元器件中由于自由电子的布朗运动而引起的噪声,是一种随机噪声。

4)沉积静电

沉积静电是指飞行器表面静电荷累积引起的电晕放电和辉光放电所产生的电磁干扰。

2. 人为干扰源

人为干扰源可分为非功能性干扰源和功能性干扰源，其中非功能性干扰源有电力电子系统、电力系统、点火系统、静电放电等[7]；功能性干扰源按照其使用目的又可分为无意干扰源和有意干扰源。

1)非功能性干扰源

(1)电力电子系统。开关电源、变频器和逆变器等电力电子装置作为实现电能高效可控变换的主要技术手段，广泛应用于各种工业生产和日常生活中的各种电力、电气及电子设备中。电力电子装置中的半导体开关器件在高频、高速的开通和关断过程中会产生极高的 du/dt 和 di/dt，进而成为很强的电磁干扰源。

(2)电力系统。电力系统干扰源包括架空高压输电线路与高压设备。输电线路上的开关和负载投切、短路、电流浪涌、雷电放电感应、整流电路及功率因数校正装置等，将干扰以脉冲的形式馈入输电线路，并经输电线以传导和辐射的方式耦合到与输电线连接的或输电线上的电气、电子设备。高压输电线、高压设备的电晕放电、不良接触引起的火花也会形成电磁干扰。

(3)点火系统。点火系统利用点火线圈产生的高压，通过点火栓进行火花放电。点火时产生上升沿很陡的火花电流脉冲群和电弧，火花电流峰值可达几千安培，并具有振荡性质，会产生较强的电磁辐射。

(4)静电放电。静电放电(electrostatic discharge，ESD)是指当两种介电常数不同的材料发生接触，特别是相互摩擦时，两者之间会发生电荷转移，而使各自成为带有不同电荷的物体。当电荷累积到一定程度时，就会产生高电压。此时若带电物体与其他物体接近就会产生电晕放电或火花放电，形成静电干扰。

2)功能性干扰源

功能性干扰源又可分为无意干扰源和有意干扰源，无意干扰源主要是无线电发射和接收设备。电视、广播、信息技术设备、移动通信系统、雷达和导航设备等是通过向空间发射有用信号的电磁能量来工作的，但是会在其相应的发射频率范围内对其他不需要这些信号的设备或系统构成干扰。此外，这些设备在工作时很难做到只发射有用信号，在发射有用信号的同时，总会伴随一些谐波信号和非谐波信号，这些成分也会对其他设备产生电磁干扰。

功能性干扰源中的有意干扰源如电子战，目的是故意在对方所使用的通信频段内发射相应的电磁干扰信号，使对方的通信、广播、指挥及控制系统造成错误判断、失效乃至损坏。

1.2.2　电磁干扰传播路径

电磁干扰源将干扰能量通过不同的途径传递到敏感设备的过程，称为电磁干扰的传播与耦合。"传播"强调的是干扰能量从干扰源到敏感设备的方式和途径，"耦合"则强调的是干扰能量与敏感设备的相互作用。

根据电磁干扰能量的表现形式及其传播介质，可以将电磁干扰的传播与耦合方式分为传导耦合和辐射耦合。在频率较低的情况下，电磁干扰可以通过导线传输，即通过设备的电源线、信号线等直接耦合到敏感设备，这种方式称为传导耦合。若电磁干扰的频率较高，干扰能量则主要以辐射的方式通过空间传播并耦合到与其没有任何物理连接的较远处的敏感设备中，这种方式称为辐射耦合[14]。

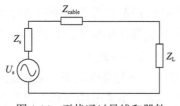

图 1.14　干扰通过导线和器件
向负载传递

传导耦合最一般的形式如图 1.14 所示，干扰直接通过导线和器件向负载传递，图中 Z_{cable} 表示导线的阻抗，可通过如式 (1.1) 所示的最简单的欧姆定律计算负载 Z_L 受到的干扰电压 U_L：

$$U_L = \frac{Z_L}{Z_s + Z_{cable} + Z_L} U_s \tag{1.1}$$

式中，U_s 和 Z_s 分别为干扰源电压和内阻。

此外，传导耦合按其耦合方式又可分为电阻性(电路性)耦合、电容性耦合、电感性耦合三种基本方式。实际工程中，这三种耦合方式同时存在、相互联系。

1. 电阻性耦合[7]

电阻性耦合是两个电路共用如导线、阻抗等同一段电路，当其中一个电路中有干扰电流流过时，在该段公共电路(阻抗)上产生的干扰电压就会影响另一个电路，产生传导耦合或公共阻抗耦合。

图 1.15 为电阻性耦合的一般形式，两个线路有一个公共阻抗 Z_C，U_1 为电路 1 的电压源，Z_{s1} 和 Z_{L1} 分别为电路 1 中的源阻抗和负载阻抗，Z_{s2} 和 Z_{L2} 分别为电路 2 的源阻抗和负载阻抗，当 $Z_C \ll Z_{s1}+Z_{L1}$ 和 $Z_C \ll Z_{s2}+Z_{L2}$ 时，电路 1 中的电压源 U_1 在回路中产生的电流 I_1，流过公共阻抗 Z_C 产生的压降 I_1Z_C 会作用到电路 2 上，在电路 2 的负载 Z_{L2} 上产生干扰电压，U_{L2} 可由式 (1.2) 计算：

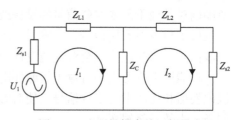

图 1.15　电阻性耦合的一般形式

$$U_{L2} = \frac{U_1 Z_C Z_{L2}}{(Z_{s1} + Z_{L1})(Z_{s2} + Z_{L2})} \qquad (1.2)$$

公共电路既包括人为接入的阻抗，也包括公共电源线和公共接地线的引线电感等造成的阻抗以及不同接地点间电位差产生的耦合等。图 1.16 和图 1.17 分别为共地阻抗耦合和共电源阻抗耦合，是最常见的电阻性耦合。

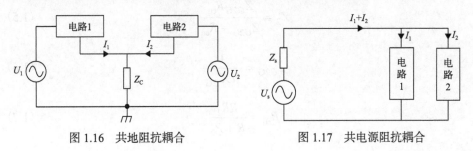

图 1.16　共地阻抗耦合　　　　　　　　图 1.17　共电源阻抗耦合

2. 电容性耦合[13]

电容性耦合又称电场耦合，是指干扰源通过电路的元件之间、导线之间、导线与元件之间的分布电容耦合至被干扰设备的耦合方式。图 1.18(a)为平行导线间电容性耦合示意图，图 1.18(b)为其等效电路。电容性耦合的条件是源回路导线中的电压高、电流小，导线间的耦合主要通过电场进行。

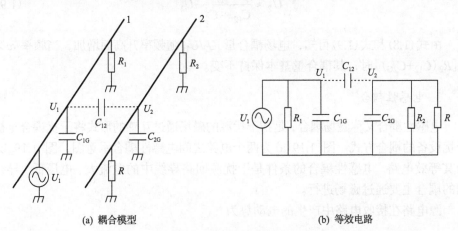

(a) 耦合模型　　　　　　　　　　　　(b) 等效电路

图 1.18　平行导线电容性耦合原理

由电容耦合在接收电路导线上产生的电压 U_2 与源电路导线上电压 U_1 的关系为

$$U_2 = \frac{Z_2}{Z_2 + Z_{C12}} U_1 \qquad (1.3)$$

式中，Z_{C12} 为电容 C_{12} 的阻抗。Z_{C12} 为

$$Z_{C12} = \frac{1}{j\omega C_{12}} \tag{1.4}$$

Z_2 为 R、R_2 和 C_{2G} 三者并联的阻抗：

$$Z_2 = \frac{Z_{C2G} R_{eq}}{Z_{C2G} + R_{eq}} \tag{1.5}$$

$$Z_{C2G} = \frac{1}{j\omega C_{2G}} \tag{1.6}$$

$$R_{eq} = \frac{RR_2}{R + R_2} \tag{1.7}$$

频率较低时，若 $|Z_{C2G}| \gg R_{eq}$，则 $Z_2 \approx R_{eq}$，同时 $|Z_{C12}| \gg R_{eq}$，因此式（1.3）可简化为

$$U_2 \approx j\omega C_{12} R_{eq} U_1 \tag{1.8}$$

频率较高时，若 $|Z_{C2G}| \ll R_{eq}$，则 $Z_2 \approx Z_{C2G}$，因此式（1.3）可简化为

$$U_2 \approx \frac{C_{12}}{C_{12} + C_{2G}} U_1 \tag{1.9}$$

由式（1.8）和式（1.9）可知，电场耦合量 $|U_2/U_1|$ 随频率升高而增加，当频率 $\omega >$ $1/[R_2(C_{12}+C_{2G})]$ 时，其耦合量基本保持不变。

3. 电感性耦合[13]

电感性耦合又称磁场耦合，是指干扰源的磁场通过互感的形式将干扰耦合至被干扰设备的耦合方式。图 1.19（a）为两个电路之间电感性耦合示意图，图 1.19（b）为其等效电路。电感性耦合的条件是干扰源回路导线中的电流大、电压低，导线间的耦合主要通过磁场进行。

源电路在接收电路中产生的电动势为

$$U_M = j\omega M I_1 \tag{1.10}$$

式中，I_1 为电路 1 中产生的电流。干扰电压 U_M 在电路 2 中产生的电流为

$$I_2 = \frac{j\omega M I_1}{R + R_2 + j\omega L_2} \tag{1.11}$$

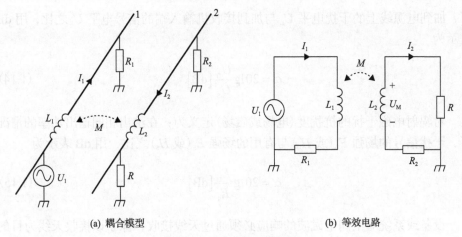

(a) 耦合模型　　　　　　　　　　　(b) 等效电路

图 1.19　电感性耦合原理

频率较低时，$R + R_2 \gg \omega L_2$，式(1.11)可简化为

$$I_2 \approx \frac{\mathrm{j}\omega M}{R + R_2} I_1 \tag{1.12}$$

频率较高时，$R + R_2 \ll \omega L_2$，式(1.11)可简化为

$$I_2 \approx \frac{M}{L_2} I_1 \tag{1.13}$$

由式(1.12)和式(1.13)可知，磁场耦合量 $|I_2/I_1|$ 随频率升高而增加，当频率 $\omega > (R+R_2)/L_2$ 时，其耦合量基本保持不变。

1.2.3　敏感设备

敏感设备即指受干扰设备，任何依靠电磁原理工作的设备或系统都可能受到电磁干扰的影响从而成为敏感设备。这里的电磁干扰具体来说可以是噪声电压、噪声电流、电场、磁场和电磁场等，一般设备或系统利用什么原理工作，就对什么类型的干扰敏感。一般敏感源可以分为两类：一类是以接收无线电波为主要功能的接收机；另一类是由模拟数字电路组成的电子设备[6,15]。

设备或系统的抗干扰能力用电磁敏感度表示，用来表征设备或系统对电磁干扰的响应特性。对传导电磁干扰的响应特性称为传导敏感性；对辐射电磁干扰的响应特性称为辐射敏感性。设备或系统的电磁干扰敏感性阈值越低，对电磁干扰越灵敏，电磁敏感度越大，抗干扰能力越差，或称抗扰度性能越低；反之设备的电磁敏感度越低，抗干扰能力就越高。

对经由电源线进入的传导电磁干扰的抗扰度定义为：在给出相同功率的情况

下，加到电源线上的干扰电平 U_n 与加到接收机输入端的信号电平 U_s 之比，用 dB 表示为

$$\alpha = 20\lg\frac{U_n}{U_s}[\text{dB}] \tag{1.14}$$

对辐射电磁干扰的抗扰度(电场或磁场)定义为：在给出相同输出功率的情况下，干扰信号的场强 E_n(或 H_n)与有用的场强 E_s(或 H_s)之比，用 dB 表示为

$$\alpha = 20\lg\frac{E_n}{E_s}[\text{dB}] \tag{1.15}$$

设备或系统对空间电磁波的响应必须通过天线接收，除了以接收天线为目的的天线，大部分天线是电路或设备中的寄生天线，由于这些天线的存在，电路会对空间电磁波敏感，产生干扰问题。对于一个实际的设备，设备的外拖电缆是其最有效的寄生接收天线。

1.3　电磁干扰测试与标准

1.3.1　电磁干扰测试

1. 测试场地[16]

1)电磁屏蔽室

电磁屏蔽室(shielded room)实际上就是用金属材料制成的大型六面体房间，其四壁、天花板和地板均采用金属材料(如铜网、铜板或锡箔等)制造。要求电磁屏蔽室具有严密的电磁密封性能，并对所有进出管线做相应的屏蔽处理，进而阻断电磁辐射的出入。

电磁屏蔽室主要由壳体、屏蔽门、蜂窝型通风波导窗、强弱电滤波器和波导管等组成，主要功能如下：

(1)隔离外界电磁干扰。保证室内电子、电气设备正常工作，特别是在电子元件、电气设备的计量、测试工作中，可利用电磁屏蔽室(或暗室)模拟理想的电磁环境，提高检测结果的准确度。

(2)阻断室内电磁辐射向外界扩散。强烈的电磁辐射源应予以屏蔽隔离，防止干扰室外其他电子、电气设备的正常工作甚至损害工作人员的身体健康。

(3)防止电子通信设备信息泄露，确保信息安全。电子通信信号会以电磁辐射的形式向外界传播，敌方利用监测设备即可进行截获还原。电磁屏蔽室是确保信息安全的有效措施。

(4)军事指挥通信要素必须具备抵御敌方电磁干扰的能力,在遭到电磁干扰攻击甚至核爆炸等极端情况下,结合其他防护要素,保护电子通信设备不受毁损,正常工作。电磁脉冲防护室就是在电磁屏蔽室的基础上,结合军事领域电磁脉冲防护的特殊要求研制开发的特殊产品。

电磁屏蔽室的性能主要用综合屏蔽效能(shielding effectiveness,SE)描述,单位为 dB,可表示为

$$SE = 20\lg \frac{E_0}{E_1}[dB] \tag{1.16}$$

式中,E_0 和 E_1 分别为屏蔽前和屏蔽后的电磁辐射强度。

2)电波暗室

电波暗室(anechoic chamber)又称电波消声室,或电波无反室。电波暗室按结构形式分为电磁屏蔽半电波暗室(electromagnetic shielded semi-anechoic chamber)和微波电波暗室(microwave anechoic chamber),微波电波暗室又称全电波暗室。这两种暗室结构的区别与比较如下:

(1)电磁屏蔽半电波暗室用于模拟开阔试验场,五面粘贴吸波材料,电波传播时只有直射波和地面反射波;微波电波暗室模拟自由空间传播环境,六面粘贴吸波材料,而且可以不带屏蔽,把吸波材料粘贴于木质墙壁甚至建筑物的普通墙壁和天花板上即可。

(2)电磁屏蔽半电波暗室用于电磁兼容辐射测量,包括电磁辐射干扰测量和电磁辐射敏感度测量;微波电波暗室主要用于微波天线系统的指标测量。

(3)电磁屏蔽半电波暗室用归一化场地衰减(normalized site attenuation,NSA)和测试面场均匀性来衡量;微波电波暗室性能用静区尺寸大小、反射电平(静度)、固有雷达截面、交叉极化度等参数表示。

(4)电磁屏蔽半电波暗室频率下限扩展到十几兆赫兹,虽然 30MHz 以下吸波材料的吸波性能下降,但仍可做电磁屏蔽室使用;微波电波暗室用于微波段。

2. 测试设备

1)测量接收机[11]

测量接收机是进行电磁兼容测量的基本仪器。由于测试对象是微弱的连续波信号及幅值很强的脉冲信号,这就要求测量接收机本身的噪声极小,灵敏度很高,检波器的动态范围大,输入阻抗低(50Ω),前级电路的过载能力强。检波器要有多种检波功能(为适应不同测试需求,有峰值(peak,PK)、准峰值(quasi peak,QP)、平均值(average,AVG)和有效值(root mean square value,RME)等检波功能),整机在整个测试频段内的测量精度能满足±2dB 要求。测量接收机的频率范围要与测

试的频率相匹配。

测量接收机组成框图如图 1.20 所示，各部分功能如下：

(1)输入衰减器。可将外部进入的过大信号或干扰电平衰减，调节衰减量大小，保证输入电平在测量接收机的可测范围之内，同时也可避免过电压或过电流造成测量接收机的损坏。

(2)校准信号发生器。测量接收机本身提供的内部校准信号发生器，可随时对接收机的增益进行自校，以保证测试值的准确。普通接收机不具有校准信号发生器。

(3)高频放大器。利用选频放大原理，仅选择所需的测试信号进入下级电路，而外来的各种杂散信号(包括镜像频率信号、中频信号、交调谐波信号等)均排除在外。

(4)混频器。将来自高频放大器的高频信号和来自本地振荡器的信号合成产生一个差频信号经过中频滤波器和中频衰减器输入中频放大器，由于差频信号的频率远低于高频信号频率，中频放大级增益得以提高。

(5)本地振荡器。提供一个频率稳定的高频振荡信号。

(6)中频放大器。由于中频放大器的调谐电路可提供严格的频带宽度，又能获得较高的增益，可保证测量接收机的总选择性和整机灵敏度。

(7)包络检波器。测量接收机的检波方式与普通接收机有很大差异。测量接收机除可接收正弦波信号，更常用于接收脉冲干扰信号，因此测量接收机除具有平均值检波功能，还增加了峰值检波和准峰值检波功能。

(8)指示电表。早期测量接收机采用表头指示电磁干扰电平，并用扬声器播放干扰信号的声响。现已广泛采用液晶数字显示代替表头指示，且具备程控接口，使测试数据可存储在计算机中进行处理或打印出来以供查阅。

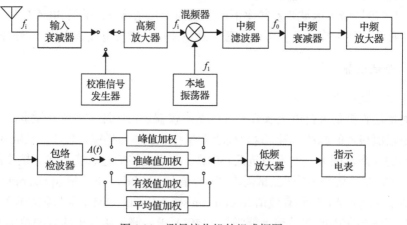

图 1.20　测量接收机的组成框图

　　接收机测试信号时，先将仪器调谐到某个测试频率 f_i，该频率经输入衰减器和高频放大器后进入混频器，与本地振荡器频率 f_1 混频，产生很多混频信号。经过中频滤波器后仅得到中频信号 $f_0=f_1-f_i$。中频信号经中频衰减器、中频放大器后由包络检波器进行包络检波，滤去中频信号，得到低频信号 $A(t)$。$A(t)$ 再进一步进行加权检波，根据需要选择检波器，得到 $A(t)$ 的峰值、有效值、平均值或准峰值。这些值经低频放大器后在屏幕显示出来。

　　2）线路阻抗稳定网络

　　线路阻抗稳定网络（LISN）又称人工电源网络（artificial mains network，AMN），是非常重要的电磁兼容测试设备。如图 1.21 所示，LISN 一般用于测量被测设备对电源线路产生的 30MHz 以下的传导电磁干扰电压。同时 LISN 也是辐射发射测试、传导敏感度测试和辐射敏感度测试中重要的辅助设备。以 GJB 151B—2013 中规定的 LISN 为例，LISN 的内部电路图和它的阻抗特性如图 1.22 所示。LISN 的作用可总结为以下三个方面：

　　（1）提供电源。向 EUT 提供纯净电源，由于网络电感非常小（50μH），不足以在低频下形成大的阻抗，因此市电（50Hz/60Hz）可顺利通过，为 EUT 提供电能；同时利用网络电感在高频下的高阻抗，隔离由电源线引入的电磁干扰信号，结合电网侧的电容还可进一步衰减来自电网的电磁干扰信号。

　　（2）隔离和耦合。隔离 EUT 产生的射频电磁干扰信号，利用网络电感在射频下的高阻抗，阻止由 EUT 产生的电磁干扰信号进入电网，并通过耦合电容把 EUT 产生的电磁干扰信号连接至测量接收机。

　　（3）稳定阻抗。提供了标准的电源阻抗（50Ω），以保证测试结果的可重复性与一致性，便于测试结果的相互比较。

　　3）测试天线[13,17,18]

　　在电磁兼容测试领域，辐射发射和辐射敏感度试验中会用到多种形式的天线。测试天线在辐射发射测试中作为接收天线使用，在辐射敏感度测试中作为发射天线使用。用于辐射场强测试的接收天线，其作用在于将其周围的场强转换成其输出端口的电压，两者的转换关系为

$$E[\mathrm{dB\mu V/m}] = U_0[\mathrm{dB\mu V}] + K[\mathrm{dB/m}] + L[\mathrm{dB}] \tag{1.17}$$

式中，K 为天线系数，用于表征天线将电场强度转化成端口输出电压的能力；L 为天线与接收机之间同轴电缆的损耗。电磁干扰测试中常见的天线如图 1.23 所示。

图 1.21　使用 LISN 测量传导电磁干扰示意图
RF 指射频 (radio frequency)

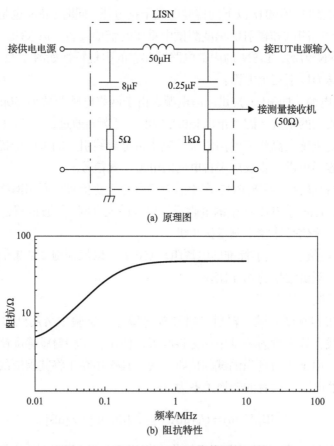

(a) 原理图

(b) 阻抗特性

图 1.22　GJB 151B—2013 中使用的 LISN

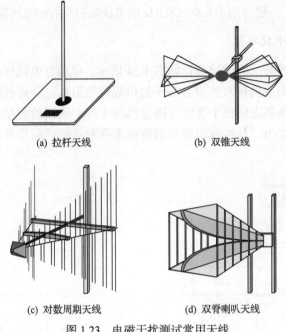

(a) 拉杆天线　　　　　　　(b) 双锥天线

(c) 对数周期天线　　　　　(d) 双脊喇叭天线

图 1.23　电磁干扰测试常用天线

（1）拉杆天线。拉杆天线长 1.04m，用于测量 10kHz～30MHz 频段的电场，形状为垂直的单极子天线，由对称振子中间插入地网演变而来，所以测试时需按要求接地网。拉杆天线分为无源杆天线和有源杆天线，区别在于测量的灵敏度不同。

（2）双锥天线。双锥天线是在 30～300MHz 频段内电场辐射发射和敏感度试验中使用最广泛的天线。这种天线的结构基本上是宽带对称振子天线的进一步发展，因其覆盖频带宽，很适合电磁兼容自动测试系统的使用。

（3）对数周期天线。对数周期天线是一种宽频带天线，测量频段为 80～1000MHz。它由上、下两组振子，从长到短交错排列组成。最长的振子与最低使用频率相对应，最短的振子与最高使用频率相对应。对数周期天线为线极化天线，测量过程中可根据需要调节极化方向，以接收最大的发射值。对数周期天线有很强的方向性，其最大接收或辐射方向在锥底到锥顶的轴线方向上。在很宽的频率范围内，天线的输入阻抗、增益和辐射方向图基本保持不变，适用于电场辐射发射和电场辐射敏感度测量。

（4）双脊喇叭天线。双脊喇叭天线的上、下两块喇叭板为铝板，铝板中间位置是扩展频段用的弧形凸状条，两侧为环氧玻璃纤维的覆铜板，并蚀刻成细条状，连接上下铝板。双脊喇叭天线为线极化天线，测量时通过调整托架改变极化方向，其测量频段较宽，一般可用于 0.5～18GHz 的电场辐射发射和电场辐射敏感度测试。

3. 传导电磁干扰测试

传导电磁干扰测试的试验布置如图 1.24 所示。试验在电磁屏蔽室内进行，其中 LISN 在射频范围内向被测设备端子提供规定的阻抗，并将被测电路与电源上无用的射频信号隔离进而将干扰电压耦合到与 LISN 连接的测量接收机上。测量结果通过接收机读出，从接收机输出的数据来判断被测产品是否满足传导电磁干扰限值的要求。

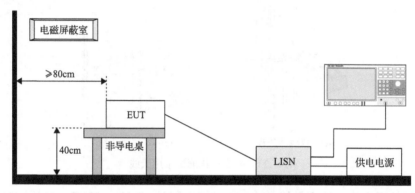

图 1.24　传导电磁干扰测试试验布置

图 1.25 和图 1.26 分别为 GJB 151B—2013 中的一般测试配置和 GJB 151B—2013 中的"CE102 10kHz～10MHz 传导发射"测试配置。标准中对测量容差、环境电平、测试场地接地平板等都进行了详细的规定，此外为提高测试结果的可重

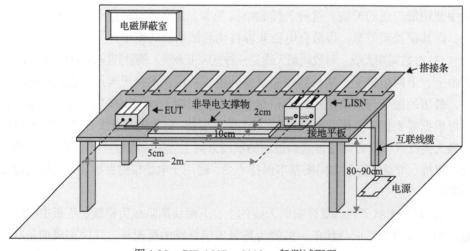

图 1.25　GJB 151B—2013 一般测试配置

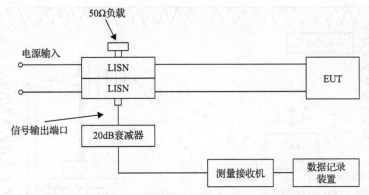

图 1.26 GJB 151—2013 "CE102 10kHz～10MHz 传导发射"测试配置

复性和不同实验室测试结果的一致性，对测试桌、EUT、互联线缆、电源、接地平板等 EUT 测试配置都进行了详细的规定[19]。

4. 辐射电磁干扰测试

标准 GB/T 6113.203—2020《无线电骚扰和抗扰度测量设备和测量方法规范第 2-3 部分：无线电骚扰和抗扰度测量方法 辐射骚扰测量》中对于 1GHz 以下的辐射发射测试，要求测试在开阔场或半电波暗室内进行，模拟半自由空间，场地必须符合 NSA 的要求。被测设备放在一个具有规定高度并可以旋转 360°的转台上，接收天线的高度应在 1～4m 变化，以便搜索最大的辐射场强[20]。

1GHz 以下的辐射发射测量，图 1.27 中 EUT 的辐射电磁波通过两条路径到达接收天线，一条是直射波 E_d，另一条是经地面反射后到达接收天线的反射波 E_r。天线接收到的总场强为直射波和反射波的矢量和。由于两条路径长度不同，电磁波到达天线所需的时间不同，因此 E_d 和 E_r 有一定的相位差 $\Delta\varphi$，总场强与 $\Delta\varphi$ 有关。若 E_d 和 E_r 同相位，则两者叠加，总场强最大；若 E_d 和 E_r 反相位，则两者相减，总场强最小。$\Delta\varphi$ 与天线的高度有关，当接收天线在 1～4m(测试距离为 3m 或 10m)扫描移动时，接收到的场强也以驻波方式变化。驻波的波峰和波谷间的高度差约为 $\lambda/4$。对于 30～1000MHz 频率范围内的电磁波，对应的最大波长为 10m，那么 $\lambda/4$ 的高度差为 2.5m。标准规定，天线的最低点离地面不应小于 0.2m，考虑对数周期天线本身的尺寸，天线的最低高度至少为 1m。因此，天线必须在 1～4m 高度内扫描才能保证在每一个频率点上获得最大干扰电平[21]。

辐射电磁干扰测试在开阔场或半电波暗室内进行，典型的配置如图 1.27 所示，被测产品连接电源后放置在 360°转动的转台上，测试天线分别处于水平和垂直两个极化状态下，试验时天线的高度在 1～4m 调节，同时转台 360°转动以寻找被测产品的最大辐射强度，测量结果通过与天线连接的接收机读出，从接收机输出的数据来判断被测产品是否满足辐射电磁干扰限值的要求。

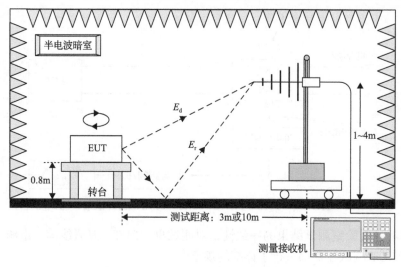

图 1.27　辐射电磁干扰测试典型配置

　　图 1.28 为 GJB 151B—2013 中的 "RE102 10kHz～18GHz 辐射发射测试" 配置，除了对基本配置的要求，标准中要求 EUT 产生最大辐射发射的面朝向天线，天线距离测试配置边界前缘 1m，除拉杆天线，天线高于地面 1200mm，天线任何部位距离电磁屏蔽室壁面不小于 1m，距顶板不小于 0.5m[19]。

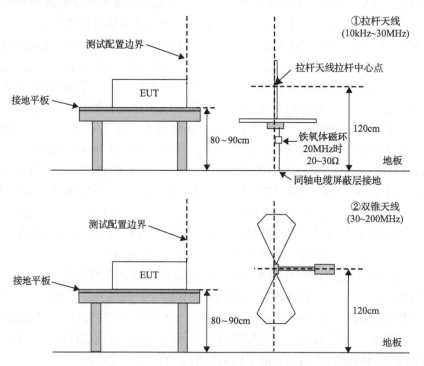

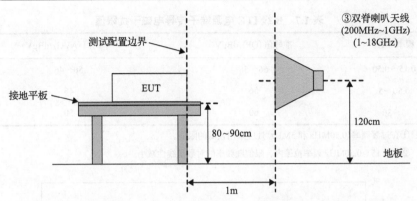

图 1.28　GJB 151B—2013 "RE102 10kHz～18GHz 辐射发射测试" 配置

1.3.2　电磁干扰标准与限值

1. 民用标准

目前，国内外都有相应的电磁干扰标准来限制传导电磁干扰与辐射电磁干扰的幅值。国外标准主要有国际无线电干扰特别委员会的 CISPR 32: 2015 标准、美国的 FCC 标准和德国的 VDE-0871 标准。大部分欧洲标准都基于 CISPR 和 IEC 的国际标准，已在 1.1.3 节进行了详细的介绍。我国制定的电磁干扰标准 GB/T 9254.1—2021《信息技术设备、多媒体设备和接收机 电磁兼容 第 1 部分：发射要求》，完全等效于 CISPR 32: 2015 标准。以下以 GB/T 9254.1—2021 标准的限值为例，介绍电磁干扰限值标准。

GB/T 9254.1—2021 中将信息技术设备(information technology equipment, ITE)分为 A 级和 B 级两类[20]。

B 级 ITE 是指满足 B 级干扰限值的设备，主要用于生活环境中，可包括如下设备：

(1)不在固定场所使用的设备，如由内置电池供电的便携式设备；

(2)通过电信网络供电的电信终端设备；

(3)个人计算机及与之相连的辅助设备。

生活环境是指那种有可能在离有关设备 10m 远的范围内使用广播和电视接收机的环境。

A 级 ITE 是指满足 A 级限值但不满足 B 级限值要求的设备。

A 级和 B 级 ITE 电源端子传导电磁干扰限值如表 1.6、表 1.7 和图 1.29 所示。

表 1.6　A 级 ITE 电源端子传导电磁干扰限值

频率/MHz	准峰值(QP)/dBμV	平均值(AVG)/dBμV
0.15～0.50	79	66
0.50～30	73	60

注：在过渡频率(0.50MHz)处应采用较低的限值。

表 1.7　B 级 ITE 电源端子传导电磁干扰限值

频率/MHz	准峰值（QP）/dBμV	平均值（AVG）/dBμV
0.15～0.50	66～56	56～46
0.50～5	56	46
5～30	60	50

注：①在过渡频率（0.50MHz 和 5MHz）处应采用较低的限值。

　　②在 0.15～0.50MHz 频率范围内，限值随频率的对数呈线性减小。

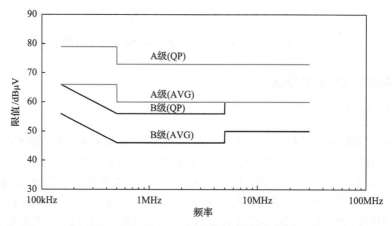

图 1.29　A 级和 B 级 ITE 电源端子传导电磁干扰限值

GB/T 9254.1—2021 对 30～1000MHz 辐射电磁干扰场强的限值规定如表 1.8 和图 1.30 所示。标准要求在 30～1000MHz 频率范围内，用准峰值检波器进行测试。但实际测试时，为了节省时间，可以用峰值测量代替准峰值测量。当有争议时，以准峰值测量结果为准。

辐射电磁干扰测试通常在 10m 的测量距离进行，但根据一般实验室的条件，试验也可以在 3m 或其他距离进行，测试需进行如式（1.18）所示的限值换算：

$$L_2 = L_1 \frac{d_1}{d_2} \qquad (1.18)$$

式中，L_1 为距离 d_1 处规定的限值；L_2 为距离 d_2 处规定的限值。

如使用对数表示，则式（1.18）变为式（1.19）。但需注意，使用式（1.19）进行限值换算的前提是 EUT 测试距离满足远场的测试条件：

$$L_2 = L_1 + 20 \lg \frac{d_1}{d_2} \qquad (1.19)$$

表 1.8　A 级和 B 级 ITE 辐射电磁干扰限值(30～1000MHz，10m 距离)

频率/MHz	准峰值(QP)A 级/(dBμV/m)	准峰值(QP)B 级/(dBμV/m)
30～230	40	30
230～1000	47	37

注：在过渡频率(230MHz)处应采用较低的限值。

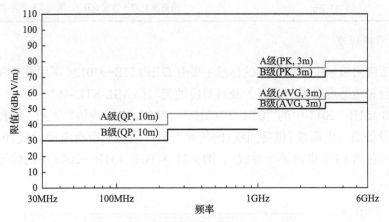

图 1.30　A 级和 B 级 ITE 辐射电磁干扰限值

　　GB/T 9254.1—2021 未对 1GHz 以上的辐射电磁干扰场强测量做出具体规定，而是直接引用基础标准 GB/T 6113.104—2021 中 1GHz 以上的辐射电磁干扰测量方法。其试验原理与 30～1000MHz 的辐射电磁干扰测量相同。标准要求在 1GHz 以上的测试频率范围内，检波方式由准峰值检波变为平均值检波和峰值检波，标准测量距离由 10m 变为 3m，限值如表 1.9 所示。

表 1.9　A 级和 B 级 ITE 辐射电磁干扰限值(1～6GHz，3m 距离)

频率/GHz	平均值(AVG)/(dBμV/m)		峰值(PK)/(dBμV/m)	
	A 级	B 级	A 级	B 级
1～3	56	50	76	70
3～6	60	54	80	74

注：在过渡频率(3GHz)处应采用较低的限值。

　　测量频率上限的选择如表 1.10 所示。对于 1GHz 以上的辐射电磁干扰测试，最高测量频率上限依据被测产品的最高工作频率确定。EUT 内部源的最高工作频率是指在 EUT 内部产生或使用的最高频率，或 EUT 工作及调谐的频率。

表 1.10　测量频率上限的选择

EUT 内部源的最高工作频率	测量频率上限
≤108MHz	1GHz
108～500MHz	2GHz
0.5～1GHz	5GHz
>1GHz	最高频率的 5 倍或 6GHz，取两者中的小者

2. 军用标准

军工应用领域中测试依据的标准主要有 GJB 151B—2013《军用设备和分系统电磁发射和敏感度要求与测量》及其对应的美军标 MIL-STD-461G[22]。

GJB 151B—2013 中的"CE102 10kHz～10MHz 电源线传导发射"项目用来测量被测设备输入电源线(包括回线)的传导发射，适用于所有电源导线(包括返回线，但不包括 EUT 电源输出导线)。图 1.31 为 GJB 151B—2013 中的传导电磁干扰的限值。

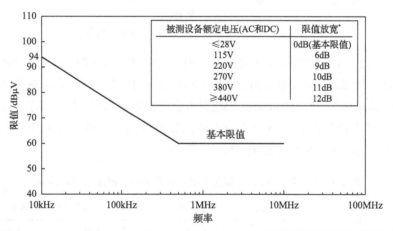

图 1.31　GJB 151B—2013"CE102 10kHz～10MHz 电源线传导发射"限值

额定电压 U 为 28～440V 时，限值在基本限值基础上放宽 $10\lg(U/28)$ dB，AC 指交流，DC 指直流

图 1.32 为 GJB 151B—2013 中规定适用于飞机和空间系统的"RE102 10kHz～18GHz 电场辐射发射"限值。此外，标准中还有适用于水面舰船、潜艇、地面的"RE102 10kHz～18GHz 电场辐射发射"限值。标准中规定除飞机(陆军和海军反潜战(anti submarine warfare，ASW)飞机)的试验频率上限到 18GHz 外，其他试验频率上限均为 1GHz 或 EUT 最高工作频率的 10 倍，取大者。

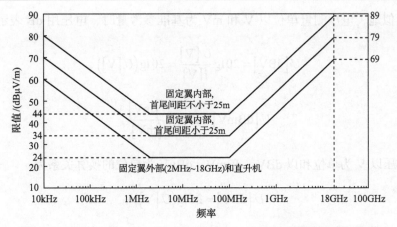

图 1.32   GJB 151B—2013 "RE102 10kHz～18GHz 电场辐射发射"限值

适用于飞机和空间系统的 RE102 限值, 图中的固定翼内部和固定翼外部也包括空间系统

1.3.3   电磁干扰常用单位及换算

在电磁干扰测试中, 为了表示变换范围很宽的数值关系, 通常采用两个相同量比值的常用对数, 以贝尔(Bel)为单位。但贝尔是一个较大的值, 为了使用方便, 常采用 1/10 贝尔单位 deciBel, 即分贝 (dB) 为单位。分贝具有压缩数据的特点, 可以用来表示变化范围很大的数值关系。此外, 这种表示方法更大的优点是可以把相乘的比值变成简单的相加, 方便不同单位之间的换算。

1. 电压

电磁干扰测试中, 干扰的幅度可用电压来表述。电压的基本单位为伏(V)。电压用 dB 表示为

$$U[\mathrm{dB}] = 10\lg\frac{U_2}{U_1} \tag{1.20}$$

式中, U_2 和 U_1 应采用相同的单位。随着 dB 表示式中基准参考量的单位不同, dB 在形式上也带有某种量纲。例如, 基准参考量 U_1 为 1μV, 则 U_2 是相对于 1μV 的比值, 即 1μV 对应 0dBμV。此时以带有电压量纲的 dBμV 表示 U_2, 所以有

$$U[\mathrm{dB\mu V}] = 20\lg\frac{U[\mu\mathrm{V}]}{1[\mu\mathrm{V}]} \tag{1.21}$$

式中, $U[\mu\mathrm{V}]$ 为实际测量值; $U[\mathrm{dB\mu V}]$ 是以 dBμV 为单位表示的测量值。

类似地，电压测量单位以 V 和 mV 为基准参考量时，电压用 dB 表示为

$$U[\text{dBV}] = 20\lg\frac{U[\text{V}]}{1[\text{V}]} = 20\lg\big(U[\text{V}]\big) \tag{1.22}$$

$$U[\text{dBmV}] = 20\lg\frac{U[\text{mV}]}{1[\text{mV}]} \tag{1.23}$$

电压以 V 为单位和以 dBV、dBmV、dBμV 为单位的换算关系为

$$U[\text{dBV}] = 20\lg\big(U[\text{V}]\big) \tag{1.24}$$

$$U[\text{dBmV}] = 20\lg\frac{U[\text{V}]}{10^{-3}[\text{V}]} = 20\lg\big(U[\text{V}]\big) + 60 \tag{1.25}$$

$$U[\text{dBμV}] = 20\lg\frac{U[\text{V}]}{10^{-6}[\text{V}]} = 20\lg\big(U[\text{V}]\big) + 120 \tag{1.26}$$

电磁干扰测试中，除了电压用 dB 表示外，电流、功率和场强也常用 dB 表示。

2. 功率

功率用 dB 表示为

$$P[\text{dBW}] = 10\lg\frac{P[\text{W}]}{1[\text{W}]} = 10\lg\big(P[\text{W}]\big) \tag{1.27}$$

$$P[\text{dBmW}] = 10\lg\frac{P[\text{mW}]}{1[\text{mW}]} \tag{1.28}$$

$$P[\text{dBμW}] = 10\lg\frac{P[\text{μW}]}{1[\text{μW}]} \tag{1.29}$$

功率以 W 和以 dBW、dBmW、dBμW 为单位的换算关系为

$$P[\text{dBW}] = 10\lg\big(P[\text{W}]\big) \tag{1.30}$$

$$P[\text{dBmW}] = 10\lg\frac{P[\text{W}]}{10^{-3}[\text{W}]} = 10\lg\big(P[\text{W}]\big) + 30 \tag{1.31}$$

$$P[\text{dB}\mu\text{W}] = 10\lg\frac{P[\text{W}]}{10^{-6}[\text{W}]} = 10\lg\left(P[\text{W}]\right) + 60 \tag{1.32}$$

功率与电压间的单位换算需要考虑测量设备的输入阻抗，对于纯阻抗，有

$$P = \frac{U^2}{R} \tag{1.33}$$

式中，P 为功率，W；U 为电压，V；R 为电阻，Ω。式 (1.33) 可以用 dB 表示为

$$P[\text{dBW}] = 10\lg\frac{P_2}{P_1} = 20\lg\frac{U_2}{U_1} - 10\lg\frac{R_2}{R_1} \tag{1.34}$$

式中，第一个等号左边的功率分贝值常采用 dBmW 为单位；第二个等号右边的第一项的电压分贝值常采用 dBμV 为单位。则式 (1.34) 可表示为

$$P[\text{dBmW}] - 30 = U[\text{dB}\mu\text{V}] - 120 - 10\lg\frac{R[\Omega]}{1[\Omega]} \tag{1.35}$$

式中，$R[\Omega]$ 为以 Ω 为单位的电阻值。对于电磁兼容测试中常见的 50Ω 的系统，则有

$$P[\text{dBmW}] = U[\text{dB}\mu\text{V}] - 120 + 30 - 10\lg\frac{50[\Omega]}{1[\Omega]} = U[\text{dB}\mu\text{V}] - 107 \tag{1.36}$$

3. 电流

电流用 dB 表示为

$$I[\text{dBA}] = 20\lg\frac{I[\text{A}]}{1[\text{A}]} = 20\lg\left(I[\text{A}]\right) \tag{1.37}$$

$$I[\text{dBmA}] = 20\lg\frac{I[\text{mA}]}{1[\text{mA}]} \tag{1.38}$$

$$I[\text{dB}\mu\text{A}] = 20\lg\frac{I[\mu\text{A}]}{1[\mu\text{A}]} \tag{1.39}$$

电流以 A 为单位和以 dBA、dBmA、dBμA 为单位的换算关系与电压类似。

4. 电场强度和磁场强度

电场强度 E 的单位有 V/m、mV/m、μV/m，采用 dB 表示为

$$E[\mathrm{dB}\mu\mathrm{V/m}] = 20\lg\frac{E[\mu\mathrm{V/m}]}{1[\mu\mathrm{V/m}]} \tag{1.40}$$

显然

$$1[\mathrm{V/m}] = 0[\mathrm{dBV/m}] = 60[\mathrm{dBmV/m}] = 120[\mathrm{dB}\mu\mathrm{V/m}] \tag{1.41}$$

磁场强度 H 的单位有 A/m、mA/m、μA/m，采用 dB 表示为

$$H[\mathrm{dB}\mu\mathrm{A/m}] = 20\lg\frac{H[\mu\mathrm{A/m}]}{1[\mu\mathrm{A/m}]} \tag{1.42}$$

显然

$$1[\mathrm{A/m}] = 0[\mathrm{dBA/m}] = 60[\mathrm{dBmA/m}] = 120[\mathrm{dB}\mu\mathrm{A/m}] \tag{1.43}$$

参 考 文 献

[1] 中国人民解放军总装备部. 电磁干扰和电磁兼容性术语[S]. GJB 72A—2002. 北京: 总装备部军标出版发行部, 2003.

[2] 国务院"7·23"甬温线特别重大铁路交通事故调查组. "7·23"甬温线特别重大铁路交通事故调查报告[R/OL]. http://www.gov.cn/gzdt/2011-12/29/content_2032986.htm[2011-12-29].

[3] 全国无线电干扰标准化技术委员会. 电工术语 电磁兼容[S]. GB/T 4365—2003. 北京: 中国标准出版社, 2003.

[4] Ott H W. Electromagnetic Compatibility Engineering[M]. Hoboken: John Wiley & Sons, 2009.

[5] 张君, 钱枫. 电磁兼容(EMC)标准解析与产品整改实用手册[M]. 北京: 电子工业出版社, 2015.

[6] 杨继深. 电磁兼容(EMC)技术之产品研发及认证[M]. 北京: 电子工业出版社, 2014.

[7] 梁振光. 电磁兼容原理、技术及应用[M]. 2 版. 北京: 机械工业出版社, 2017.

[8] 苏东林, 谢树果, 戴飞, 等. 系统级电磁兼容性量化设计理论与方法[M]. 北京: 国防工业出版社, 2015.

[9] 苏东林, 陈广志, 胡蓉, 等. 提升我国电磁安全能力的战略思考[J]. 安全与电磁兼容, 2021, (5): 9-11.

[10] 季清. Boost PFC 变换器的传导电磁干扰研究[D]. 南京: 南京航空航天大学, 2014.

[11] 何宏, 魏克新, 王红君, 等. 开关电源电磁兼容性[M]. 北京: 国防工业出版社, 2008.

[12] 熊端锋, 罗建. 控制电机电磁兼容测试与抑制技术[M]. 北京: 机械工业出版社, 2018.

[13] 闻映红, 周克生, 任杰, 等. 电磁场与电磁兼容[M]. 2 版. 北京: 科学出版社, 2019.

[14] 谭志良, 王玉明, 闻映红. 电磁兼容原理[M]. 北京: 国防工业出版社, 2013.

[15] 田建学. 机载设备电磁兼容设计与实施[M]. 北京: 国防工业出版社, 2010.

[16] 翟丽. 车辆电磁兼容基础[M]. 北京: 机械工业出版社, 2012.

[17] 何洋. 常规兵器电磁兼容性试验[M]. 北京: 国防工业出版社, 2016.

[18] 杨显清, 杨德强, 潘锦. 电磁兼容原理与技术[M]. 3 版. 北京: 电子工业出版社, 2016.

[19] 中国人民解放军总装备部. 军用设备和分系统电磁发射和敏感度要求与测量[S]. GJB 151B—2013. 北京: 总装备部军标出版发行部, 2013.

[20] 全国无线电干扰标准化技术委员会. 信息技术设备、多媒体设备和接收机 电磁兼容 第 1 部分: 发射要求[S]. GB/T 9254.1—2021. 北京: 中国标准出版社, 2021.

[21] 宋盟春, 李伟松. 医疗设备电磁兼容测试技术及应用[M]. 北京: 清华大学出版社, 2019.

[22] United States Department of Defense. Requirements for the Control of Electromagnetic Interference Characteristics of Subsystems and Equipment[S]. MIL-STD-461G. Washington: United States Department of Defense, 2015.

第 2 章　电力电子系统电磁干扰

第 1 章对电磁干扰的基本概念进行了概述与阐释，使读者对电磁干扰有了初步的了解。本章聚焦于电力电子系统的电磁干扰，首先简要介绍电力电子系统的基本概念、发展与概况，并分别以工业电源、电气化交通、"双高"电力系统等典型电力电子系统为例，介绍电力电子系统中的电磁干扰问题；接着对电力电子系统电磁干扰源的特性、耦合方式的特性进行分析和总结；最后简要介绍电力电子系统电磁干扰的抑制方法。本章旨在使读者熟悉电力电子系统及其电磁干扰的特点，对本书研究的对象有较为清晰的认知。

2.1　电力电子系统的发展与概况

电力电子技术综合了电力技术、电子技术、控制技术等学科的最新成果，是在 20 世纪后半叶诞生和发展起来的一门崭新的技术，目前仍在迅猛发展。电力电子技术为电能的变换、控制、传输和存储带来了更灵活、更高效、更便捷的实现方式。基于电力电子技术构建的电气装置及装置系统统称为电力电子系统。

电力电子系统已广泛应用于各种工业、民用供电设施以及军事装备，在电能的产生、传输、存储与应用中均扮演了重要的角色，涉及从发电、输电、储能到用电的各个电能转换环节，如图 2.1 所示。

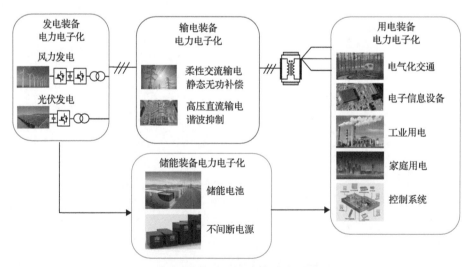

图 2.1　电力电子系统在电能转换各环节的应用

在发电环节，随着新能源发电技术的不断普及，与光伏、风力发电有关的电力电子装置大批投入使用；在输电环节，高压直流输电与柔性交流输电也需要利用电力电子装置进行电能转换；在用电环节，无论是工业用电还是家庭用电，同样涉及多种电力电子装置。

电力电子系统基本构成如图 2.2 所示，利用功率开关器件及无源器件通过一定的组合构成主电路，并与控制电路一起完成对电能的变换和控制。

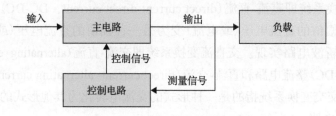

图 2.2　电力电子系统基本构成

电力电子系统的发展与功率开关器件的发展息息相关，如图 2.3 所示。

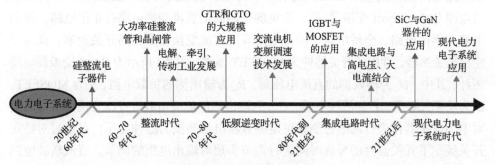

图 2.3　电力电子系统发展历程

20 世纪 60～70 年代，大功率硅整流管和晶闸管的开发与应用，开启了电力电子技术的整流时代，电解、牵引、传动等工业得到飞速发展。70～80 年代，全控器件得到大规模应用，电力晶体管(giant transistor，GTR)和门极关断晶闸管(gate turn-off thyristor，GTO)将电力电子技术带入逆变时代，使得交流电机的变频调速技术迅速发展。但当时的逆变技术主要是将直流电逆变为 0～100Hz 的交流电，变频调速还只停留在低频范围内。进入 80 年代，由于计算机技术的发展，大规模集成电路向着超大规模集成电路迅速迈进，功率半导体器件的研制也开始将集成电路的工艺用于实现器件高电压和大电流，于是，绝缘栅双极型晶体管(insulate gate bipolar transistor，IGBT)和金属-氧化物-半导体场效应晶体管(metal-oxide-semiconductor field effect transistor，MOSFET)应运而生，完成了传统电力电子技术向现代电力电子的技术跨越。进入 21 世纪后，随着新型半导体材料，如碳化硅(SiC)与氮化镓(GaN)的发现，以及现代电力电子技术与计算机通信设备的结合，电力电子系统的功能进一步增强，其应用已渗入工业生产和人们生活的方方面面[1]。

2.1.1　电力电子系统的构成与分类

　　电力电子系统一般可以分为直流变换系统、交直流变换系统和交交变换系统。直流变换系统即直流-直流(direct current-direct current，DC-DC)变换电路，指的是一种幅值的直流电压(或电流)变为另一种幅值的直流电压(或电流)，一般通过直流斩波电路实现。交直流变换系统即交流-直流(alternating current-direct current，AC-DC)整流电路和直流-交流(direct current- alternating current，DC-AC)逆变电路。交交变换系统指的是一种形式的交流电转化为其他形式的交流电，即 AC-AC 变频电路。

　　直流变换系统中通常采取的电路拓扑为直流斩波电路，常用的非隔离直流变换电路有降压斩波电路(Buck 变换器)、升压斩波电路(Boost 变换器)、升降压斩波电路(Buck-Boost 变换器)等；常见的带隔离的直流变换电路有正激电路、反激电路、半桥电路、全桥电路、推挽电路等。直流变换器多为高开关频率、高功率密度的变换器，常用的开关器件为 MOSFET 器件。图 2.4 所示为 Boost 变换器电路拓扑，其中，U_d 为输入侧的直流电压源，R_L 为输出侧的负载电阻，S 为 MOSFET，D 为功率二极管，L 为滤波电感，C_{out} 为输出侧的滤波电容。直流变换器可以通过对电力电子器件进行通断控制将恒定的直流电压转换为脉冲电压，再通过对特定开关频率下开关器件的导通时间进行调节实现对输出电压的调节。直流斩波电路常见于通信电源、直流微网等应用场合。

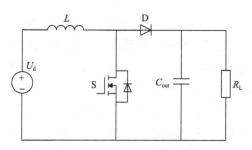

图 2.4　Boost 电路拓扑示意图

　　交直流变换系统中包括可以将交流电转化为直流电的整流电路和将直流电转化为交流电的逆变电路。对于整流电路，它是通过将交流电转化为脉动直流电，并经过一定的滤波电路进行输出。整流电路按照不同的电路结构分为零式电路

与桥式电路。其中零式电路是指带零点或中性点的电路，又称半波电路。桥式
电路由两个半波电路串联而成，又称全波电路，整流电路中常用的为桥式整流电
路，常用的开关器件有晶闸管(silicon controlled rectifier，SCR)、IGBT 等。图 2.5
所示为单相桥式晶闸管整流电路拓扑，其中，$VT_1 \sim VT_4$ 为晶闸管，L 和 R 为负
载电感和负载电阻，u_1 和 u_2 分别为变压器原边电压和副边电压。整流电路常见
于牵引供电、交直流微网等应用场合，用于实现直流母线或向直流负载供电等
功能。

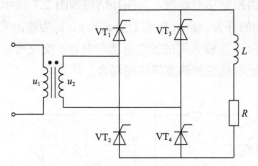

图 2.5　单相桥式晶闸管整流电路拓扑

对于逆变电路，它的作用正好与整流电路相反，即将直流电转化为交流电。
电路将交流侧接入电网时，为有源逆变电路；电路将交流侧直接接负载时，为无
源逆变电路。对逆变电路的直流侧进行分析，若直流侧接的是电压源，则为电
压型逆变电路；若直流侧接入的是电流源，则为电流型逆变电路。在高压大功率、
高功率密度的应用场合，逆变器开关器件多采用 IGBT 模块。图 2.6 所示为一种三
相全桥逆变器拓扑，其中，$S_1 \sim S_6$ 为 IGBT，u_1 为直流电压源，C_1 为直流侧滤波电

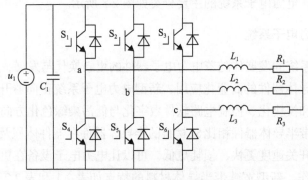

图 2.6　三相全桥逆变器拓扑图

容，L_i 和 $R_i(i=1,2,3)$ 为交流负载。逆变电路常见于各种新能源并网、电动汽车、储能系统等应用场合，实现新能源接入电网或向交流负载供电等功能。

交交变换系统可将一种形式的交流电转化为其他形式的交流电，改变的参数包括电压、电流、频率与相数等。系统按有无中间直流环节，可分为直接方式与间接方式。其中，直接方式又可分为交流电力控制电路和变频电路：只改变电压、电流或控制变量，不改变频率的电路称为交流电力控制电路；改变频率的电路称为变频电路。近年来交交变换器的一个研究热点为矩阵变换器，它不需要中间直流储能环节，可自由控制功率因数，其拓扑结构如图 2.7 所示，其中，S_{ij} 为连接输出 i 相与输入 j 相的开关，i=A, B, C 且 j=a, b, c，u_i 为输出交流电压，$e_j(t)$ 为输入交流电压源，L_j 和 C_j 为输入侧的滤波电感和电容。交交变换电路常见于交流调功、调压电路和交流电机变频调速等应用场合。

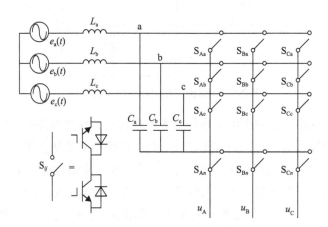

图 2.7　矩阵变换器拓扑结构

综上所述，电力电子系统的主要分类如图 2.8 所示。

2.1.2　新型电力电子系统

电力电子系统的发展伴随着电力电子器件的更新换代与发展，如图 2.9 所示，随着宽禁带半导体器件的商业化应用，新型电力电子系统正向着开关高频化、硬件电路集成化和模块化、控制电路软件数字化与低污染绿色化方向发展。

新型宽禁带半导体器件相比 Si 材料的半导体器件在器件体积及生命周期成本上更有优势，开关速度更快，损耗更低，可以让电力电子设备在更高的温度、电压和频率下工作。新型宽禁带半导体材料的特点如表 2.1 和表 2.2 所示。

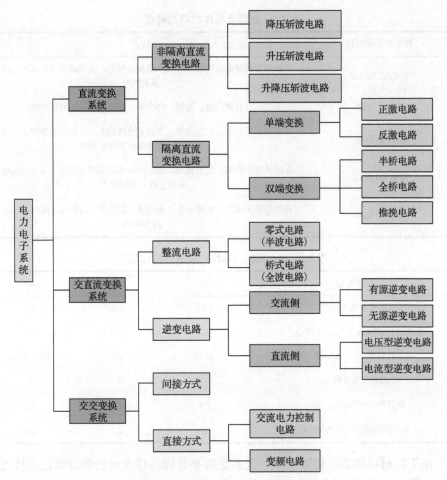

图 2.8　电力电子系统主要分类框图

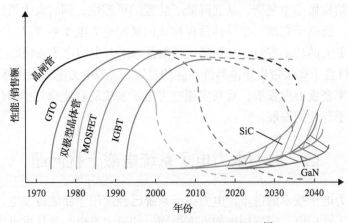

图 2.9　功率半导体技术的发展趋势[2]

表 2.1　新型半导体材料的特点

新型半导体材料	特点
砷化镓(GaAs)	具有很好的耐高温特性，有利于模块小型化，从而减小寄生电容，提高开关频率
碳化硅(SiC)	具有耐高温、高频、高功率、高速度、抗辐射等特性
磷化铟(InP)	具有高耐压、更高的热导率、常温下更高的电子迁移速度等特点，可作为高速、高频微波器件的材料
锗化硅(SiGe)	高频半导体材料，既有硅(Si)工艺的集成度和成本优势，又有 GaAs 和 InP 速度方面的优点
氮化镓(GaN)	具有禁带宽度大、热导率高、耐高温、抗辐射、耐酸碱、高强度和高硬度等特性

表 2.2　Si、SiC、GaN 的参数性能比较[2]

参数/单位	Si	SiC	GaN
带隙基准 E_g/eV	1.12	3.2	3.4
标准临界磁场强度 E_{crit}/(MV/cm)	0.3	3.5	3.3
电子迁移率 μ_n/(cm^2/(V·s))	1500	650	900~2000
相对介电常数 ε_r	11.8	9.7	9
热导率 λ/(W/(cm·K))	1.5	4.9	1.3
饱和漂移速度 v_s/(10^7cm/s)	1	2.7	2.7

　　由于硅材料的物理极限所限，大多数硅半导体器件在电性能方面已经接近其理论极限，为了适应高电压和大功率的应用场合，往往需要把电力电子系统的主电路的拓扑结构做得很复杂，从而降低了装置的可靠性，同时大大增加了系统的成本和损耗。而基于宽禁带半导体器件构成的新型电力电子系统可以实现更高的输出电压和更大的功率容量，从而满足目前及未来对电力电子系统的需求。

　　同时，得益于宽禁带半导体器件性能的发展，新型电力电子系统逐步向高效、高频和高功率密度方向发展，旨在实现电力电子系统的轻量化与小型化，进一步推动电力电子行业的发展。

2.2　典型电力电子系统电磁干扰问题

　　随着电力电子技术的进步，电力电子系统已经应用于新能源发电、电气化交通以及各种工业用电、家庭用电的方方面面，如风力发电与光伏发电中的各种电力电子变换器、柔性直流输电中的电力电子变压器、电动汽车电驱系统、多电飞机供电系统等。而电磁干扰是电力电子系统面临的共性问题，尤其是高频、高压、高功率密度、大容量电力电子系统[3]。相比于通信、信号等弱电领域的电磁干扰问题，电力电子系统的电磁干扰具有自身的特点，具体差异如表 2.3 所示。

表 2.3　电力电子系统与其他弱电电磁干扰的区别

类别	电力电子系统电磁干扰	其他弱电系统电磁干扰
电磁干扰源	①元器件固有噪声：影响较小。 ②放电噪声：静电放电、电晕放电、辉光放电、弧光放电、高频电火花的干扰。 ③电磁波辐射：一些电力电子设备虽然不以向空间辐射电磁波为目的，但是它们在运行时，也会在它们附近的空间产生很强的电磁干扰。在电力电子系统中，绝大多数辐射噪声源的频率不是十分高，多属于近场辐射电磁干扰源。 ④半导体器件开关过程和变流电路引起的噪声：功率半导体器件开关过程的电磁噪声、整流电路造成的谐波干扰和电磁噪声、采用脉宽调制（pulse width modulation, PWM）技术的电力电子电路造成的电磁噪声、高频开关电源造成的电磁噪声	①元器件固有噪声：热噪声、散粒噪声、接触噪声和爆米花噪声。 ②物理和化学原因造成的干扰源：原电池噪声、电解噪声、摩擦电噪声和导线移动造成的噪声。 ③放电噪声：静电放电、电晕放电、辉光放电、弧光放电、高频电火花干扰。 ④电磁波辐射：无线电广播、通信、遥感、雷达等各种发射机，这些装置以向空间辐射电磁波为目的，但它们同时也会在相应的发射频率（包括它们的高次谐波）对其他电子装置造成干扰
电磁干扰耦合途径	①传导耦合：直接传导、公共阻抗传导、转移阻抗传导（特例）。 ②辐射耦合：在电力电子系统中主要考虑静电场和感应电磁场的电磁干扰耦合问题，较少碰到辐射电磁干扰的问题	①传导耦合：直接传导、公共阻抗传导、转移阻抗传导（特例）。 ②辐射耦合：如无线电、通信和微波主要考虑辐射电磁干扰的问题

本节分别以工业电源、电气化交通、"双高"电力系统、新型电力电子系统为例，介绍和分析电力电子系统中存在的电磁干扰问题。

2.2.1　工业电源及其电磁干扰问题

工业电源是指应用于工业设备中的开关电源。工业电源通常需要满足一些特殊的要求，如低功耗（以减轻机箱冷却方面的负担）、高功率密度（以减小空间要求）、高可靠性和高耐用性，以及在其他普通电源中不常见的特性，如易于并联、遥控和某些过载保护功能等。因此，它对电磁干扰的要求也比其他普通电源更为严格[4]。

工业电源主要类型如图 2.10 所示。

（1）导轨型电源。导轨型电源主要用在工业配线箱和控制箱上，在性能要求上要稳定，且能在控制柜中安装方便，具有容易更换、体积小巧的特点。

（2）平板型电源。平板型电源即标准直流供电开关电源，要求能够提供稳定的直流电压，一般有 5V、12V、24V 几种输出电压等级。

(a) 导轨型电源　　　　　(b) 平板型电源　　　　　(c) 可配置型电源

(d) LED电源　　　　　(e) UPS　　　　　(f) 适配器电源

图 2.10　工业电源主要类型

（3）可配置型电源（可编程电源）。可配置型电源由多个标准模块组成，全部装嵌在同一底座之内，其功率大小有较多选择。可编程电源的优点是用户可以灵活微调任何模块的输入和输出参数。

（4）发光二极管（light emitting diode，LED）电源。LED 电源对电源的供给有两方面的要求，首先要求输出电压大于 LED 的导通电压，其次要求工作电流稳定，并且不能大于 LED 的额定电流。

（5）不间断电源（uninterrupted power supply，UPS）。UPS 是一种含储能装置，以整流器、逆变器为主要组成部分，为变电站内监控系统、自动化仪表、远方通信系统等设备提供恒压恒频的工业电源。

（6）适配器电源。适配器电源是小型便携式电子设备及电子电器的供电设备，一般由外壳、电源变压器和整流电路组成，按其输出类型可分为交流输出型和直流输出型。

工业电源所产生的电磁干扰主要来源于电源内部变换器中开关器件的高频动作。以工业电源中最基本的逆变电路为例，高频开通、关断的 IGBT 或 MOSFET 模块可以视为共模和差模电磁干扰的主要源头。IGBT 模块开通、关断过程的电压、电流波形如图 2.11 所示，其中 u_{dr} 为驱动芯片输出电压，U_{gon} 和 U_{goff} 分别为驱动信号的高电平电压和低电平电压，u_{gate} 为 IGBT 门极电压，U_{th} 为 IGBT 导通的门极阈值电压，U_{Miller} 为米勒（Miller）平台阶段的门极电压，i_c 为集电极电流，I_{peak} 为峰值电流，I_L 为负载电流，u_{ce} 为集电极-发射极电压，U_{dc} 为 IGBT 关断时承受的电压，$U_{ce(on)}$ 为 IGBT 饱和电压。

为了散热，IGBT 模块的集电极、发射极和金属外壳之间有一层绝缘散热层，金属外壳与散热器紧密相连。出于安全以及机械结构的原因，散热器通常接地，这使得 IGBT 的集电极、发射极和地面之间会产生寄生电容。当 IGBT 快速开关时，共模电流通过开关器件和对地寄生电容流向地面[3]，引发共模电磁干扰问题，例如，常见的考虑寄生电容的 Buck 变换器电路模型如图 2.12 所示，其中，U_d 为输入侧直流电压源，C_{in} 为输入侧滤波电容，L 和 C_{out} 为输出侧滤波电感和滤波电容，R_L 为输出侧直流负载，C_p 为 IGBT 发射极与散热片之间的杂散电容。

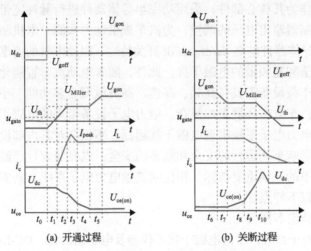

(a) 开通过程　　　　　　　　　　(b) 关断过程

图 2.11　IGBT 模块开通、关断过程波形示意图[5]

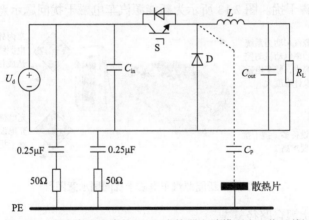

图 2.12　考虑寄生电容的 Buck 变换器电路模型(PE 指地线)

2.2.2　电气化交通中的电磁干扰问题

1. 新能源汽车电磁干扰问题

新能源汽车是指采用非常规车用燃料作为动力来源(或使用常规的车用燃料但采用新型车载动力装置)，结合先进的动力控制技术和驱动技术而形成的具有新技术、新结构的汽车。新能源汽车包括四大类型：混合动力电动汽车、纯电动汽车、燃料电池电动汽车、其他新能源(如超级电容器、飞轮储能器等)汽车,但无论何种新能源汽车,各类设备都以电能作为直接能量来源,因此车载电力电子系统是新能源汽车中不可或缺的部分。

与传统燃油汽车相比,新能源汽车的电磁环境更加复杂。以电动汽车为例,电机驱动系统作为其核心部件,采用功率半导体器件进行脉冲宽带调制控制,以实现对电机控制器输出电压的调控,为汽车提供动力来源。电机驱动系统工作过程中,功率半导体器件的高 du/dt、di/dt 开关特性、驱动电机的速度或转矩变化等都将产生高幅值和宽频带的电磁干扰。此外,随着电动汽车智能化、娱乐化需求的不断增加,车载设备需具备高频、高速、高灵敏度、多功能、小型化等特点,这会导致电动汽车电磁环境更加复杂,电力电子设备带来的电磁干扰问题愈加突出。如果车载电力电子系统出现电磁干扰超标,不仅会对其内部设备正常工作造成影响,还会影响车辆运行的安全和乘客的安全。电磁兼容性已经成为衡量新能源汽车技术水平的一项重要指标。相比起其他电力电子系统,新能源汽车的电磁干扰问题具有以下特点。

1)干扰源类型多样

车载电力电子系统产生的电磁干扰不仅涉及电驱动设备、DC-DC 或者 DC-AC 变换器等部件产生的传导电磁干扰,而且涉及电子控制器、电池管理系统等部分产生的辐射电磁干扰。图 2.13 所示为新能源汽车电磁干扰问题示意图。

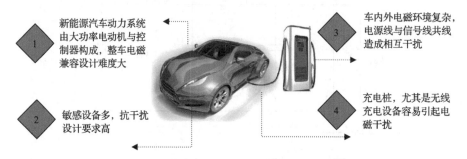

图 2.13　新能源汽车电磁干扰问题示意图[6]

2)电磁干扰耦合路径复杂

高压、低压系统及各系统间的互连线缆均布置在车辆有限的空间内,形成了复杂的电磁干扰传导和辐射耦合路径。

针对电动汽车的整车级电磁兼容性,我国现行有 GB/T 18387—2017《电动车辆的电磁场发射强度的限值和测量方法》和 GB 14023—2011《车辆、船和内燃机无线电骚扰特性 用于保护车外接收机的限值和测量方法》等标准对电动汽车的电磁发射进行约束。文献[7]对 2011 年和 2013 年我国品牌电动汽车电磁兼容测试情况做了大致统计,电磁辐射骚扰测试不符合率分别达 70%和 20%。电机驱动系统等高压电器导致电场测试超标现象较普遍，因此电机驱动系统电磁兼容性研究成为近几年的研究热点[8]。

导致电动汽车电磁发射超标的电力电子设备具有部件相对单一、电磁发射特征明显及相对容易整改优化的特点。而一些具有电气结构复杂、连接线缆分布较广及传输信号电平幅值低等特点的车载电子产品，受电磁干扰后容易导致性能降级或功能失效，且受扰时，很难快速、准确地定位"失效点"。因此，电力电子部件和整车抗扰关联性解析是后续研究的技术重点和难点[9]。

2. 高速列车电磁干扰问题

在高速铁路的建设发展中，安全性始终占据着极其重要的地位，而在铁路运输安全性问题中，高速列车的电磁兼容性能是不可忽视的核心问题之一。

高速列车中的电力牵引设备主要由牵引变压器、牵引整流器、牵引逆变器等牵引变流环节构成；列车上的负荷如空调、充电机、蓄电池、牵引电机等所需功率较大，所需供电容量在兆伏安(MVA)级别。高速列车电力牵引设备较多、功率较大，且列车运行过程中的运动参数对牵引设备有一定影响。此外，高速列车供电系统产生的谐波电流在几十到几百安培，干扰电压一般以千伏为计量单位，因此产生的电磁干扰传播范围广，强度大。

高速列车的电磁干扰问题如果不能及时预警处理，容易引发故障，干扰列车的正常运行，例如，电磁干扰耦合到交流输电线和信号系统中，引发通信系统出现数据传输误码等故障[10,11]。随着运输能力的提高，牵引电流增大会导致更严重的电磁干扰，如侯月线某站中的两个轨道区段(137DG 和 509DG)曾受严重电磁干扰导致轨道电路红光带频繁出现，达 300 余起[12]。

对于高速列车供电系统，电磁干扰源主要来自以下三个方面：弓网离线产生的电弧干扰、牵引变流器产生的谐波干扰，以及牵引电流不平衡引发的干扰。简单的电磁干扰源示意图如图 2.14 所示。图 2.14 中，①表示高速列车的受电弓与电网频率不同步引发的电弧干扰；②表示列车电力电子系统中变压器及牵引变流器在变流过程中引发的谐波干扰；③表示列车运行过程中由两轨道不平衡牵引电流引发的干扰。

其中，②的谐波干扰由参与交直流变换的电力电子设备引发，是持续性的和最主要的电磁干扰源之一。图 2.15 为我国 CRH3 型动车组牵引传动系统的组成。在进行大功率交直流电能变换时，需要通过 IGBT 等高频开关器件进行调控，因此会产生开关频率及其倍频次谐波，带来电磁干扰；随着 SiC MOSFET 等新型半导体器件在高速列车牵引设备中的应用，其更高频的开关动作会导致高速列车牵引系统的电磁干扰愈加严重[13]。

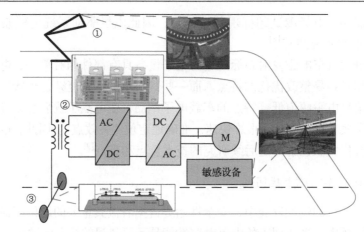

图 2.14　高速列车电磁干扰源示意图

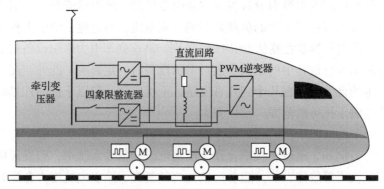

图 2.15　我国 CRH3 型动车组牵引传动系统的组成

　　高速列车是一个集各种强电设备和弱电设备于一体的复杂巨系统。高速列车系统的特点包括但不限于高功率动力线和微功率信号线长距离并行走线、列车及其车载设备的接地系统复杂以及通信、导航和各类电气设备安置位置集中等。这使得列车系统中电磁干扰的传输耦合方式主要包括线间串扰耦合、地环路耦合和空间辐射耦合三种方式。因此，高速列车的物理尺寸、各类车载电气、电子设备的空间布局及其电气特性等都会影响其系统中电磁干扰的传输耦合特性[14]。

　　因此，在高速列车飞速发展的同时，不能忽略对高速列车电磁干扰问题的系统分析，并对高速列车电磁环境进行实时监测与预警，降低高速列车电力电子系统产生的电磁干扰对列车正常运行的影响。

2.2.3　"双高"电力系统及其电磁干扰问题

　　随着大规模新能源发电、高压直流输电、大功率直流负荷的快速发展，电力系统"源-网-荷"各部分电力电子化程度逐年提高，这使电力系统逐步向高比例新能源发电和高比例电力电子设备趋势发展[15]。"双高"电力系统是指含高比例新能源发电和高比例电力电子设备，且以交直流混合输电方式向用户供电的有机整体，其框架结构如图 2.16 所示。

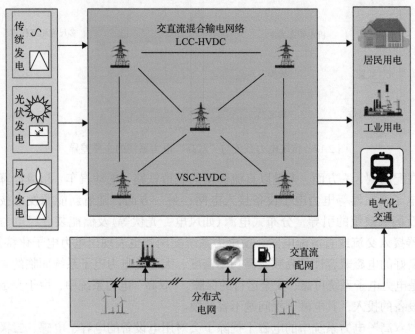

图 2.16　"双高"电力系统的结构示意图[15]

LCC-HVDC 指基于电网换相换流器的高压直流输电，VSC-HVDC 指基于电压源换流器的高压直流输电

与由同步发电机主导的传统电力系统相比，"双高"电力系统的动态特性具有全新的、更加复杂的动力学特征，呈现包括新能源发电在内的多种发电方式并存的分布式发电状态，在一次能源特性、元件数量、元件种类及时间尺度上均出现显著差异，如图 2.17 所示。特别是在由传统电力系统向具有"双高"特性的新一代电力系统过渡阶段，各种特性交互影响，动态过程尤为复杂[16]。

在输电方面，电力电子化是未来输电网络的基本形态，交直流混合互联是未来电网的基本框架结构。近年来，随着大功率电力电子技术的发展，高压直流输电工程实现了长距离、大容量、跨区域输电，基于电压源型换流器的柔性直流输电技术广泛应用于新能源并网及远距离输电，如厦门、舟山、南澳等地多端直流输电工程。柔性直流输电技术采用大量全控型电力电子器件，传输功率能够在四象限内灵活运行，方便输电线路功率的控制。输电网络的电力电子化给电力系统的输电方式和电网结构都将带来重大变化，发电侧、负荷侧及输电网络之间的耦合形式也更加多样化。

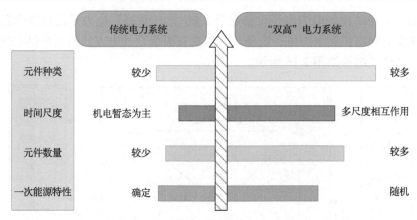

图 2.17　传统电力系统与"双高"电力系统的主要差异

在配网侧，一方面，大量以直流驱动的城市铁路、电动汽车、超级计算机及电力电子变压器等电力电子设备接入电网；另一方面，随着新能源发电技术的发展及国家政策的引导，分布式电源（如风电、光伏等）及储能装置经电力电子变换器接入交流或直流配电网，使电力系统配网侧也表现出电力电子化特征。

良好的电磁兼容性是高频、高功率密度、大容量电力电子系统面临的共性问题，是电力电子系统可靠、安全运行的保障。"双高"电力系统中，由于大量电力电子设备的投入，其电磁干扰问题不容忽视。

"双高"电力系统中的电磁干扰除了会对用电设备的电容、电感、二极管等内部元件工作造成影响，还会经传输路径耦合对发电机侧产生干扰。系统内部的杂散参数会为干扰信号提供各种耦合路径，形成干扰电流和功率损耗，造成机械振动、噪声和减短设备寿命。

"双高"电力系统为人类生产、生活带来巨大便利的同时，如何减少各种设备间的电磁干扰，使各种设备能正常运行已经成为刻不容缓的研究课题。

2.2.4　新型电力电子系统及其电磁干扰问题

如 2.1 节所述，一方面，宽禁带半导体器件具有导通阻抗低、饱和漂移速率高、耐高温、抗辐射能力较强等特点，因而采用宽禁带半导体器件的新型电力电子系统相比于传统基于硅器件的电力电子系统具有更高的效率、更高的功率密度和更高的耐温能力[2]，已应用于电动汽车电驱系统、列车牵引供电系统、电池储能系统等诸多场合；另一方面，由于宽禁带半导体器件开关瞬态过程的 du/dt 和 di/dt 更大，寄生电感引起的电压和电流高频振铃（可达 100MHz），以及高工作频率引起的高频电磁干扰不可忽视，高开关频率（100～500kHz）、高 du/dt（100～200V/ns）和高 di/dt（5～10A/ns）带来的噪声源谐波分量的大幅上升及阻抗网络的改变，导致传导电磁干扰大幅上升，同时，辐射电磁干扰也变得更为严峻。如图2.18 所示，升高的器件开关频率(红色线)与开通、关断速度(蓝色线)均会带来电磁干扰的加剧，其中器件的开关频率为 f_0，开通过程和关断过程的时间均为 τ。

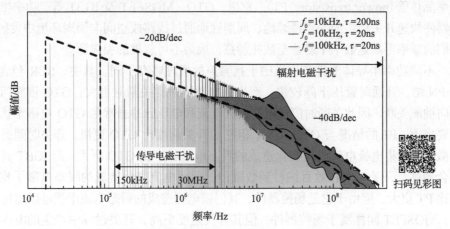

图 2.18　功率开关器件在不同开关频率与不同开通、关断速度下的电磁干扰对比

综上所述，随着电力电子系统的发展，基于宽禁带半导体器件的新型电力电子系统将会面临更为严峻的电磁干扰问题，这使传统抑制电磁干扰的措施面临挑战，且高频、大功率器件还会带来传统电力电子系统中罕见的近场辐射电磁干扰。因此，新型电力电子系统急需更加主动和更加有效的电磁干扰抑制方法。

2.3　电力电子系统电磁干扰分析方法

电力电子系统的电磁干扰源主要是功率开关器件的瞬态及周期开关行为，其传播方式主要通过传导耦合与近场辐射耦合，因而电力电子系统电磁干扰的形成具有一定的规律性，可采用特定的方法对电磁干扰源和干扰路径进行建模分析，以提出相应的电磁干扰抑制方法。

本节分为两个部分：第一部分是对电力电子系统电磁干扰源的特性进行分析；第二部分则是对电力电子系统电磁干扰耦合方式进行分析，以具体变换器为例，简要介绍电力电子系统中传导电磁干扰与辐射电磁干扰的分析方法。

2.3.1　电力电子系统电磁干扰源特性分析

电力电子系统的电磁干扰源主要为功率开关器件快速开通及关断引发的方波序列和系统内电压、电流的快速变化。相比于其他通信等弱电系统的电磁干扰源，电力电子系统的电磁干扰源具有持续性、周期性的特点。下面对电力电子系统电磁干扰源特性与影响因素进行详细分析。

1. 电力电子系统主要电磁干扰源

电力电子装置主电路的核心部件是各类功率半导体器件，如功率二极管、大功率晶体管（power transistor，PT）、SCR、GTO、MOSFET 及 IGBT 等。功率半导体器件快速开关产生的噪声持续地、周期性地通过线路或空间向周围环境中发射。它们的频率可高达数十千赫兹至数兆赫兹，成为不可忽视的噪声源。

不同功率半导体器件产生电磁干扰噪声的机理略有不同。其中，SCR 包含 3 个 PN 结，开通时管压下降较快，产生的电源噪声比关断时更大；GTO 依靠门极反向抽流关断，因此关断时门极电路的大电流和电压脉冲通常是 GTO 电磁干扰的主要成因；PT 的情况与 GTO 类似，但它的开关速度比 GTO 更快，开关时间通常在微秒级，集电极电流电压变化造成的瞬态电磁噪声比 GTO 更大；而 IGBT 属于混合器件，开关时间在数百纳秒到数微秒，因此电流变化造成的瞬态电磁干扰噪声比 PT 更大，但由于它是场控器件，其门极电路造成的瞬态电磁干扰可以忽略不计；MOSFET 同样属于场控器件，但其开关速度更高，开关过程中产生的电压脉冲易引发电磁干扰[17]。

2. 电力电子系统电磁干扰源特性

功率开关器件在电力电子系统变换器正常工作过程中时刻处于快速开通关断状态，以最典型的 Boost 变换器为例，其功率开关器件正常工作电压的时域简化波形如图 2.19 所示，其中 τ 表示开通持续时间，τ_r 表示开关器件电压上升时间，U_d 为功率开关器件在关断状态下功率端所承受的电压。

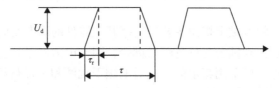

图 2.19　功率开关器件正常工作的电压时域简化波形

由电力电子变换器的工作原理可知，功率开关器件在脉宽调制控制信号下开合，其开关频率固定，因此产生的谐波电压能量多聚集在开关频率及其倍频处。

相比于其他电磁干扰源如浪涌、雷击等瞬发性、非周期性干扰，电力电子系统的电磁干扰频谱能量分布更具规律性，干扰频谱峰值的幅值与频率分布具有很强的可预测性。

3. 电力电子系统电磁干扰源特性的影响因素

电力电子系统电磁干扰源由于具有规律性、周期性，可以通过建立数学模型，利用傅里叶分析等方式研究其特性的影响因素，详见第 3 章的理论计算分析，本节仅简要介绍该类干扰源的主要影响因素。单周期的理想开关波形为梯形波，其示意图如图 2.19 所示，梯形波对应的频谱包络线示意图如图 2.20 所示。

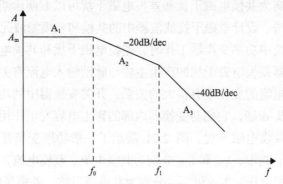

图 2.20　开关器件梯形波频谱包络线示意图

当频率大于 f_0 时，频谱以-20dB/dec 的斜率下降；当频率大于 f_1 时，频率以-40dB/dec 的斜率下降。而由梯形波特性可知，梯形波时域幅值 U_d 影响频域幅值最大值 A_m，梯形波持续时间 τ 影响 A_1 段与 A_2 段频率分界值 f_0，而梯形波上升时间 τ_r 影响 A_2 段与 A_3 段频率分界值 f_1。

因此，对应到实际的功率开关器件中，功率开关器件所承受的电压影响产生的电磁干扰频谱的最大幅值，高压大功率的变换器产生的电磁干扰幅度一般更大。功率开关器件的开通持续时间取决于变换器的开关频率及占空比，因此变换器的开关频率影响斜率下降的频率分界点 f_0，也就是说，开关频率更高的变换器，其电磁干扰幅度以-20dB/dec 斜率开始下降的频率点更高，在低频段更难抑制；功率开关器件的电压上升时间取决于该类器件的开关速度，因此器件开关速度影响转折频率 f_1，也就是说，采用更高开关速度功率开关器件的变换器，其电磁干扰幅度以-40dB/dec 斜率开始下降的频率点更高，在高频段更难抑制。

2.3.2　电力电子系统电磁干扰耦合方式特性分析

电力电子系统的电磁干扰，从两种不同的途径进行传播：一种是通过噪声源和敏感设备之间的线路构成的传导耦合途径传播；另一种是通过空间电磁波辐射构成的辐射耦合途径传播。

1. 电力电子系统传导耦合方式

电力电子系统传导电磁干扰是指通过导体进行传播的电磁干扰。为了更好地研究电力电子系统的传导电磁干扰耦合机理，可以将干扰分为共模(common mode,

CM)电磁干扰和差模(differential mode, DM)电磁干扰, 其中, 共模电磁干扰的传输途径主要是在相线与地线之间, 差模电磁干扰主要在相线与相线之间。共模电磁干扰和差模电磁干扰产生的原因和路径不同, 其抑制方法也有区别, 因此, 将传导电磁干扰分离为共模电磁干扰和差模电磁干扰可以方便诊断传导电磁干扰频谱、选取抑制方法、设计电磁干扰滤波器中的共模和差模滤波元件。

电力电子系统中功率变换器工作时, 差模电磁干扰和共模电磁干扰是同时存在的。功率变换器差模电磁干扰的产生主要与脉动输入电流有关。共模电磁干扰的产生与电压和电流的变化率有很大的关系, 开关变换器中的功率开关器件会产生较大的 du/dt 及 di/dt, 它们与变换器内部的寄生电容发生作用, 从而产生高频振荡, 继而产生共模电磁干扰。图 2.21 展示了一般功率变换器共模电流和差模电流的传输通路, 其中, i_{CM} 和 i_{DM} 分别为共模电流、差模电流, U_{CM} 和 U_{DM} 分别为共模电压、差模电压, Z_{CM} 和 Z_{DM} 分别为共模源阻抗、差模源阻抗。

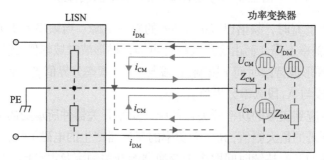

图 2.21 共模电流与差模电流的传输通路[18]

图 2.22 给出了共模电磁干扰和差模电磁干扰的分离测试原理。

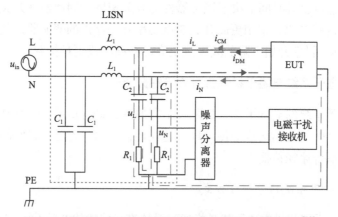

图 2.22 共模电磁干扰和差模电磁干扰的分离测试原理[18]

L 线和 N 线中的干扰电流 i_L 和 i_N 与共模电流 i_{CM}、差模电流 i_{DM} 的关系可以表示为

$$i_L = i_{CM} + i_{DM}$$
$$i_N = i_{CM} - i_{DM} \tag{2.1}$$

式中，共模电流 i_{CM} 和差模电流 i_{DM} 分别为 i_L 和 i_N 的同向分量和反向分量。根据式(2.1)进一步推导可得

$$i_{CM} = (i_L + i_N)/2$$
$$i_{DM} = (i_L - i_N)/2 \tag{2.2}$$

i_L 和 i_N 在 L 线和 N 线的 50Ω 测试阻抗上产生的电压分别为 u_L 和 u_N。定义共模电压 u_{CM} 和差模电压 u_{DM} 分别为 i_{CM} 和 i_{DM} 在 50Ω 测试阻抗上产生的电压，即

$$u_{CM} = 50i_{CM} = (u_L + u_N)/2$$
$$u_{DM} = 50i_{DM} = (u_L - u_N)/2 \tag{2.3}$$

可以看出，共模电流和差模电流的传输路径不同。但是，如果相线中阻抗和寄生电容不对称，并且数值不同，共模电磁干扰和差模电磁干扰会相互转化，也就是说，相线间的阻抗差异会使共模电压的一部分或者全部转变为差模电压。

下面以典型的反激式开关电源为例[19]，介绍电力电子系统的传导耦合方式。由单相不可控整流电路和单端反激电路构成的两级式开关电源，拓扑电路如图 2.23 所示。图中 U_{in} 为输入的工频交流电压，$D_1 \sim D_4$ 为单相不可控整流电路的整流二极管，D_5 为单端反激电路二次侧的整流二极管，S 为反激电路功率 MOSFET，C_{in}、C_{out} 分别为整流电路的滤波电容、反激电路的输出电容，R_L 为电路负载。

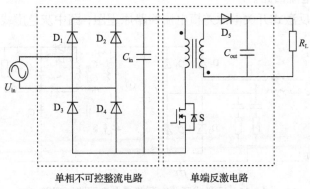

图 2.23　两级反激式开关电源电路拓扑图

该开关电源的共模噪声主要由单端反激电路中的开关管和副边整流二极管产生。单端反激电路工作时，S 与 D_5 总是处于正偏或反偏的不同状态，两端的电压波形相反，两个器件产生的共模电流流动方向也是相反的。图 2.24 中点画线与虚线分别为反激式开关电源原边和副边的共模电流回路。图中 C_{sp}、C_{ps} 分别为变压器副边绕组电压跳变点对原边的耦合电容、变压器原边绕组电位跳变点对副边的耦合电容，C_0 为副边的对地电容，C_{p0} 为 MOSFET 与散热器之间的寄生电容，C_{in}、C_{out} 则分别是整流电路的滤波电容、反激电路的输出电容。

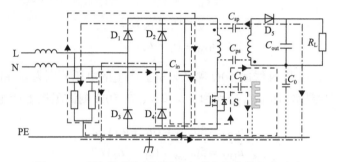

图 2.24　反激式开关电源原边和副边的共模电流回路

图 2.24 中开关管 S 工作时漏极为电位跳变点，产生高频干扰噪声电流，经由变压器的寄生电容 C_{ps} 耦合至副边，通过副边的对地电容 C_0、地、LISN、整流电路流回开关管 S 形成一个原边共模电流回路。此外，开关管 S 漏极与散热片之间存在寄生电容 C_{p0}，产生的漏极噪声电流可通过 C_{p0} 耦合到散热片，由于散热片接地，电磁干扰通过 LISN 与整流电路被传导回开关管 S，形成另一个原边共模电流回路。

图 2.24 中二极管 D_5 工作时正极为电位跳变点，产生高频干扰电流，经过变压器的寄生电容 C_s 耦合至原边，再通过整流电路、LISN、地、副边对地电容 C_0 形成副边共模电流回路。

图 2.25 为反激式开关电源差模电流回路原理图，图中灰色虚线和箭头表示差

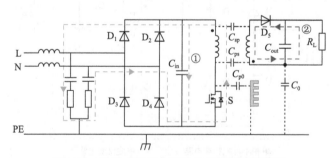

图 2.25　反激式开关电源差模电流回路原理图

模电流回路和传导方向。

从图 2.25 中可以看到，差模电磁干扰的传导耦合路径有两条：回路①由原边变压器绕组、输入滤波电容 C_{in} 和开关管 S 构成，滤波电容为差模噪声电流提供一条低阻通路，对噪声信号起到旁路屏蔽作用，但是受输入滤波电容高频寄生参数的影响，无法将回路中的差模电流完全滤除，部分噪声电流会经整流电路流入 LISN 的稳定阻抗上，在采样阻抗上产生差模电压；回路②由副边变压器绕组、输出滤波电容及副边整流二极管 D_5 构成，该回路的差模电流大部分是由整流二极管 D_5 反向恢复电流产生的，这部分电流较小，而且只在副边流动，没有流入 LISN 中，可忽略。

由上述对反激变换器实际电路的分析可知，共模电压主要体现在电路内部的寄生电容和线间的感应电感上，因此共模电磁干扰一般会出现在频率较高的频段，并且干扰会随着频率的增加而增强；变压器的分布电容只出现在共模噪声电路中，对差模电磁干扰的影响较小。

2. 电力电子系统辐射耦合方式

电力电子系统辐射耦合是指通过介质以电磁波的形式传播电磁干扰，干扰能量按电磁场的规律向周围空间发射的耦合[20]。辐射耦合方式主要包括天线与天线间的辐射耦合、天线与电磁场的辐射耦合，以及导线与导线的感应耦合等不同类型，如图 2.26 所示。

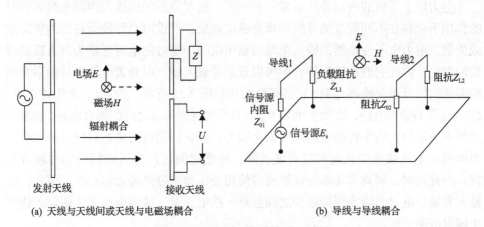

(a) 天线与天线间或天线与电磁场耦合　　　　　(b) 导线与导线耦合

图 2.26　不同类型辐射耦合示意图

电磁场的特性变化取决于其与天线的距离，通常划分为近场和远场两部分。对偶极子天线而言，近场与远场的边界如式(2.4)所示，小于该值的区域为场源的近场，大于该值的区域为场源的远场：

$$r = \lambda / (2\pi) \tag{2.4}$$

式中，r 为观测点与场源的距离；λ 为电磁波的波长。

近场的性质与场源的性质密切相关。对应高电压小电流的场源，其近场区域内的电场远大于磁场。在远场中，无论电场源还是磁场源，电磁波的波阻抗 Z 恒定，电磁场在远场为平面波，电磁场的能量通过辐射向四周传播。电场源、磁场源波阻抗与距离的关系如图 2.27 所示。

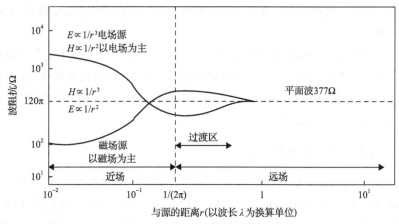

图 2.27　电场源、磁场源波阻抗与距离的关系

电力电子系统的内部导线通常扎在一起，相互靠近的连接线内部在高频信号的作用下会存在不同程度的导线间耦合感应现象，严重时会导致设备的性能降级或失效。电力电子变换器的输入电缆与输出电缆中通过的电流通常为含有高频谐波的电流，因此它们在辐射耦合中可以近似看成天线，以开关电源中目前最常用的有源钳位反激变换器为例，它的拓扑结构如图 2.28 所示，其中 C_{Cl} 为钳位电容，L_m 为变压器励磁电感，C_1 为主电容 C_{dc} 与共模扼流圈 L_{CM} 之间的耦合电容。随着开关频率的增加，功率转换器的尺寸大大减小，但它们仍然需要相对较长的电缆，当电缆中电流快速变化时可以看成天线，电缆之间可产生天线间的辐射耦合干扰。与此同时，隔离式功率变流器通常使用变压器来分离输入和输出。因此，在输入和输出电缆之间或铜接地面之间会有一些电压差，这些电压差会驱动天线产生辐射电磁干扰。

图 2.28 中电力电子系统的辐射电磁干扰主要由共模电磁干扰构成，差模电磁干扰所起的作用不大，因此该模型中主要关注的是共模电流。由于支撑电容体积大且距离共模扼流圈较近，其容性耦合 C_1 不可忽视，共模扼流圈在高频下的性能会显著下降，不利于在辐射电磁干扰频率范围内降低共模电流。图 2.29 为该有源

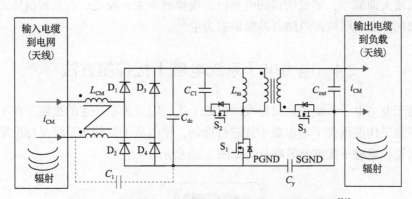

图 2.28　有源钳位反激变换器辐射共模电流传播路径[21]

PGND 指保护地(protect ground)，SGND 为信号地(singal ground)

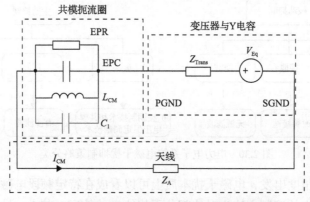

图 2.29　有源钳位反激变换器的简化辐射模型[21]

钳位反激变换器的简化辐射模型，EPC 和 EPR 分别为共模扼流圈的等效杂散电容和等效杂散电阻，Z_A 为天线部分的阻抗(包括输入线缆和输出线缆)，Z_{Trans} 为变压器与 Y 电容构成的等效源阻抗。由辐射模型可知，耦合电容 C_1 增加了共模扼流圈的寄生电容，不利于辐射电磁干扰抑制。

　　由共模辐射场可知，在近场区内电偶极子辐射发射(共模辐射)以电场发射为主；由差模辐射场可知，在近场区内磁偶极子辐射发射(差模辐射)以磁场发射为主。

　　在共模辐射中，电场强度与磁场强度的比值随着距离的增加而减小；相反，在差模辐射中，电场强度与磁场强度的比值随着距离的增加而增大。正是因为近场电磁干扰与辐射模态有这样的对应关系，可以通过检验近场电场和磁场强度随距离的变化规律来判断待测电路在近场中以何种辐射为主。首先由近场电磁场探头测量近场辐射场强，然后计算出电场强度与磁场强度之间的比值，若该比值随着距离增大而减小，则说明被测电路以共模辐射为主；反之，若该比值随距离增大而增加，则说明被测电路以差模辐射为主[22]。

2.4　电力电子系统电磁干扰抑制方法

对于电力电子系统中超出标准的电磁干扰，需要采取一定的措施，在不影响系统正常工作的前提下对电磁干扰进行抑制，使电磁干扰的水平满足标准限值。总体来说，电磁干扰抑制策略分类如图 2.30 所示。

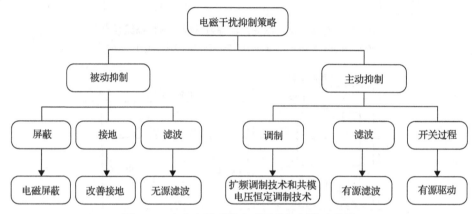

图 2.30　电力电子系统电磁干扰抑制策略分类

从能量的角度出发，电磁干扰本质上可以看成在特定频段电磁干扰的能量幅度超标，因此它的抑制方法为对这部分干扰能量的处理。其中，被动抑制方法通过一定的手段改变干扰能量的流向或吸收干扰能量，此过程不涉及新的能量注入，也不改变原有的电磁干扰源噪声发射大小，例如，通过屏蔽手段使干扰能量进行反射，通过改善接地分流干扰能量，或增加无源电磁干扰滤波器使干扰能量被吸收。而主动抑制方法是从电磁干扰源出发，从源头减少干扰能量的产生或改变频率分布，或注入新的能量以抵消原干扰。

被动抑制的方法一般是改善传导路径，主动抑制的方法一般从源头出发降低干扰源的噪声水平。对于被动抑制方法，无源电磁干扰滤波器的设计一直受到广泛的研究；对于主动抑制方法，调制方式和改进开关过程均受到重视。虽然被动的抑制方法会增加系统的体积、重量、成本和复杂程度，但因其便利、简单、易于设计，还是被广泛地应用于各个领域；而主动抑制的方法虽然可以以较少的硬件代价实现更好的电磁干扰抑制，但是在技术上仍然存在一定挑战，尚未实现大规模的应用。

2.4.1　电磁干扰被动抑制方法

1. 屏蔽

屏蔽是利用屏蔽体来阻挡或减小电磁能量传输的一种技术，是抑制电磁干扰的重要手段之一。屏蔽有两个目的：一是限制内部辐射的电磁能量泄漏出该内部区域；二是防止外来辐射电磁能量进入某一区域。在实际应用中，屏蔽体上不可避免地存在各种缝隙、开孔及进出电缆等各种缺陷，这些缺陷将对屏蔽体的屏蔽效能产生劣化作用。

电磁噪声在空间中是以"场"的方式传播的，场又可以以近场(电场和磁场)和远场(电磁场)的形式来分析。因此，下面以电场屏蔽、磁场屏蔽、电磁屏蔽为例介绍屏蔽方法对电磁干扰的抑制作用。

1)电场屏蔽

电场屏蔽简称电屏蔽，其目的是减少设备、电路、元器件之间的电场感应，它包括静电屏蔽和交变电场屏蔽。电屏蔽体由良导体制成，既可以阻止屏蔽体内的电场泄漏到外部，也可以阻止屏蔽体外的电场进入屏蔽体内[23]。

电场屏蔽，就是利用处于零电位的金属体，对电场进行"阻隔"屏蔽。为了保证屏蔽体的零电位，抑制高频的电场耦合干扰，必须提高屏蔽体的导电性和完整性。如果屏蔽导体接地不良或没有接地，感应电压会比没有屏蔽体时还要大，此时的干扰比不加屏蔽体时更加严重，因此屏蔽体必须保证良好接地。

电场屏蔽的原理图与实际应用中电力电子设备电场屏蔽涂层如图 2.31 所示。

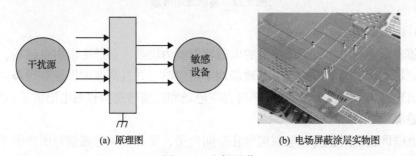

(a) 原理图　　　　　　　　　(b) 电场屏蔽涂层实物图

图 2.31　电场屏蔽

2)磁场屏蔽

磁场屏蔽的目的是消除或抑制恒定磁场或交变磁场与被干扰回路的磁耦合。磁场屏蔽可分为低频磁场屏蔽和高频磁场屏蔽，其中，低频磁场屏蔽与高频磁场屏蔽的屏蔽原理有所不同，低频磁场屏蔽是利用铁磁性物质的磁导率高、磁阻小、对磁场有分路作用的特性来实现屏蔽；高频磁场屏蔽则是利用良导体在入射高频磁场作用下产生的涡电流，并由涡电流的反磁通抑制入射磁场来实现屏蔽[24]。

　　具体而言，低频磁场屏蔽技术是利用高导磁率屏蔽体构成低磁阻通路，对干扰磁场进行分路。磁通主要是沿着磁阻小的途径形成回路，使被屏蔽体包围区域内的磁场大大减弱，从而实现屏蔽的作用。屏蔽体的磁导率越高，厚度越大，磁阻越小，磁场屏蔽的效果越好。

　　而高频磁场屏蔽[25]是利用电磁感应现象在屏蔽体表面产生感应涡流，利用涡流的反磁场对原磁场的排斥作用抵消穿越该屏蔽体的外部磁场，从而达到磁场屏蔽的目的。低电阻率的良导体(如铜、铝、银等)在交变的磁场下会感应出较大的涡流，因此具有较好的屏蔽效果。此外，由于集肤效应，涡流只在屏蔽材料的表面流动，因此只需要很薄的一层金属材料即可屏蔽高频磁场，如图 2.32 所示。

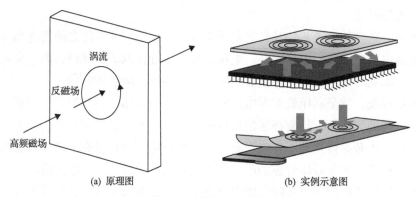

(a) 原理图　　　　　　　　　　　　(b) 实例示意图

图 2.32　高频磁场屏蔽

3) 电磁屏蔽

　　随着频率的增加，干扰信号的电磁辐射能力增强，会产生辐射电磁场，并趋向于远场干扰。远场中的电场和磁场均不可忽略，并且高频时即使在设备内部也可能出现远场干扰，因此需要对同时存在电场和磁场的高频辐射电磁波进行屏蔽，即电磁屏蔽。

　　电磁屏蔽是阻止高频电磁信号在空间传播，屏蔽高频电磁信号所产生干扰的一种措施。电磁波在穿越屏蔽体时，会产生反射和吸收，即电磁波在穿越屏蔽体时发生了能量衰减，从而抑制电磁场的传播，起到屏蔽作用。电磁屏蔽的机理如图 2.33 所示。

2. 接地

　　接地是抑制电磁干扰、提高电力电子设备或系统电磁兼容性的重要手段之

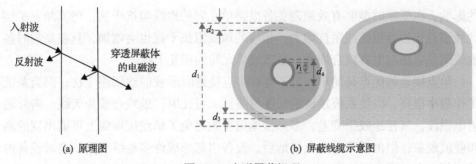

(a) 原理图　　　　　　　　　　　　　　　(b) 屏蔽线缆示意图

图 2.33　电磁屏蔽机理

一。正确的接地既能抑制电磁干扰带来的影响，又能抑制设备向外发射的电磁干扰。反之，错误的接地会引入严重的干扰，甚至使设备无法正常工作。

从接地的作用或功能来划分，接地可分为保护性接地和功能性接地，如表 2.4 所示。在电气和电路原理图中，通常使用单一的接地符号表示同一种接地设置，而在采用分设接地的复杂系统中，采用表 2.4 中不同的符号以区分执行不同功能的接地设置[26]。

表 2.4　接地的分类

接地分类		接地目的
保护性接地	安全(保护)接地	通过建立设备外壳与附近金属导体之间的低阻抗通路，出现故障时确保故障电流流入大地，保护人身安全
	防雷接地、防静电接地	通过建立与大地相连的低阻抗通路，使雷击、静电放电电流等从接地通路直接流入大地，避免影响人身安全、设备或系统的正常工作
功能性接地	信号接地	为信号或功率传输电流提供一个返回通路，通过将设备或系统的各部分连接到一个公共参考点(面)，消除两个悬浮电路之间可能存在的干扰电压
	屏蔽体接地	通过将屏蔽体接地，使屏蔽体发挥作用
	滤波器接地	通过将滤波器接地，使滤波器发挥抑制共模电磁干扰的作用

其中信号接地[27]主要分为单点接地、多点接地和混合接地。单点接地是指设备或电路只有一个接地点，所有电路和设备的地线都连接到这点作为电路和设备的零电位参考点(面)。多点接地是指某一个系统中各个需要接地的电路、设备都直接连接到距它最近的接地平面上，以使接地线的长度最短。混合接地则是指将单点接地和多点接地结合起来构成的接地方式。

具体而言，单点接地又可分为串联单点接地与并联单点接地。串联单点接地的优点是接地方式较简单，各个电路的接地引线较短，相应的阻抗较小。并联单点接地的优点是各电路间的电流互不干扰，各接地点的电位不受其他接地点电位的影响，在低频时能够有效地避免各电路单元间的地线阻抗干扰；但其缺点是接地线多且长，导致地线阻抗增大，相应的地线阻抗干扰也会增加，且在高频时各地线间的电感与电容耦合增强，易造成单元间的相互干扰。

单点接地的优点是简单，且不存在多点接地时形成的地回路干扰；但当系统工作频率很高，以致系统接地线长度与波长 λ 可比时，地线会成为天线，向外辐射电磁波，其接地效果变差。多点接地则有效避免了单点接地线上可能出现的高频驻波现象；但由于采用多点接地后，设备内部形成许多地线回路，会对设备内较低频率产生不良影响。一般地，当频率在 1MHz 以下或地线长度小于 $\lambda/20$ 时，可采用单点接地方式，以防止辐射，并降低地线阻抗，反之则采用多点接地的方式。若电路的工作频率很宽，同时存在低频与高频成分，则在低频时需要采用单点接地，而在高频时需要采用多点接地，此时可以采用混合接地的方式。

电力电子系统改善接地的方式中，对复杂系统的信号接地多采用混合并联接地的方式，如果依然无法解决接地问题，也可采用增加重复保护接地的方式改善接地。图 2.34 给出了三相四线制系统的中性线接地的示例。

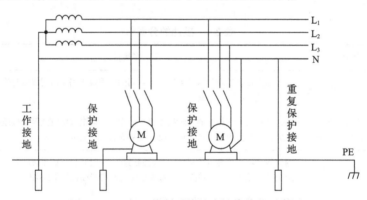

图 2.34　三相四线制系统的中性线接地示意图

3. 滤波

加装无源电磁干扰滤波器(passive electromagnetic interference filter, PEF)以抑制电磁干扰是目前工程上最常用的整改方案。PEF 由电感和电容这类无源元件构成，由于其结构简单和设计方便等优势广泛应用在工程实践中。

对于电力电子系统，设计时通常有外形、体积或重量的限制，当初始设计的电力电子系统电磁干扰无法满足对应的设备标准限值时，通常会采用外接滤波器的方式抑制超出限值的电磁干扰。

图 2.35 是共模 PEF 在 Boost 变换器中的使用方式，将共模 PEF 串接在电源和

变换器之间，削弱变换器向外传导的电磁干扰，L_{CM} 为共模电感，C_y 为共模电容。对此电路进行等效，发现此电路中开关管的开关脉冲调制波可以视为干扰源，此干扰源通过开关管对散热片的寄生电容经大地回流形成共模传导电磁干扰。

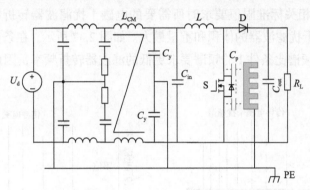

图 2.35　共模 PEF 在 Boost 变换器中的使用方式

　　PEF 的基本设计流程如下：首先，在不加入电磁干扰滤波器的情况下预测或测试变换器的原始共模电磁干扰和差模电磁干扰幅值，然后将它们减去标准限值，并考虑合适的裕量，得到共模电磁干扰和差模电磁干扰的衰减要求。接着，根据衰减要求，结合电磁干扰滤波器的插入损耗计算方法，确定电磁干扰滤波器的拓扑和元件参数。最后，在变换器中加入设计的共模滤波器和差模滤波器，再次测试变换器的传导电磁干扰频谱。如果低频段的传导电磁干扰不满足标准要求，可以降低滤波器的转折频率，即增大滤波电感或电容；如果高频段的传导电磁干扰不满足标准要求，则需要优化滤波器的高频特性，即减小或消除滤波元件的自身寄生参数和互耦寄生参数，增强滤波器的高频滤波效果，如图 2.36 所示。

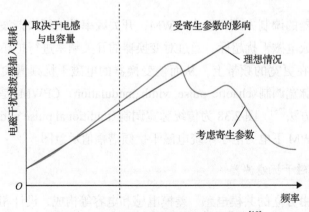

图 2.36　电磁干扰滤波器插入损耗曲线[18]

为了保证变换器的传导电磁干扰在所有工作条件下都低于标准限值，需要依据变换器的最恶劣原始传导电磁干扰频谱获取衰减要求。在不同的工作条件下，变换器的传导电磁干扰频谱也不相同。最恶劣原始传导电磁干扰频谱是指使传导电磁干扰满足相关标准限值要求时所需要的电磁干扰滤波器转折频率最低的频谱，此时电磁干扰滤波器的体积和重量最大。如图 2.37 所示，在条件 II 下获取的传导电磁干扰频谱比条件 I 的频谱要求更低的滤波器转折频率，因此条件 II 下的频谱更恶劣。

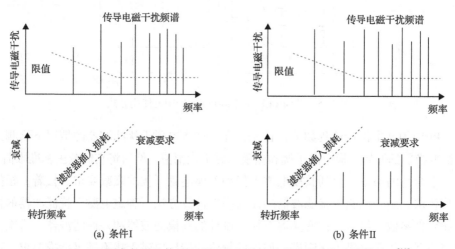

图 2.37　不同条件下的传导电磁干扰频谱及其衰减要求和滤波器对比[18]

2.4.2　电磁干扰主动抑制方法

1. 混沌脉宽调制技术

功率变换器的调制方式一般为 PWM，开关频率及倍频次谐波上存在着频谱尖峰，容易造成电磁干扰超标。通过对变换器的开关频率进行扩频调制，可以将噪声能量分布在更宽的频带上，从而使变换器的电磁干扰频谱尖峰幅值大大降低，其中混沌脉宽调制(chaotic pulse width modulation，CPWM)是一种有效且易于工业应用的方法[28]。图 2.38 为传统脉宽调制(traditional pulse width modulation，TPWM)和 CPWM 下电力电子系统电磁干扰频谱幅值示意图。

2. 有源电磁干扰滤波器

PEF 大多由分立的共模电感、差模电感和电容等构成，设计相对简单、技术成熟、维护方便，但为了改善低频段的滤波效果，往往需要大的电感和电容，故体积、重量和损耗等都较大。除此之外，无源元件的寄生参数对高频段的滤波效果也有很大影响，因此在电力电子系统日益向高功率密度、高效率发展的背景下，针对电力电子系统的有源电磁干扰滤波器研究正逐渐兴起。

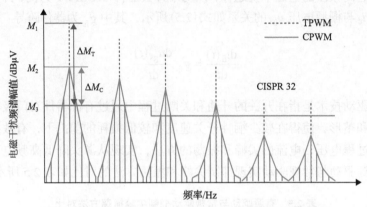

图 2.38　TPWM 与 CPWM 下的电磁干扰频谱幅值示意图

有源电磁干扰滤波器(active electromagnetic interference filter，AEF)因为采用有源消去技术，多采用半导体器件和电子电路，不需要靠增大电感和电容值来提高滤波效果，所以体积和重量较小。AEF 使用时串接在电路中，根据采样和补偿位置的不同，可以将 AEF 分为前馈型和反馈型两种结构，如图 2.39 所示，i_{noise} 和 Z_n 为噪声源和源阻抗，$G(s)$ 为 AEF 的传递函数模型，i_n 为变换器线缆电流，i_c 为补偿电流，i_s 为流入 LISN 的电流，R_{LISN} 为 LISN 简化后的等效电阻模型。此外，根据检测的是电压信号还是电流信号，AEF 可以分为电压检测型和电流检测型，根据补偿的是电压信号还是电流信号可以分为电压补偿型和电流补偿型[29]。

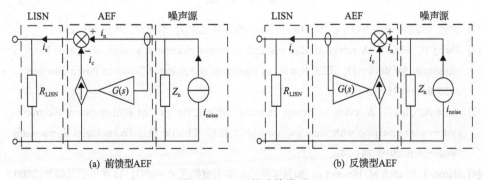

(a) 前馈型AEF　　　　　　　　　　　　　(b) 反馈型AEF

图 2.39　AEF 的连接类型

3. 有源驱动技术

电力电子系统中的功率开关器件在开关过程中产生的电压、电流的尖峰和振荡容易引起高频段的电磁干扰超标，以功率开关器件 MOSFET 为例，开关过程中漏极电流 i_d 与栅源电压 u_{gs} 的关系如式(2.5)所示，其中 g_{fs} 为器件跨导：

$$\frac{di_d(t)}{dt} = g_{fs} \frac{du_{gs}(t)}{dt} \tag{2.5}$$

有源驱动技术是指在开关的开通和关断过程中通过有源器件对门极驱动电压进行干预和整形，使得在较少牺牲开关速度和较低损耗的前提下，有效抑制开关器件开关过程电压、电流的尖峰和振荡的方法，实现从源头降低高频电磁干扰的发射。有源驱动与常规驱动实现抑制尖峰和振荡方法的对比如表 2.5 所示。

表 2.5　有源驱动与常规驱动抑制尖峰振荡方法对比

常规驱动	增大驱动电阻 R_g
	增大栅源电容 C_{gs}
	增大漏源电容 C_{ds}
	增加吸收电路
有源驱动	在开关过程中改变 u_{gs} 电压波形

相比于常规驱动，如增大驱动电阻、增加吸收电路等抑制开关管尖峰与振荡的方法，有源驱动技术在保持功率开关器件开关速度、降低开关损耗和驱动损耗等方面具有优势，在满足电磁兼容标准的同时，使变换器具有更高的效率[30]。

参 考 文 献

[1] 杨涛. 综述现代电力电子技术在电力系统中的发展现状[J]. 科技风, 2020, (5): 196.

[2] Zhang B, Wang S. A survey of EMI research in power electronics systems with wide-bandgap semiconductor devices[J]. IEEE Journal of Emerging and Selected Topics in Power Electronics, 2020, 8(1): 626-643.

[3] Amin A, Choi S. A review on recent characterization effort of CM EMI in power electronics system with emerging wide band gap switch[C]. IEEE Electric Ship Technologies Symposium, Washington, 2019: 241-248.

[4] Harper J, Weirich M, Hesener A. 如何实现高功率密度的工业电源[J]. 世界电子元器件, 2009, (6): 43-46.

[5] Jin M, Weiming M. Power converter EMI analysis including IGBT nonlinear switching transient model[J]. IEEE Transactions on Industrial Electronics, 2006, 53: 1577-1583.

[6] 戈家政. 欧洲和我国汽车电磁兼容法规对比研究[J]. 汽车实用技术, 2018, (18): 292-293.

[7] 柳海明, 丁一夫, 张志国. 电动汽车屏蔽问题分析及实例[J]. 安全与电磁兼容, 2014, (1): 22-25.

[8] 高新杰, 王志远. 驱动电机系统多端口电磁发射特性分析[J]. 安全与电磁兼容, 2019, (3): 18-20, 41.

[9] 韩烨, 高新杰, 邱振宇. 电动汽车电磁兼容性测评发展趋势[J]. 安全与电磁兼容, 2019, (5): 17-19, 50.

[10] 孙晓英. 高速列车电磁发射测量与数据分析[D]. 北京: 北京交通大学, 2017.

[11] 闻映红. 高速铁路信号系统的抗电磁干扰技术[J]. 北京交通大学学报, 2016, 40(4): 70-74.

[12] 杨世武. 高铁和重载条件下电气化铁道干扰对室外信号影响研究[D]. 北京: 北京交通大学, 2014.

[13] Zhu R M, Liang T, Dinavahi V, et al. Wideband modeling of power SiC mosfet module and conducted EMI prediction of MVDC railway electrification system[J]. IEEE Transactions on Electromagnetic Compatibility, 2020, 62(6): 2621-2633.

[14] 闻映红. 中国高速动车组电磁兼容技术[M]. 北京: 中国铁道出版社, 2018.

[15] 马宁宁, 谢小荣, 贺静波. 高比例新能源和电力电子设备电力系统的宽频振荡研究综述[J]. 中国电机工程学报, 2020, 40(15): 4720-4732.

[16] 杨鹏, 刘锋, 姜齐荣. "双高"电力系统大扰动稳定性: 问题、挑战与展望[J]. 清华大学学报(自然科学版), 2021, 61(5): 403-414.

[17] 钱照明, 程肇基. 电力电子系统电磁兼容设计基础及干扰抑制技术[M]. 杭州: 浙江大学出版社, 2001.

[18] 季清. Boost PFC 变换器的传导电磁干扰研究[D]. 南京: 南京航空航天大学, 2014.

[19] 朱军. 反激式开关电源的传导干扰建模与抑制研究[D]. 长沙: 湖南大学, 2018.

[20] 熊端锋, 罗建. 控制电机电磁兼容测试与抑制技术[M]. 北京: 机械工业出版社, 2018.

[21] Ma Z, Yao J, Wang S, et al. Radiated EMI reduction with double shielding techniques in active-clamp flyback converters[C]. IEEE International Joint EMC/SI/PI and EMC Europe Symposium, Raleigh, 2021: 1064-1069.

[22] 封志明, 赵波. 近场辐射电磁干扰模态测试系统设计[J]. 安全与电磁兼容, 2010, (3): 18-21.

[23] 曹丰文, 瞿敏. 电磁兼容设计与电磁干扰抑制技术[M]. 北京: 中国电力出版社, 2009.

[24] 赵家升, 杨显清, 杨德强. 电磁兼容原理与技术[M]. 北京: 电子工业出版社, 2012.

[25] 谭志良, 王玉明. 电磁兼容原理[M]. 北京: 国防工业出版社, 2013.

[26] 闻映红, 周克生, 崔勇. 电磁场与电磁兼容[M]. 北京: 科学出版社, 2010.

[27] 梁振光. 电磁兼容原理、技术及应用[M]. 北京: 机械工业出版社, 2007.

[28] 刁家骐. 基于混沌扩频技术的 AC/DC 开关变换器的传导 EMI 研究[D]. 广州: 广州大学, 2020.

[29] 陈晓威, 董纪清. 有源 EMI 滤波器研究现状综述[J]. 电气技术, 2017, 18(2): 5-9.

[30] Camacho A P, Sala V, Ghorbani H, et al. A novel active gate driver for improving SiC MOSFET switching trajectory[J]. IEEE Transactions on Industrial Electronics, 2017, 64(11): 9032-9042.

第3章 电力电子系统的电磁干扰建模、量化与预测

对电磁干扰进行准确的建模、量化与预测，能够为电磁兼容设计提供输入，大大提高电力电子系统电磁兼容设计的效率，是实现有针对性、高效地解决电磁兼容问题的前提。

本章从电磁干扰源、电磁干扰传播路径和测试设备(敏感设备)——电磁干扰形成的三要素着手，介绍电力电子系统中电磁干扰的建模、量化与预测方法。首先系统地介绍电力电子系统中几种常见的电磁干扰源模型及其频域表达式的计算方法；然后对电力电子系统中电磁干扰传播到测试设备(敏感设备)路径的建模方法进行介绍；接着以 Buck 变换器为例展示传导共模和差模电磁干扰建模与频谱的量化方法；最后以图腾柱无桥功率因数校正(power factor correction，PFC)变换器输入电压过零点尖峰电流引起的共模电磁干扰为例，从传导电磁干扰产生机理、传导路径的分析，到电磁干扰抑制方法的提出，展示电力电子系统中基于电磁干扰建模、量化与预测，指导电磁干扰抑制方法设计的完整流程。

3.1 傅里叶级数展开与傅里叶变换

19 世纪初，法国著名的数学家、物理学家傅里叶(Fourier，1768—1830)发现，任何周期函数都可以用正弦函数和余弦函数构成的无穷级数来表示(选择正弦函数与余弦函数作为基函数是因为它们是正交的)，为了纪念傅里叶，这个级数被命名为傅里叶级数。

3.1.1 周期信号的傅里叶级数

傅里叶级数是指满足一定条件的时域信号可以表达为一系列正弦信号或虚指数信号的加权叠加。满足一定条件的连续周期信号 $x(t)$ 如式(3.1)所示，c_n 称为周期信号 $x(t)$ 的傅里叶系数(Fourier coefficient)，式(3.1)称为傅里叶级数的复指数形式[1]：

$$x(t) = \sum_{n=-\infty}^{\infty} c_n \mathrm{e}^{jn\omega_0 t}, \quad \omega_0 = 2\pi f_0 = \frac{2\pi}{T_0} \tag{3.1}$$

式中，T_0 为周期信号 $x(t)$ 的周期；ω_0 为周期信号 $x(t)$ 的角频率。利用虚指数信号的正交性，由连续周期信号傅里叶级数的表达式可以确定式(3.1)中的 c_n，即

$$c_n = \frac{1}{T_0} \int_{t_0}^{T_0+t_0} x(t) e^{-jn\omega_0 t} dt = \frac{1}{T_0} \int_{\langle T_0 \rangle} x(t) e^{-jn\omega_0 t} dt \tag{3.2}$$

在周期信号 $x(t)$ 的傅里叶级数表达式 (3.1) 中，$n=0$ 时 c_0 是一个常数，它表示信号中的直流分量。$c_1 e^{j\omega_0 t}$ 与 $c_{-1} e^{-j\omega_0 t}$ (当 $n=+1$ 和 $n=-1$ 时) 的和称为信号的基波分量或一次谐波分量。一般地，$n=+N$ 与 $n=-N$ 对应的两项之和称为信号的 N 次谐波分量。

当信号 $x(t)$ 为实信号时，$x(t)$ 的傅里叶系数 c_n 具有共轭偶对称性，如式 (3.3) 所示：

$$c_n = c_{-n}^* \tag{3.3}$$

基于此特性，式 (3.1) 进而可以表示为式 (3.4)：

$$x(t) = c_0 + \sum_{n=-\infty}^{-1} c_n e^{jn\omega_0 t} + \sum_{n=1}^{\infty} c_n e^{jn\omega_0 t} = c_0 + \sum_{n=1}^{\infty} \left(c_n e^{jn\omega_0 t} + c_{-n} e^{-jn\omega_0 t} \right) \tag{3.4}$$

傅里叶系数一般为复函数，如式 (3.5) 所示，可以通过引入两个实函数 a_n 和 b_n 来表达 c_n，即

$$c_n = \frac{a_n - jb_n}{2} \tag{3.5}$$

当信号为实函数时，由于存在式 (3.3) 所示的共轭偶对称性，因此有

$$c_{-n} = \frac{a_n + jb_n}{2} \tag{3.6}$$

由于 c_0 是周期信号的直流分量，对于实周期信号，c_0 为实数，所以 $b_0=0$，c_0 可以通过式 (3.7) 进行计算：

$$c_0 = \frac{a_0}{2} = \frac{1}{T_0} \int_{\langle T_0 \rangle} x(t) dt \tag{3.7}$$

结合式 (3.4)、式 (3.5) 和式 (3.6)，周期信号 $x(t)$ 可以表示为

$$x(t) = \frac{a_0}{2} + \sum_{n=1}^{\infty} \left[a_n \cos(n\omega_0 t) + b_n \sin(n\omega_0 t) \right] \tag{3.8}$$

其中，由式 (3.2) 和式 (3.5) 可得

$$a_n = \frac{2}{T_0} \int_{\langle T_0 \rangle} x(t) \cos(n\omega_0 t) dt, \quad n = 1, 2, \cdots \tag{3.9}$$

$$b_n = \frac{2}{T_0} \int_{\langle T_0 \rangle} x(t) \sin(n\omega_0 t) dt, \quad n = 1, 2, \cdots \tag{3.10}$$

式 (3.8) 称为实周期信号 $x(t)$ 的三角函数形式的傅里叶级数表达式, 体现出任何周期函数都可以用正弦函数和余弦函数构成的无穷级数来表示这一特征。将式 (3.9) 和式 (3.10) 中的正、余弦函数的同频率项合并整理, 可得式 (3.11) 中 $x(t)$ 信号的另一种形式的傅里叶级数表达式。其中 A_n 为信号频率成分的幅值, φ_n 为初相位:

$$x(t) = \frac{a_0}{2} + \sum_{n=1}^{\infty} A_n \cos(n\omega_0 t + \varphi_n) \tag{3.11}$$

$$A_n = \sqrt{a_n^2 + b_n^2}, \quad n = 1, 2, \cdots \tag{3.12}$$

$$\varphi_n = -\arctan \frac{b_n}{a_n}, \quad n = 1, 2, \cdots \tag{3.13}$$

对于满足一定条件的周期函数 $x(t)$, 既可以用式 (3.1) 给出的复指数形式的傅里叶级数表示, 也可以用式 (3.8) 三角函数的形式表示, 两者的本质是相同的, 可以通过欧拉公式统一起来。三角函数形式的傅里叶级数的特点是傅里叶系数 a_n 和 b_n 都是实函数, 物理意义容易解释。复指数形式的傅里叶级数的系数 c_n 虽然为复函数, 但复指数形式的傅里叶级数表示更加简明、便于分析和运算, 所以比三角函数形式更常用。

1. 傅里叶频谱

傅里叶系数的物理意义是表示了周期信号 $x(t)$ 中各次谐波的幅值与相位, 三角函数和复指数函数的形式如式 (3.14) 和式 (3.15) 所示:

$$c_n = A_n \cos(n\omega_0 t + \varphi_n) \tag{3.14}$$

$$c_n = |c_n| e^{j\varphi_n} \tag{3.15}$$

傅里叶系数由实部和虚部构成, 它们都是频率 (或角频率) 的函数, 分别表示周期信号 $x(t)$ 的各次谐波的幅值与相位, 其中 $|c_n|$ (或 A_n) 随频率 (角频率) 变化的特征称为信号的幅度频谱 (amplitude spectrum), 简称幅度谱。φ_n 随频率 (角频率) 变化的特征称为信号的相位频谱 (phase spectrum), 简称相位谱。幅度谱和相位谱统称为信号 $x(t)$ 的频谱。由式 (3.2) 和式 (3.12) 可以发现, 周期信号的频谱是由离散的谱线组成的, 每一条线代表一个正弦分量, 且每个高次频都是基频 f_0 的整数倍。故信号的周期决定了离散频谱的谱线间隔, 周期 T_0 越大, 谱线越密, 若 $T_0 \to \infty$, 则谱线将完全连续。

傅里叶系数包含了信号的幅值与相位的频谱信息, 由于它能够直观地反映信号的频率结构和各谐波分量幅值的相对大小以及相位随频率变化的情况, 在工程中得到广泛的应用。其中的幅度谱是分析电力电子系统中电磁干扰问题的重要手段与工具，1.4.2 节中介绍的电磁干扰限值，实际上就是这里所介绍的幅度谱，在后面的章节中会进行更进一步的推导与介绍。

为了方便评价幅度谱，傅里叶系数有时会表示为式(3.16)的 sinc 函数组合的形式：

$$\text{sinc}(x) = \frac{\sin x}{x} = \begin{cases} 1, & 0 < x \leqslant 1 \\ \dfrac{1}{x}, & x > 1 \end{cases} \tag{3.16}$$

如图 3.1 所示，在对数坐标系中，$x \leqslant 1$ 时 sinc 函数是一条直线，其幅值保持为与起始值相同的定值 1。此后，sinc 函数的包络线随着 x 的增大而快速下降。对于通过 $20\lg|c_n|$ 计算的幅度谱，其在对数坐标系中包络线的下降速率为 20dB/dec。

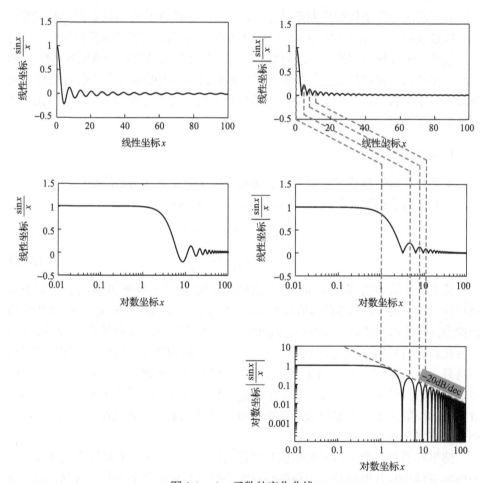

图 3.1　sinc 函数的变化曲线

2. 单边频谱与双边频谱[2,3]

周期函数的频谱函数可以以复指数函数和三角函数两种形式出现。由三角函数表达的傅里叶级数的频谱称为单边频谱，角频率 ω_0 的变化范围为 $0\sim+\infty$。而以复指数函数表达的傅里叶级数的频谱称为双边频谱，角频率 ω_0 的变化范围为 $-\infty\sim+\infty$。两种形式的幅度谱在幅值上的关系如式(3.17)和式(3.18)所示，即双边频谱中各谐波的幅值为单边频谱中各对应谐波幅值的一半，但两者的直流分量相等。

当 $n=0$ 时，有

$$c_0 = A_0 \tag{3.17}$$

当 $n>0$ 时，有

$$|c_n| = \frac{1}{2}A_n = \frac{1}{2}\sqrt{a_n^2 + b_n^2} \tag{3.18}$$

在双边频谱中将频率的范围扩大到负轴方向，出现"负频率"的概念，这是由于在推导用指数函数表达的傅里叶级数时，将 n 从正值扩展到了正、负值（$-\infty < n < +\infty$）。需要指出的是，在双边频谱中，负频率的出现完全是数学运算的结果，没有任何物理意义。只有把负频率项与相应的正频率项完全合并起来，才能得到实际的频谱函数[4]。

3.1.2 连续时间傅里叶级数的性质

连续时间周期信号的傅里叶级数具有许多重要的性质，这些性质揭示了周期信号的时域与频域之间的内在联系，有助于深入理解傅里叶级数的数学概念和物理意义，以及各种周期信号傅里叶系数的计算。下面介绍几个计算电力电子系统中常见干扰信号需要用到的傅里叶级数的性质。

1. 线性特性

如果一个信号可以表示为式(3.19)中的两个或多个函数的线性组合，那么这个信号的傅里叶系数可以用式(3.20)表示为各单独函数的傅里叶系数的线性组合：

$$x(t) = a_1 x_1(t) + a_2 x_2(t) + \cdots + a_N x_N(t) \tag{3.19}$$

$$x(t) = a_1 \sum_{n=-\infty}^{\infty} c_{n1} e^{jn\omega_0 t} + a_2 \sum_{n=-\infty}^{\infty} c_{n2} e^{jn\omega_0 t} + \cdots + a_N \sum_{n=-\infty}^{\infty} c_{nN} e^{jn\omega_0 t}$$

$$= \sum_{n=-\infty}^{\infty} (a_1 c_{n1} + a_2 c_{n2} + \cdots + a_N c_{nN}) e^{jn\omega_0 t} \tag{3.20}$$

$$= \sum_{n=-\infty}^{\infty} c_n e^{jn\omega_0 t}$$

因此，傅里叶级数展开是一种线性运算，它满足叠加定理。同时线性特性很容易推广到具有相同周期的任意多个信号的线性组合中。

2. 时移特性

如果一个周期信号在时域中出现了时移，那么其频谱在频域中会产生附加相移，而幅度谱保持不变。即信号 $x(t)$ 在时域的时移将导致其频谱 c_n 在频域的相移。例如，与信号 $x(t)$ 相比，信号 $x(t-t_0)$ 在时间上滞后 t_0。基于复指数傅里叶级数的性质，在时域上滞后 t_0 的信号可通过式（3.21）表示，其中 c_n' 为信号 $x(t-t_0)$ 的傅里叶系数，其与信号 $x(t)$ 傅里叶系数的关系如式（3.22）所示：

$$x(t-t_0) = \sum_{n=-\infty}^{\infty} c_n e^{jn\omega_0(t-t_0)} = \sum_{n=-\infty}^{\infty} c_n e^{-jn\omega_0 t_0} e^{jn\omega_0 t} = \sum_{n=-\infty}^{\infty} c_n' e^{jn\omega_0 t} \tag{3.21}$$

$$c_n' = c_n e^{-jn\omega_0 t_0} \tag{3.22}$$

因此，傅里叶级数的时移特性可以总结为：一个在时域上滞后了 t_0 的信号的傅里叶系数可以通过将原始信号的傅里叶系数乘以系数 $e^{-jn\omega_0 t_0}$ 得到。类似地，在时域上前进了 t_0 的信号的傅里叶系数也可通过乘以系数 $e^{jn\omega_0 t_0}$ 得到。

3. 微分特性

将信号 $x(t)$ 的复指数傅里叶级数对时间 t 进行微分，可得到式（3.23）。类似地，基于式（3.23），将其对时间再进行微分，可得到式（3.24）。进一步可以推广到 k 次微分，得到式（3.25），并归纳出式（3.26）：

$$\frac{dx(t)}{dt} = \sum_{n=-\infty}^{\infty} c_n \frac{d}{dt}\left(e^{jn\omega_0 t}\right) = \sum_{n=-\infty}^{\infty} c_n (jn\omega_0) e^{jn\omega_0 t} \tag{3.23}$$

$$\frac{d^2 x(t)}{dt^2} = \sum_{n=-\infty}^{\infty} c_n \frac{d}{dt}\left[(jn\omega) e^{jn\omega_0 t}\right] = \sum_{n=-\infty}^{\infty} c_n (jn\omega_0)^2 e^{jn\omega_0 t} \tag{3.24}$$

$$\frac{\mathrm{d}^k x(t)}{\mathrm{d} t^k} = \sum_{n=-\infty}^{\infty} c_n \frac{\mathrm{d}^k}{\mathrm{d} t^k}\left(\mathrm{e}^{jn\omega_0 t}\right) = \sum_{n=-\infty}^{\infty} c_n \left(jn\omega_0\right)^k \mathrm{e}^{jn\omega_0 t} \tag{3.25}$$

$$c_n = \frac{c^{(k)}}{\left(jn\omega_0\right)^k} \tag{3.26}$$

因此，如果可以得到信号 $x(t)$ 的 k 次微分后的傅里叶系数，那么也可得到信号 $x(t)$ 的傅里叶系数。根据傅里叶级数的微分特性，可以简化复杂信号的傅里叶级数的计算。

4. 周期冲激串信号

在实际的工程问题中，有许多物理现象具有一种脉冲特征，它们仅仅在某一瞬间或者某一点出现，这类物理现象无法通过通常的函数形式来描述，需要使用单位冲激函数(也称为狄拉克函数或 δ 函数)来描述。这里可以不严格地定义满足式(3.27)和式(3.28)两个条件的函数为单位冲激函数 $\delta(t)$：

$$\delta(t) = \begin{cases} 0, & t \neq 0 \\ \infty, & t = 0 \end{cases} \tag{3.27}$$

$$\int_{-\infty}^{+\infty} \delta(t)\mathrm{d}t = 1 \tag{3.28}$$

这里需要指出的是，上述定义方式在理论上是不严格的，它只是对 δ 函数的某种描述。事实上，δ 函数并不是经典意义上的函数，而是一个广义函数。另外，δ 函数在现实中也是不存在的，它是数学抽象的结果，有时可以将 δ 函数直观地理解为式(3.29)中的表达式，其中 $\delta_\varepsilon(t)$ 是图 3.2 中的宽度为 ε、高度为 $1/\varepsilon$ 的矩形冲激函数[5]：

$$\delta(t) = \lim_{\varepsilon \to 0} \delta_\varepsilon(t) \tag{3.29}$$

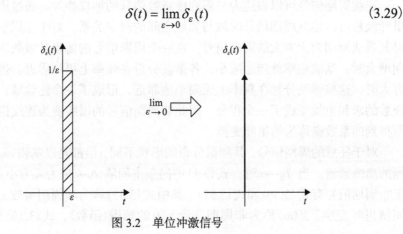

图 3.2 单位冲激信号

若 $x(t)$ 在 t=0 处连续，则有式(3.30)。将此性质推广到一般情况，若 $x(t)$ 在 $t=t_0$ 处连续，则有式(3.31)。此性质称为 δ 函数的筛选性质：

$$\int_{-\infty}^{+\infty} \delta(t)x(t)\mathrm{d}t = x(0) \tag{3.30}$$

$$\int_{-\infty}^{+\infty} \delta(t-t_0)x(t)\mathrm{d}t = x(t_0) \tag{3.31}$$

对于如图 3.3 所示的周期单位冲激串信号，其傅里叶系数可通过式(3.32)进行计算，对于位于 t_0=0 的周期单位冲激序列，其傅里叶系数如式(3.33)所示：

$$c_n = \frac{1}{T_0}\int_{\langle T_0\rangle} \delta(t-t_0)\mathrm{e}^{-\mathrm{j}n\omega_0 t}\mathrm{d}t = \frac{\mathrm{e}^{-\mathrm{j}n\omega_0 t_0}}{T_0} \tag{3.32}$$

$$c_n = \frac{1}{T_0}\int_{\langle T_0\rangle} \delta(t)\mathrm{e}^{-\mathrm{j}n\omega_0 t}\mathrm{d}t = \frac{1}{T_0} \tag{3.33}$$

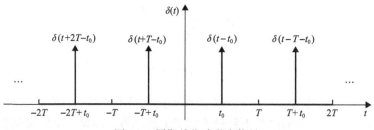

图 3.3　周期单位冲激串信号

3.1.3　非周期信号的傅里叶变换

连续周期信号可以表达为一系列虚指数信号的加权叠加，通过周期信号的傅里叶级数可以建立周期信号时域与频域之间的对应关系。对于非周期信号，可以将其看成周期为无穷大的周期信号。在一个周期信号的傅里叶级数表示中，当周期增大时，基波频率就随之减小，各谐波分量在频率上更加靠近。当周期变成无穷大时，这些谐波分量在频率上无限小地靠近，形成了一个连续域，从而傅里叶级数的求和也就变成了一个积分，因此非周期信号的谱线变为连续谱。这种表示所得到的系数谱称为傅里叶变换。

对于任意的周期信号，其频谱分布的形状不同，但都是以基频 ω_0($=2\pi f_0$)为间隔的离散频谱。当 $T_0\to\infty$ 时，式(3.1)中的频率间隔 $\Delta\omega_0$ 成为无穷小量 $\mathrm{d}\omega$，则对于非周期信号有式(3.36)和式(3.37)。其中式(3.37)称为非周期函数 $x(t)$ 的连续时间傅里叶变换，$X(\omega)$ 称为非周期信号 $x(t)$ 的频谱(函数)，式(3.36)称为 $X(\omega)$ 的傅里叶逆变换：

$$x(t) = \lim_{T_0 \to \infty} \sum_{n=-\infty}^{+\infty} (c_n T_0) \mathrm{e}^{\mathrm{j}\omega t} \frac{\Delta\omega}{2\pi} = \frac{1}{2\pi} \int_{-\infty}^{+\infty} X(\omega) \mathrm{e}^{\mathrm{j}\omega t} \mathrm{d}\omega \tag{3.34}$$

$$X(\omega) = \lim_{T_0 \to \infty} (c_n T) = \lim_{T_0 \to \infty} \int_{t_0}^{T+t_0} x(t) \mathrm{e}^{-\mathrm{j}\omega t} \mathrm{d}t = \int_{-\infty}^{+\infty} x(t) \mathrm{e}^{-\mathrm{j}\omega t} \mathrm{d}t \tag{3.35}$$

即

$$x(t) = \frac{1}{2\pi} \int_{-\infty}^{+\infty} X(\omega) \mathrm{e}^{\mathrm{j}\omega t} \mathrm{d}\omega \tag{3.36}$$

$$X(\omega) = \int_{-\infty}^{+\infty} x(t) \mathrm{e}^{-\mathrm{j}\omega t} \mathrm{d}t \tag{3.37}$$

3.1.4　连续时间傅里叶变换的性质

连续时间信号的傅里叶变换存在许多重要的性质，这些性质揭示了连续信号的时域与频域之间的内在联系，有助于深入理解连续时间傅里叶变换的数学概念和物理意义，在理论分析和工程应用中都有着广泛的应用。

1. 线性特性

如果一个信号可以表示为式 (3.38) 的两个或多个函数的线性组合，那么这个信号的傅里叶变换可以如式 (3.39) 表示为各单独函数的傅里叶变换的线性组合。连续时间傅里叶变换是一种线性运算：

$$x(t) = a_1 x_1(t) + a_2 x_2(t) + \cdots + a_N x_N(t) \tag{3.38}$$

$$\begin{aligned}
x(t) &= \frac{a_1}{2\pi} \int_{-\infty}^{+\infty} X_1(\omega) \mathrm{e}^{\mathrm{j}\omega t} \mathrm{d}\omega + \frac{a_2}{2\pi} \int_{-\infty}^{+\infty} X_2(\omega) \mathrm{e}^{\mathrm{j}\omega t} \mathrm{d}\omega + \cdots + \frac{a_N}{2\pi} \int_{-\infty}^{+\infty} X_N(\omega) \mathrm{e}^{\mathrm{j}\omega t} \mathrm{d}\omega \\
&= \frac{1}{2\pi} \int_{-\infty}^{+\infty} [a_1 X_1(\omega) + a_2 X_2(\omega) + \cdots + a_N X_N(\omega)] \mathrm{e}^{\mathrm{j}\omega t} \mathrm{d}\omega \\
&= \frac{1}{2\pi} \int_{-\infty}^{+\infty} X(\omega) \mathrm{e}^{\mathrm{j}\omega t} \mathrm{d}\omega
\end{aligned} \tag{3.39}$$

2. 时移特性

如果一个信号 $x(t)$ 在时间上滞后 t_0，那么滞后的信号定义为 $x(t-t_0)$，可以表示为

$$x(t - t_0) = \frac{1}{2\pi}\int_{-\infty}^{+\infty} X(\omega)\mathrm{e}^{\mathrm{j}\omega(t-t_0)}\mathrm{d}\omega = \frac{1}{2\pi}\int_{-\infty}^{+\infty}\left[X(\omega)\mathrm{e}^{-\mathrm{j}\omega t_0}\right]\mathrm{e}^{\mathrm{j}\omega t}\mathrm{d}\omega \qquad (3.40)$$

因此傅里叶变换可以总结为式(3.41)，即信号在时域中时移，对应频谱在频域中产生附加相移，而幅度谱保持不变。

若

$$x(t) \leftrightarrow X(\omega)$$

则有

$$x(t - t_0) \leftrightarrow X(\omega)\mathrm{e}^{-\mathrm{j}\omega t_0} \qquad (3.41)$$

3. 微分特性

式(3.36)两边对时间 t 进行微分，可得

$$\frac{\mathrm{d}x(t)}{\mathrm{d}t} = \frac{1}{2\pi}\int_{-\infty}^{+\infty} X(\omega)\frac{\mathrm{d}}{\mathrm{d}t}\left(\mathrm{e}^{\mathrm{j}\omega t}\right)\mathrm{d}\omega = \frac{1}{2\pi}\int_{-\infty}^{+\infty}\left[\mathrm{j}\omega X(\omega)\right]\mathrm{e}^{\mathrm{j}\omega t}\mathrm{d}\omega \qquad (3.42)$$

对于每个时域内的微分，对应于频域内乘以 $\mathrm{j}\omega$，一般有

$$\frac{\mathrm{d}^{(k)}x(t)}{\mathrm{d}t^{(k)}} = \frac{1}{2\pi}\int_{-\infty}^{+\infty}\left[(\mathrm{j}\omega)^k X(\omega)\right]\mathrm{e}^{\mathrm{j}\omega t}\mathrm{d}\omega \qquad (3.43)$$

因此有

$$\frac{\mathrm{d}^{(k)}x(t)}{\mathrm{d}t^{(k)}} \leftrightarrow (\mathrm{j}\omega)^k X(\omega) \qquad (3.44)$$

4. 单位冲激信号

一个在时域上位于 $t=t_0$ 的单位冲激信号 $\delta(t=t_0)$，它的傅里叶变换可由式(3.45)表示：

$$X(\omega) = \int_{-\infty}^{+\infty}\delta(t - t_0)\mathrm{e}^{-\mathrm{j}\omega t}\mathrm{d}t = \mathrm{e}^{-\mathrm{j}\omega t_0} \qquad (3.45)$$

3.2　电磁干扰源建模与量化

电力电子装置在稳定运行时，其电压波形和电流波形都是周期函数，并满足狄利克雷条件，所以可以用傅里叶级数分解将其波形的表达式变换到频域。本节

给出电力电子系统中几种典型波形的傅里叶系数的计算方法。

3.2.1　矩形波

矩形波是电力电子系统中最基本也是最常见的波形。在电力电子系统中，电流的流动由半导体开关器件的开通和关断控制，同时伴随着它们的开通和关断动作，半导体器件两端的电压也在高电平与低电平之间周期性变化。因此，半导体开关器件两端的电压可以近似看成矩形波，通过矩形波模型进行建模。周期矩形波模型中包含的参数有幅值 A、周期 T 和脉冲宽度 τ。下面进行周期矩形波的傅里叶系数的计算。

1. 方法一

图 3.4 为一个周期矩形波，其表达式如式(3.46)所示。基于式(3.2)对傅里叶系数的定义，周期矩形波的傅里叶系数的计算如式(3.47)所示：

$$x(t) = \begin{cases} A, & 0 < t \leqslant \tau \\ 0, & \tau < t \leqslant T \end{cases} \tag{3.46}$$

$$c_n = \frac{1}{T}\int_{\langle T \rangle} x(t)\mathrm{e}^{-\mathrm{j}n\omega t}\,\mathrm{d}t = \int_0^\tau A\mathrm{e}^{-\mathrm{j}n\omega t}\,\mathrm{d}t = \frac{A}{\mathrm{j}n\omega T}\left(1 - \mathrm{e}^{-\mathrm{j}n\omega t}\right) \tag{3.47}$$

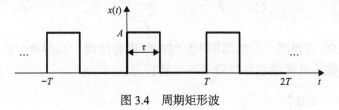

图 3.4　周期矩形波

2. 方法二

周期矩形波和对其进行微分后的波形如图 3.5 所示，可见周期矩形波微分后的波形由两组周期冲激串信号组合而成。因此，根据 3.1 节中介绍的周期信号的线性特性、时移特性、微分特性和周期冲激串信号的定义，可以通过式(3.48)和式(3.49)计算出周期矩形波的傅里叶系数 c_n：

$$c_{1n} = \frac{A}{T} - \frac{A}{T}\mathrm{e}^{\mathrm{j}n\omega\tau} = \frac{A}{T}\left(1 - \mathrm{e}^{-\mathrm{j}n\omega\tau}\right) \tag{3.48}$$

$$c_n = \frac{c_{1n}}{\mathrm{j}n\omega} = \frac{A}{\mathrm{j}n\omega T}\left(1 - \mathrm{e}^{-\mathrm{j}n\omega\tau}\right) \tag{3.49}$$

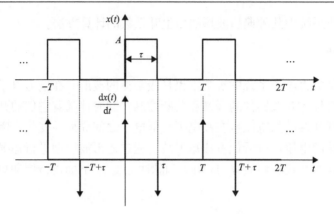

图 3.5　周期矩形波及其微分波形

进一步，基于式 (3.16) 中对 sinc 函数的定义，周期矩形波的傅里叶系数 c_n 可以写成如式 (3.50) 所示的 sinc 函数的形式：

$$c_n = \frac{A}{\mathrm{j}n\omega T}\left(1 - \mathrm{e}^{-\mathrm{j}n\omega\tau}\right) = \frac{A\mathrm{e}^{-\mathrm{j}n\omega\frac{\tau}{2}}}{\mathrm{j}n\omega T}\left(\mathrm{e}^{\mathrm{j}n\omega\frac{\tau}{2}} - \mathrm{e}^{-\mathrm{j}n\omega\frac{\tau}{2}}\right) = \frac{A\mathrm{e}^{-\mathrm{j}n\omega\frac{\tau}{2}}}{\mathrm{j}n\omega T}2\mathrm{j}\sin\left(n\omega\frac{\tau}{2}\right)$$

$$= \frac{A\tau}{\mathrm{j}n\omega T}\mathrm{e}^{-\mathrm{j}n\omega\frac{\tau}{2}}\frac{\sin\left(n\omega\frac{\tau}{2}\right)}{n\omega\frac{\tau}{2}} = \frac{A\tau}{T}\mathrm{e}^{-\mathrm{j}\frac{n\pi\tau}{T}}\frac{\sin\left(\frac{n\pi\tau}{T}\right)}{\frac{n\pi\tau}{T}} = \frac{A\tau}{T}\mathrm{e}^{-\mathrm{j}n\pi\frac{\tau}{T}}\sin\mathrm{c}\left(n\omega\frac{\tau}{T}\right)$$

$$(3.50)$$

由式 (3.50) 可得图 3.6 的周期矩形波的频谱包络线，其傅里叶系数中包含的一个 sinc 函数为其频谱包络线带来一个转折点。

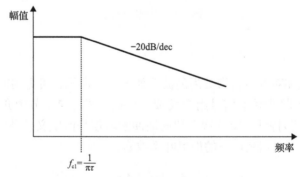

图 3.6　周期矩形波的频谱包络线

3.2.2　梯形波

电力电子系统中的许多信号可以看成理想的周期矩形波。然而，实际的工程应用中，信号从低电平到高电平的上升速度和从高电平到低电平的下降速度不是无穷大的，即上升时间和下降时间不为 0，且需要对上升时间和下降时间进行考虑。因此，就需要图 3.7 的周期梯形波模型，相较于图 3.4 的周期矩形波模型，周期梯形波模型中除了幅值 A、周期 T 和脉冲宽度 τ，还包含信号的上升时间 τ_r 和下降时间 τ_f。

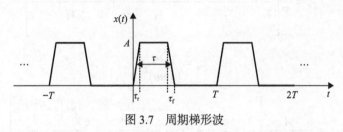

图 3.7　周期梯形波

需要注意的是，很难通过式 (3.2) 中的定义直接计算周期梯形波的傅里叶系数。此时需要使用 3.2.1 节中计算周期矩形波傅里叶系数的方法二，利用 3.1.2 节中介绍连续时间傅里叶级数的几种特性计算其傅里叶系数。

周期梯形波及其一阶微分和二阶微分波形如图 3.8 所示，其一阶微分波形可以看成由两组周期矩形波组合而成，对一阶微分波形再进行微分后得到的二阶微分波

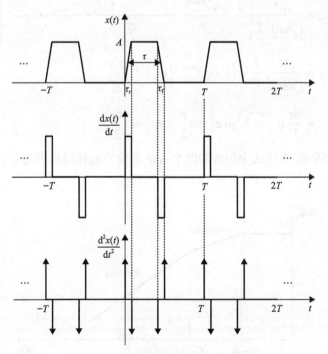

图 3.8　周期梯形波及其微分波形

形可以看成由四组周期冲激串信号组合而成。因此，基于式(3.48)和式(3.49)中对周期矩形波信号傅里叶系数的计算，周期梯形波信号的傅里叶系数的计算如式(3.51)和式(3.52)所示，其最终计算结果如式(3.53)所示：

$$c_{2n} = \frac{A}{T}\left[\frac{1}{\tau_r} - \frac{e^{-jn\omega\tau_r}}{\tau_r} - \frac{e^{-jn\omega\left(\tau+\frac{\tau_r-\tau_f}{2}\right)}}{\tau_f} + \frac{e^{-jn\omega\left(\tau+\frac{\tau_r+\tau_f}{2}\right)}}{\tau_f}\right] \tag{3.51}$$

$$c_n = \frac{c_{2n}}{(jn\omega)^2} \tag{3.52}$$

$$c_n = \frac{A}{(jn\omega)^2 T}\left[\frac{1}{\tau_r} - \frac{e^{-jn\omega\tau_r}}{\tau_r} - \frac{e^{-jn\omega\left(\tau+\frac{\tau_r-\tau_f}{2}\right)}}{\tau_f} + \frac{e^{-jn\omega\left(\tau+\frac{\tau_r+\tau_f}{2}\right)}}{\tau_f}\right] \tag{3.53}$$

与式(3.50)相似，假设梯形波为对称波形(即 $\tau_r=\tau_f$)后，其 sinc 函数形式的频谱包络线表达式可由式(3.54)计算：

$$\begin{aligned}c_n &= \frac{A}{(jn\omega)^2 T}\left[\frac{1}{\tau_r} - \frac{e^{-jn\omega\tau_r}}{\tau_r} - \frac{e^{-jn\omega\left(\tau+\frac{\tau_r-\tau_f}{2}\right)}}{\tau_f} + \frac{e^{-jn\omega\left(\tau+\frac{\tau_r+\tau_f}{2}\right)}}{\tau_f}\right]\\ &= \frac{A}{(jn\omega)^2}\frac{1}{T}\frac{A}{\tau_r}\left(1-e^{-jn\omega\tau}\right)\left(1-e^{-jn\omega\tau_r}\right)\\ &= \frac{A\tau}{T}e^{-jn\omega\frac{\tau+\tau_r}{2}}\operatorname{sinc}\left(n\omega\frac{\tau}{2}\right)\operatorname{sinc}\left(n\omega\frac{\tau_r}{2}\right)\end{aligned} \tag{3.54}$$

如图 3.9 所示，表达式中包含的两个 sinc 函数为对称梯形波的频谱包络线带来两个转折点。

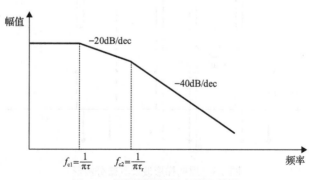

图 3.9　周期梯形波的频谱包络线

逆变器中典型的共模电压波形如图 3.10 所示，考虑波形上升时间和下降时间后，它可以看成几个周期相同、幅值和脉冲宽度不同的周期梯形波叠加而成。

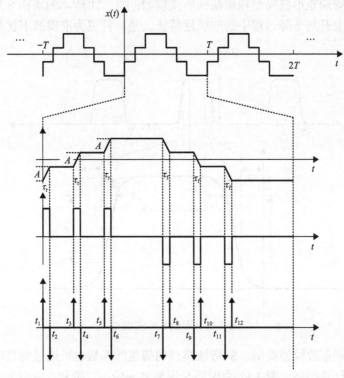

图 3.10　典型逆变器共模电压波形及其微分波形

因此，如式 (3.55) 所示，可以使用与周期梯形波相同的方法计算其傅里叶系数 c_n：

$$c_n = \frac{A}{(jn\omega)^2 T}\left[\frac{e^{-jn\omega t_1}}{\tau_r} - \frac{e^{-jn\omega t_2}}{\tau_r} + \frac{e^{-jn\omega t_3}}{\tau_r} - \frac{e^{-jn\omega t_4}}{\tau_r} + \frac{e^{-jn\omega t_5}}{\tau_r} - \frac{e^{-jn\omega t_6}}{\tau_r}\right.$$
$$\left. - \frac{e^{-jn\omega t_7}}{\tau_f} + \frac{e^{-jn\omega t_8}}{\tau_f} - \frac{e^{-jn\omega t_9}}{\tau_f} + \frac{e^{-jn\omega t_{10}}}{\tau_f} - \frac{e^{-jn\omega t_{11}}}{\tau_f} + \frac{e^{-jn\omega t_{12}}}{\tau_f}\right] \tag{3.55}$$

3.2.3　S 形波

与理想的矩形波模型相比，梯形波模型包含波形的上升时间和下降时间，更加符合实际应用中的波形。然而，周期梯形波模型仍然不足以对实际波形进行准确的建模。梯形波模型将信号的上升与下降近似为线性以便于分析。然而，实际信号的上升与下降过程往往是非线性的，近似的梯形波模型会导致在对干扰源建模的过程中丢失一部分高频信息。因此，需要一种模型能够包含信号上升与下降过程中的非线性特征，准确地描绘出信号的高频特性。

相较于周期矩形波模型和周期梯形波模型，图 3.11 所示的周期 S 形波模型包含了信号的上升与下降过程中的非线性特征，是一种更为准确的干扰源模型。

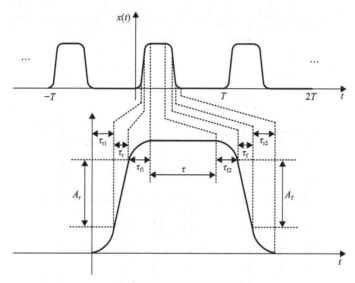

图 3.11　周期 S 形波模型

与周期梯形波模型类似，S 形波模型的傅里叶系数也可通过傅里叶级数的微分特性简化计算得到。图 3.12 为周期 S 形波的一阶、二阶和三阶微分波形，其一阶微分波形由 2 组周期梯形波组合而成，其二阶微分波形由 4 组周期矩形波组合而成，其三阶微分波形由 8 组周期冲激串信号组合而成。因此，与周期矩形波和周期梯形波类似，周期 S 形波的傅里叶系数 c_n 可通过式 (3.56) 和式 (3.57) 计算：

$$
\begin{aligned}
c_{3n} = \frac{1}{T}\Bigg[&\frac{A_r}{\tau_r \tau_{r1}} - \frac{A_r}{\tau_r \tau_{r1}} \mathrm{e}^{-jn\omega\tau_{r1}} - \frac{A_r}{\tau_r \tau_{f1}} \mathrm{e}^{-jn\omega(\tau_{r1}+\tau_r)} + \frac{A_r}{\tau_r \tau_{f1}} \mathrm{e}^{-jn\omega(\tau_{r1}+\tau_r+\tau_{f1})} \\
&- \frac{A_f}{\tau_f \tau_{f2}} \mathrm{e}^{-jn\omega\left(\tau_{r1}+\frac{1}{2}\tau_r+\tau-\frac{1}{2}\tau_f-\tau_{f2}\right)} + \frac{A_f}{\tau_f \tau_{f2}} \mathrm{e}^{-jn\omega\left(\tau_{r1}+\frac{1}{2}\tau_r+\tau-\frac{1}{2}\tau_f\right)} \\
&+ \frac{A_f}{\tau_f \tau_{r2}} \mathrm{e}^{-jn\omega\left(\tau_{r1}+\frac{1}{2}\tau_r+\tau+\frac{1}{2}\tau_f\right)} - \frac{A_f}{\tau_f \tau_{r2}} \mathrm{e}^{-jn\omega\left(\tau_{r1}+\frac{1}{2}\tau_r+\tau+\frac{1}{2}\tau_f+\tau_{r2}\right)} \Bigg]
\end{aligned}
\tag{3.56}
$$

$$
c_n = \frac{c_{3n}}{(jn\omega)^3}
\tag{3.57}
$$

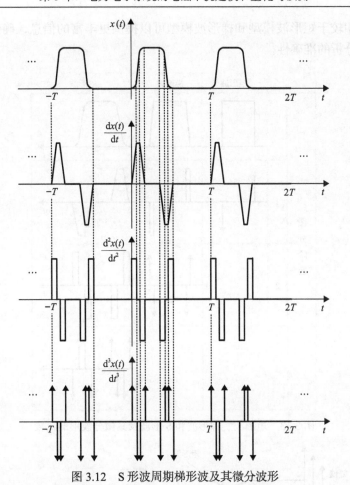

图 3.12　S 形波周期梯形波及其微分波形

假设 S 形波为对称波形（即 $A_r = A_f$、$\tau_r = \tau_f$、$\tau_{r1} = \tau_{f1} = \tau_{f2}$），周期 S 形波同样可以表示为式(3.58)的 sinc 函数形式。3 个 sinc 函数为周期 S 形波的包络线带来了 3 个转折点：

$$
\begin{aligned}
c_n &= \frac{1}{(jn\omega)^3} \frac{1}{T} \frac{A}{\tau_r \tau_{r1}} \left[\left(1 - e^{-jn\omega\tau}\right)\left(1 - e^{-jn\omega\tau_{r1}}\right)\left(1 - e^{-jn\omega(\tau_r + \tau_{r1})}\right) \right] \\
&= \frac{A\tau}{T} \frac{\tau_r + \tau_{r1}}{\tau_r} e^{-jn\omega\frac{\tau + \tau_r + 2\tau_{r1}}{2}} \operatorname{sinc}\left(n\omega\frac{\tau}{2}\right) \operatorname{sinc}\left(n\omega\frac{\tau_r + \tau_{r1}}{2}\right) \operatorname{sinc}\left(n\omega\frac{\tau_{r1}}{2}\right)
\end{aligned}
\tag{3.58}
$$

图 3.13 为矩形波、梯形波和 S 形波及其微分波形的比较，可见 S 形波模型比其他两种模型包含更多的信息，能够更加准确地描述信号在高低电平间的上升和下降过程。图 3.14 为三种模型频谱包络线的比较，明显可见随着波形可微分次数的增加，在其频域中包含的信息也在增加。因此，在实际的电磁干扰分析中，S

形波模型相较于矩形波模型和梯形波模型可以提供更丰富的信息，确保电磁干扰源建模和分析的准确性。

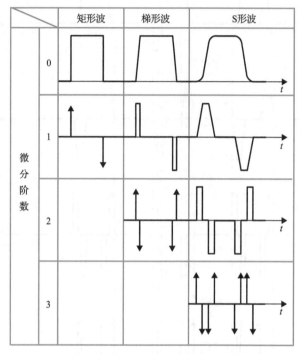

图 3.13　矩形波、梯形波和 S 形波及其微分波形的比较

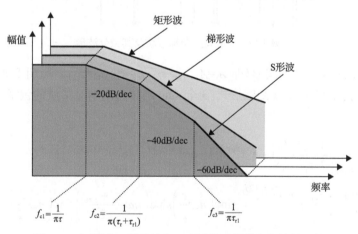

图 3.14　矩形波、梯形波和 S 形波模型频谱包络线的比较

3.2.4　振铃波

在电力电子系统中由于非理想的器件、导线和 PCB 的存在，会在电路中引入极

多的寄生电阻、寄生电感和寄生电容。这些寄生成分在电路中会构成如图 3.15 所示的等效电路。

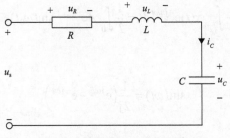

图 3.15　典型 RLC 谐振电路

该等效的典型 RLC 电路可通过微分方程(3.59)描述。由于线路导线的电阻 R 很小，难以满足式(3.60)中不发生振荡的条件，因此会产生振铃波。其中等效回路中的电流波形可近似为如图 3.16 所示的周期指数正弦波形，该波形可通过式(3.61)和式(3.62)进行描述：

$$\begin{cases} RC\dfrac{\mathrm{d}u_C}{\mathrm{d}t} + LC\dfrac{\mathrm{d}^2 u_C}{\mathrm{d}t^2} + u_C = u_\mathrm{s} \\ i_C = C\dfrac{\mathrm{d}u_C}{\mathrm{d}t} \end{cases} \tag{3.59}$$

$$R > \sqrt{\dfrac{L}{C}} \tag{3.60}$$

$$i_C = A\mathrm{e}^{k_\mathrm{reso}t}\sin(\omega_0 t) \tag{3.61}$$

$$x(t) = \begin{cases} A\mathrm{e}^{-k_\mathrm{reso}t}\sin(\omega_0 t), & kT \leqslant t < kT + \tau \\ 0, & kT + \tau \leqslant t < (k+1)T \end{cases}, \quad k = 0,1,2,\cdots \tag{3.62}$$

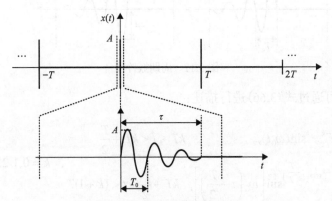

图 3.16　周期指数正弦波形

基于式(3.2)傅里叶级数的定义，周期指数正弦波的傅里叶系数 c_n 可由式(3.63)～式(3.65)计算：

$$c_n = \frac{1}{T}\int_{\langle T\rangle} x(t)\mathrm{e}^{-jn\omega t}\mathrm{d}t = \frac{1}{T}\int_0^\tau A\mathrm{e}^{-k_{\mathrm{reso}}t}\sin(\omega_0 t)\mathrm{e}^{-jn\omega t}\mathrm{d}t \tag{3.63}$$

由欧拉方程

$$\sin(\omega t) = \frac{1}{2j}\left(\mathrm{e}^{j\omega t} - \mathrm{e}^{-j\omega t}\right) \tag{3.64}$$

有

$$\begin{aligned}
c_n &= \frac{A}{T}\int_0^\tau \frac{1}{2j}\left(\mathrm{e}^{j\omega_0 t} - \mathrm{e}^{-j\omega_0 t}\right)\mathrm{e}^{-k_{\mathrm{reso}}t - jn\omega t}\mathrm{d}t \\
&= \frac{A}{j2T}\left[\frac{\mathrm{e}^{(-jn\omega - k_{\mathrm{reso}} + j\omega_0)\tau} - 1}{-jn\omega - k_{\mathrm{reso}} + j\omega_0} - \frac{\mathrm{e}^{(-jn\omega - k_{\mathrm{reso}} - j\omega_0)\tau} - 1}{-jn\omega - k_{\mathrm{reso}} - j\omega_0}\right]
\end{aligned} \tag{3.65}$$

在某些电路中会产生如图 3.17 所示的周期振铃波，振铃波每半个周期出现一次，同一个周期中两个振铃波的幅值相同、极性相反。

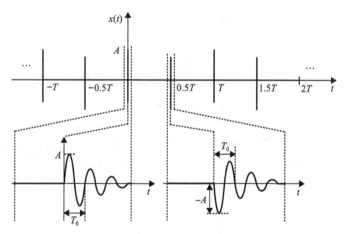

图 3.17　周期振铃波

该波形可通过式(3.66)进行描述：

$$x(t) = \begin{cases}
A\mathrm{e}^{-k_{\mathrm{reso}}t}\sin(\omega_0 t), & kT \leqslant t < kT + \dfrac{T}{2} \\[3mm]
A\mathrm{e}^{-k_{\mathrm{reso}}\left(t-\frac{T}{2}\right)}\sin\left[\omega_0\left(t - \dfrac{T}{2}\right)\right], & kT + \dfrac{T}{2} \leqslant t < (k+1)T
\end{cases}, \quad k = 0,1,2,\cdots \tag{3.66}$$

基于傅里叶级数的时移特性和图 3.16 正弦波形的傅里叶系数，图 3.17 中周期振铃波的傅里叶系数 c_n 可由式 (3.67) 计算：

$$c_n = \left(1 - \mathrm{e}^{-jn\omega\frac{T}{2}}\right)\left\{\frac{A}{j2T}\left[\frac{\mathrm{e}^{(-jn\omega-k_{\mathrm{reso}}+j\omega_0)\frac{T}{2}}-1}{-jn\omega-k_{\mathrm{reso}}+j\omega_0}-\frac{\mathrm{e}^{(-jn\omega-k_{\mathrm{reso}}-j\omega_0)\frac{T}{2}}-1}{-jn\omega-k_{\mathrm{reso}}-j\omega_0}\right]\right\} \tag{3.67}$$

此外，基于傅里叶系数的定义和式 (3.66) 对图 3.17 的描述，经过一系列近似计算后，图 3.17 中周期振铃波的傅里叶系数 c_n 也可由式 (3.68) 计算：

$$c_n = \frac{A}{j2T}\left[\frac{\mathrm{e}^{(j\omega_0-jn\omega)\frac{T}{2}}-1}{-jn\omega-k_{\mathrm{reso}}+j\omega_0}-\frac{\mathrm{e}^{(-j\omega_0-jn\omega)\frac{T}{2}}-1}{-jn\omega-k_{\mathrm{reso}}-j\omega_0}\right] \tag{3.68}$$

3.3　电磁干扰传播路径建模

3.3.1　典型器件高频模型

在电气、电子设备中，电阻、电感和电容等无源器件是最基础也是最常用的元件，在设计时往往将它们看成纯电阻、纯电感和纯电容，但在高频范围，它们不再是单纯的电阻、电感和电容，它们都不可避免地存在各种寄生成分，对设备或系统的电磁兼容性能有着很强的影响，同时也是在进行电磁干扰建模中无法忽视的关键因素[6]。

1. 电阻

电阻是电气、电子系统中最常见的元件。如图 3.18 所示，理想的电阻阻抗的幅值等于它的阻值，相位为 0°。电阻的阻抗表达式为

$$Z = R\angle 0° \tag{3.69}$$

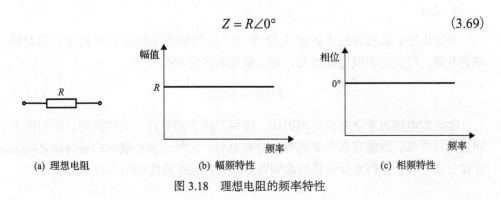

(a) 理想电阻　　　　　(b) 幅频特性　　　　　(c) 相频特性

图 3.18　理想电阻的频率特性

但是，实际电阻的阻抗特性与理想特性有很大的差别，尤其是在射频范围，电阻的高频等效电路如图 3.19 所示。

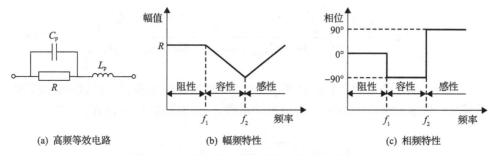

(a) 高频等效电路　　　　　(b) 幅频特性　　　　　(c) 相频特性

图 3.19　实际电阻的高频等效电路和频率特性

当直流电流流过电阻时，漏感相当于短路，寄生电容相当于开路，此时电阻的阻抗特性完全是阻性的，阻值为电阻的幅值。

当流过电阻的电流频率逐渐升高时，寄生电容起支配作用，电容呈现出容性特性。随着频率继续升高，寄生电容的阻抗与电阻的阻值在转折频率 f_1 处相等。在转折频率 f_1 后，电阻的阻抗随频率升高而下降，并且相位逐渐接近于$-90°$。随着频率继续升高，电阻阻抗幅值的最小值出现在转折频率 f_2 处，此后寄生电感将起支配作用，电阻开始呈感性，电阻阻抗的幅值继续增大，它的相位角逐渐接近于 $90°$。转折频率 f_1 和 f_2 可分别由式(3.70)和式(3.71)计算：

$$f_1 = \frac{1}{2\pi RC_p} \tag{3.70}$$

$$f_2 = \frac{1}{2\pi\sqrt{L_p C_p}} \tag{3.71}$$

2. 电感

理想电感的阻抗表达式如式(3.72)所示，其频率特性如图 3.20 所示，随着频率的升高，阻抗的幅值持续增大，相位角逐渐接近 $90°$。

$$Z(\mathrm{j}\omega) = \mathrm{j}\omega L \tag{3.72}$$

实际的电感通常绕制成线圈形式，线圈及磁芯都存在一定的损耗，匝与匝之间也通过空气、绝缘层和骨架而存在分布电容。此外，多层绕组的层与层之间也存在分布电容，使得实际电感的高频等效电路和频率特性如图 3.21 所示。

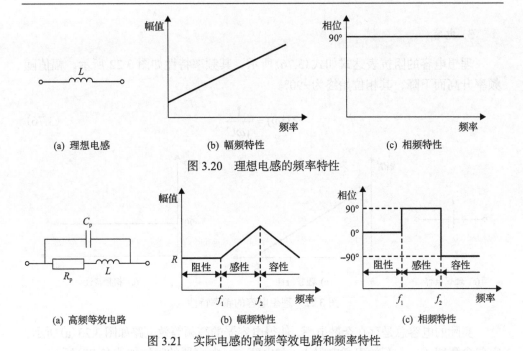

图 3.20　理想电感的频率特性

图 3.21　实际电感的高频等效电路和频率特性

图 3.21 中的电阻 R_p 是铁芯和磁芯的铁耗与线圈铜耗的等效，电感匝与匝之间及层与层之间的总寄生电容等效为 C_p。因漏感远小于主电感，故未在等效电路中表示，电感的阻抗为

$$Z = \frac{R_p + j\omega L}{1 + j\omega R_p C_p - \omega^2 L C_p} \tag{3.73}$$

实际电感阻抗的频率特性如图 3.21 所示，从直流到转折频率 f_1，寄生电阻 R_p 起支配作用，阻抗一直为 R，相位一直为 $0°$。随着频率的升高，电感 L 起支配作用，电感阻抗逐渐上升，相位角很快达到 $90°$。随着频率继续升高，电感阻抗的幅值继续升高，其最大值出现在转折频率 f_2 处，此时电感的阻抗幅值 ωL 与寄生电容的阻抗幅值 $1/(\omega C)$ 相等，频率高于 f_2 后电感开始呈容性。转折频率 f_1 和 f_2 可分别由式 (3.74) 和式 (3.75) 计算：

$$f_1 = \frac{R_p}{2\pi L} \tag{3.74}$$

$$f_2 = \frac{1}{2\pi\sqrt{LC_p}} \tag{3.75}$$

3. 电容

理想电容的阻抗表达式如式(3.76)所示，其频率特性如图 3.22 所示，幅值随频率升高而下降，其相位始终为−90°。

$$Z(\mathrm{j}\omega) = \frac{1}{\mathrm{j}\omega C} \tag{3.76}$$

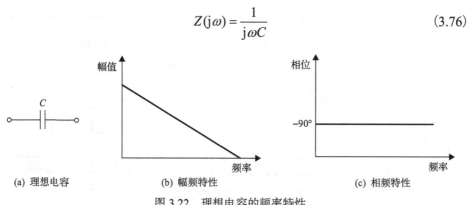

(a) 理想电容　　　　(b) 幅频特性　　　　　　(c) 相频特性

图 3.22　理想电容的频率特性

实际的电容总是存在杂散电感，使得电容器的高频等效电路如图 3.23(a)所示，它包含漏感 L_{lead}、等效串联电阻 R_{esr} 和电容 C，电容器的阻抗如式(3.77)所示：

$$Z = R_{\mathrm{esr}} + \mathrm{j}\left(\omega L_{\mathrm{lead}} - \frac{1}{\omega C}\right) \tag{3.77}$$

其阻抗频率特性如图 3.23(b)、(c)所示，在直流和低频状态下，电容器的阻抗很高，可以近似看成开路。它的阻抗幅值随着频率升高而下降，此时电容 C 起支配作用。电感阻抗幅值的最小值出现在转折频率 f_0 处，此时电容的阻抗 $1/(\omega C)$ 和杂散电感的阻抗 ωL_{lead} 近似相等。

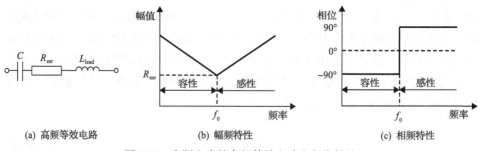

(a) 高频等效电路　　　　(b) 幅频特性　　　　　　(c) 相频特性

图 3.23　实际电容的高频等效电路和频率特性

3.3.2　传输线高频模型

传输线是由两个或多个距离很近的平行导体构成的系统。如图 3.24 所示为由两条平行导体(圆形或圆形柱)所构成的均匀传输线及其等效电路。当传输信号的波长远大于传输线的长度时，有限长的传输线上各点电流(或电压)的大小和相位可近似认为相同，可作为集中参数电路处理。但当传输信号的波长与传输线长度可比拟时，传输线上各点电流(或电压)的大小和相位均不相同，显现出电路参数的分布效应(导线本身的分布电阻、导线间的分布电容效应、导线上的分布电感效应)，此时传输线就必须作为分布参数电路处理[7]。

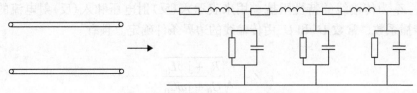

图 3.24　均匀传输线及其等效电路

1. 传输线方程[7]

研究图 3.25 中的平行双线传输线，设传输线始端接内阻为 Z_s 的信号源 U_s，终端接有阻抗为 Z_L 的负载。

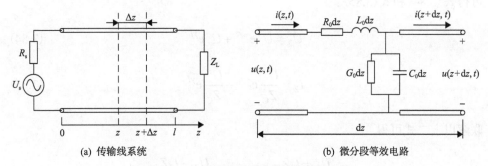

(a) 传输线系统　　　　　　　　　　(b) 微分段等效电路

图 3.25　传输线系统及微分段的等效电路

建立图 3.25(a)所示的坐标系，则传输线上任意微分小段可等效为由电阻 R_0dz、电感 L_0dz、电容 C_0dz、电导 G_0dz 组成的网络。设时刻 t 在离传输线终端 z 处的电压和电流分别为 $u(z,t)$ 和 $i(z,t)$，而在位置 $z+dz$ 处的电压和电流分别为 $u(z+dz,t)$ 和 $i(z+dz,t)$，则对于很小的 dz 应用基尔霍夫定律如式(3.78)和式(3.79)所示：

$$u(z,t) - R_0 i(z,t)dz - L_0 \frac{\partial i(z,t)}{\partial t}dz - u(z+dz,t) = 0 \tag{3.78}$$

$$i(z,t) - G_0 u(z+dz,t)dz - C_0 \frac{\partial u(z+dz,t)}{\partial t}dz - i(z+dz,t) = 0 \tag{3.79}$$

解得

$$U(z) = U^+ e^{-\gamma z} + U^- e^{\gamma z} \tag{3.80}$$

$$I(z) = \frac{U^+}{Z_C} e^{-\gamma z} - \frac{U^-}{Z_C} e^{\gamma z} \tag{3.81}$$

式中，Z_C 为传输线的特性阻抗，用来表示入（反）射电压和入（反）射电流的比；γ 为传播系数；常数 U^+ 和 U^- 由传输线的边界条件确定。且有

$$Z_C = \sqrt{\frac{R_0 + j\omega L_0}{G_0 + j\omega C_0}} \tag{3.82}$$

$$\gamma = \sqrt{(R_0 + j\omega L_0)(G_0 + j\omega C_0)} = \alpha + j\beta \tag{3.83}$$

1）已知终端电压和电流

如图 3.26 所示，设传输线的终端电压和电流已知，将其代入式（3.80）和式（3.81）可得式（3.84）和式（3.85）：

$$U_2 = U^+ e^{-\gamma l} + U^- e^{\gamma l} \tag{3.84}$$

$$I_2 = \frac{U^+}{Z_C} e^{-\gamma l} - \frac{U^-}{Z_C} e^{\gamma l} \tag{3.85}$$

联解以上二式可得

$$U^+ = \frac{U_2 + I_2 Z_C}{2} e^{\gamma l}, \quad U^- = \frac{U_2 - I_2 Z_C}{2} e^{-\gamma l} \tag{3.86}$$

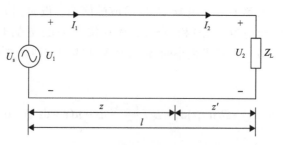

图 3.26　由端电压确定积分常数

将 U^+、U^- 代入式(3.80)和式(3.81)可得

$$U(z) = \frac{U_2 + I_2 Z_C}{2} e^{\gamma(l-z)} + \frac{U_2 - I_2 Z_C}{2} e^{-\gamma(l-z)} \tag{3.87}$$

$$I(z) = \frac{U_2 + I_2 Z_C}{2 Z_C} e^{\gamma(l-z)} - \frac{U_2 - I_2 Z_C}{2 Z_C} e^{-\gamma(l-z)} \tag{3.88}$$

为方便计算，选取由终端为起始点的坐标，即图 3.26 中的 $z'=l-z$，则以上二式变为

$$U(z') = \frac{U_2 + I_2 Z_C}{2} e^{\gamma z'} + \frac{U_2 - I_2 Z_C}{2} e^{-\gamma z'} \tag{3.89}$$

$$I(z') = \frac{U_2 + I_2 Z_C}{2 Z_C} e^{\gamma z'} - \frac{U_2 - I_2 Z_C}{2 Z_C} e^{-\gamma z'} \tag{3.90}$$

对于无损耗传输线有 $\gamma = \mathrm{j}\beta$，则电压、电流可写为式(3.91)和式(3.92)，需要注意 $z'=0$ 对应终端，$z'=l$ 对应始端：

$$U(z') = U_2 \cos(\beta z') + \mathrm{j} Z_C I_2 \sin(\beta z') \tag{3.91}$$

$$I(z') = I_2 \cos(\beta z') + \mathrm{j} \frac{U_2}{Z_C} \sin(\beta z') \tag{3.92}$$

2)已知始端电压和电流

设始端电压 $U(0)=U_1$、电流 $I(0)=I_1$ 已知，代入式(3.80)和式(3.81)可得

$$U_1 = U^+ + U^- \tag{3.93}$$

$$I_1 = \frac{U^+}{Z_C} - \frac{U^-}{Z_C} \tag{3.94}$$

联解以上二式可得

$$U^+ = \frac{U_1 + I_1 Z_C}{2}, \quad U^- = \frac{U_1 - I_1 Z_C}{2} \tag{3.95}$$

将 U^+、U^- 代入式(3.80)和式(3.81)可得

$$U(z) = \frac{U_1 + I_1 Z_C}{2} e^{-\gamma z} + \frac{U_1 - I_1 Z_C}{2} e^{\gamma z} \tag{3.96}$$

$$I(z) = \frac{U_1 + I_1 Z_{\mathrm{C}}}{2Z_{\mathrm{C}}} \mathrm{e}^{-\gamma z} - \frac{U_1 - I_1 Z_{\mathrm{C}}}{2Z_{\mathrm{C}}} \mathrm{e}^{\gamma z} \tag{3.97}$$

对于无损耗传输线有 $\gamma = \mathrm{j}\beta$，则电压、电流可写为式(3.98)和式(3.99)：

$$U(z) = U_1 \cos(\beta z) - \mathrm{j} Z_{\mathrm{C}} I_1 \sin(\beta z) \tag{3.98}$$

$$I(z) = I_1 \cos(\beta z) - \mathrm{j} \frac{U_1}{Z_{\mathrm{C}}} \sin(\beta z) \tag{3.99}$$

2. 传输线特性参数[6]

1) 特性阻抗

传输线的特性阻抗定义为行波电压与行波电流之比，由式(3.80)和式(3.81)可得特性阻抗的表达式为

$$Z_{\mathrm{C}} = \frac{U^+}{I^+} = \sqrt{\frac{R_0 + \mathrm{j}\omega L_0}{G_0 + \mathrm{j}\omega C_0}} \tag{3.100}$$

或

$$Z_{\mathrm{C}} = -\frac{U^-}{I^-}$$

可知，特性阻抗 Z_{C} 只取决于传输线的分布参数和频率，而与传输线长度无关，故称为特性阻抗。对于无损耗线和低损耗线，特性阻抗可由式(3.101)和式(3.102)表示，在这两种特殊情况下，特性阻抗仅与 L、C 有关，频率的影响可以忽略。

对于无损耗线，有 $R_0=0$、$G_0=0$，则特性阻抗可表示为

$$Z_{\mathrm{C}} = \sqrt{\frac{L_0}{C_0}} \tag{3.101}$$

对于低损耗线，有 $R_0 \ll \omega L_0$、$G_0 \ll \omega C_0$，则特性阻抗可表示为

$$Z_{\mathrm{C}} = \sqrt{\frac{R_0 + \mathrm{j}\omega L_0}{G_0 + \mathrm{j}\omega C_0}} \approx \sqrt{\frac{L_0}{C_0}} \tag{3.102}$$

2) 传播系数

传播系数 γ 为复数，如式(3.103)所示，其实部 α 为衰减系数(dB/m)，虚部 β 为相位系数(rad/m)，它的实部和虚部可由式(3.104)和式(3.105)表示：

$$\gamma = \sqrt{(R_0 + j\omega L_0)(G_0 + j\omega C_0)} = \alpha + j\beta \tag{3.103}$$

$$\alpha = \sqrt{\frac{1}{2}\left[\sqrt{\left(R_0^2 + \omega^2 L_0^2\right)\left(G_0^2 + \omega^2 C_0^2\right)} - \left(\omega^2 L_0 C_0 - R_0 G_0\right)\right]} \tag{3.104}$$

$$\beta = \sqrt{\frac{1}{2}\left[\sqrt{\left(R_0^2 + \omega^2 L_0^2\right)\left(G_0^2 + \omega^2 C_0^2\right)} + \left(\omega^2 L_0 C_0 - R_0 G_0\right)\right]} \tag{3.105}$$

3）输入阻抗

传输线上任意一点电压和电流的比值定义为该点朝负载端看去的输入阻抗 Z_{in}，由式（3.96）和式（3.97）可得

$$Z_{in}\left(z'\right) = \frac{U\left(z'\right)}{I\left(z'\right)} = \frac{U_2 \cosh\left(\gamma z'\right) + Z_C I_2 \sinh\left(\gamma z'\right)}{I_2 \cosh\left(\gamma z'\right) + \dfrac{U_2}{Z_C} \sinh\left(\gamma z'\right)} = Z_C \frac{Z_L + Z_C \tanh\left(\gamma z'\right)}{Z_C + Z_L \tanh\left(\gamma z'\right)} \tag{3.106}$$

式中，$Z_L = U_2/I_2$ 为终端负载阻抗。

对于无损耗线，$\gamma = j\beta$，则式（3.106）变为

$$Z_{in}\left(z'\right) = Z_C \frac{Z_L + jZ_C \tan\left(\beta z'\right)}{Z_C + jZ_L \tan\left(\beta z'\right)} \tag{3.107}$$

下面对几种特殊情况下的输入阻抗进行讨论：

（1）终端接匹配负载。若传输线终端接匹配阻抗，即 $Z_L = Z_C$，则传输线始端输入阻抗为

$$Z_{in} = Z_C \tag{3.108}$$

（2）终端短路。若传输线终端短路，即 $Z_L = 0$，则长度为 l 的传输线始端输入阻抗为

$$Z_{in}^{S} = jZ_C \tan\left(\beta l\right) \tag{3.109}$$

（3）终端开路。若传输线终端开路，即 $Z_L = \infty$，则长度为 l 的传输线始端输入阻抗为

$$Z_{in}^{O} = -jZ_C \cot\left(\beta l\right) \tag{3.110}$$

4）反射系数

传输线上某点的反射波电压与入射波电压之比，定义为该点处的反射系数，如式（3.111）所示：

$$\Gamma(x) = \frac{U^-(z')}{U^+(z')} \tag{3.111}$$

采用以传输线终点为起始点的坐标，即终端负载位于 $z'=0$，由式 (3.80) 和式 (3.81) 得终端处的入射波电压和反射波电压分别为

$$U_2^+ = \frac{U_2 + I_2 Z_C}{2}, \quad U_2^- = \frac{U_2 - I_2 Z_C}{2} \tag{3.112}$$

入射波电流和反射波电流分别为

$$I_2^+ = \frac{U_2 + I_2 Z_C}{2 Z_C}, \quad I_2^- = \frac{U_2 - I_2 Z_C}{2 Z_C} \tag{3.113}$$

故式 (3.80) 和式 (3.81) 可表示为

$$U(z') = U_2^+ e^{\gamma z} + U_2^- e^{-\gamma z'} \tag{3.114}$$

$$I(z') = I_2^+ e^{\gamma z} - I_2^- e^{-\gamma z'} \tag{3.115}$$

由反射系数定义可得

$$\Gamma(z') = \frac{U^-(z')}{U^+(z')} = \frac{U_2^- e^{-\gamma z'}}{U_2^+ e^{\gamma z'}} = \Gamma_2 e^{-2\gamma z'} \tag{3.116}$$

$$\Gamma_2 = \frac{U_2^-}{U_2^+} = \frac{U_2 - Z_C I_2}{U_2 + Z_C I_2} = \frac{Z_L - Z_C}{Z_L + Z_C} = \left| \frac{Z_L - Z_C}{Z_L + Z_C} \right| e^{j\varphi_2} = |\Gamma_2| e^{j\varphi_2} \tag{3.117}$$

称为传输线的终端反射系数，则

$$\Gamma(z') = \Gamma_2 e^{-2\gamma z'} = |\Gamma_2| e^{2\alpha z'} e^{-j2\beta z'} e^{j\varphi_2} \tag{3.118}$$

对于无损耗线，有 $\alpha=0$，则

$$\Gamma(z') = |\Gamma_2| e^{-j2\beta z'} e^{j\varphi_2} \tag{3.119}$$

同样，电流反射系数可由式 (3.120) 表示：

$$\Gamma(z') = \frac{I^-(z')}{I^+(z')} = -\frac{U_2 - Z_C I_2}{U_2 + Z_C I_2} e^{-2\gamma z'} = -\Gamma_2 e^{-2\gamma z'} \tag{3.120}$$

3.3.3　传导电磁干扰传播路径建模

电流在导线上传输时有共模和差模两种方式。若一对导线上流过的电流方向相同，则电流的传输方式为共模方式，此种模式下的驱动源是线与地之间的共模源；若一对导线上流过的电流大小相等、方向相反，则电流的传输方式为差模方式，此种模式下驱动源是线与线之间的差模源。

根据存在的方式，传导电磁干扰有共模电磁干扰和差模电磁干扰两种模式。共模电磁干扰是指线与地之间的干扰，可以由外部电磁场耦合到由电缆、参考地和设备与地连接的各种阻抗形成的回路引起，也可以由参考地和电缆之间的内部噪声电压引起；差模电磁干扰是指线与线之间的干扰，参考地在差模电磁干扰的传输系统中不起耦合作用。图 3.27 为电力电子系统中的共模电磁干扰和差模电磁干扰。

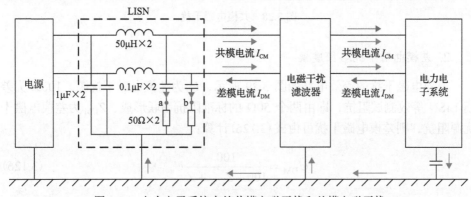

图 3.27　电力电子系统中的共模电磁干扰和差模电磁干扰

共模电压和差模电压可利用式(3.123)和式(3.124)，通过 LISN 中 50Ω 阻抗上的电压进行计算：

$$U_{\mathrm{a}} = 50\left(I_{\mathrm{CM}} + I_{\mathrm{DM}}\right) \tag{3.121}$$

$$U_{\mathrm{b}} = 50\left(I_{\mathrm{CM}} - I_{\mathrm{DM}}\right) \tag{3.122}$$

$$U_{\mathrm{CM}} = \frac{U_{\mathrm{a}} + U_{\mathrm{b}}}{2} \tag{3.123}$$

$$U_{\mathrm{DM}} = \frac{U_{\mathrm{a}} - U_{\mathrm{b}}}{2} \tag{3.124}$$

1. 共模电磁干扰路径建模

共模电磁干扰的等效电路如图 3.28 所示，U_{s} 为共模电磁干扰源，25Ω 为共模

LISN 等效测试阻抗，即由两个 50Ω 的标准阻抗并联形成，Z_{CM} 为共模电磁干扰源阻抗，则共模电磁干扰可由式(3.125)计算：

$$U_{CM} = \frac{25}{25 + Z_{CM} + Z} U_s \qquad (3.125)$$

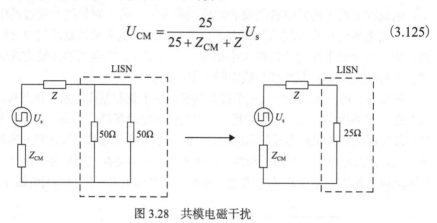

图 3.28　共模电磁干扰

2. 差模电磁干扰路径建模

差模电磁干扰的等效电路如图 3.29 所示，U_s 为差模电磁干扰源，100Ω 为差模 LISN 等效测试阻抗，即由两个 50Ω 的标准阻抗串联形成，Z_{DM} 为差模电磁干扰源阻抗，则差模电磁干扰可由式(3.126)计算：

$$U_{DM} = \frac{100}{100 + Z_{DM} + Z} U_s \qquad (3.126)$$

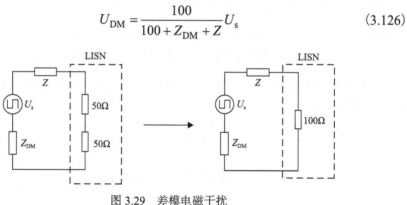

图 3.29　差模电磁干扰

3.4　电力电子系统传导电磁干扰预测

本节以电力电子系统中最基础的 DC-DC Buck 变换器为例，利用 3.3.3 节提到的传导电磁干扰传播路径模型和 3.2 节提到的电磁干扰源建模方法对其共模电磁干扰和差模电磁干扰进行分析预测[8,9]。

3.4.1　共模电磁干扰预测

1. 分析

Buck 变换器及其共模电磁干扰的传导路径如图 3.30(a)所示。Buck 变换器中半导体开关器件 S 高频、高速的开通和关断动作使得其两端的电压迅速地跳变，进而会在电路中产生含有丰富高频成分的干扰电流。其中半导体开关器件 S 到大地的寄生电容 C_p 为共模电流提供了一个低阻抗的通道，使得干扰电流流入大地，接着干扰电流流入 LISN(或敏感设备)后回到开关 S。

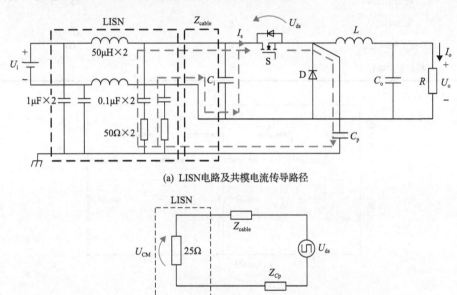

(a) LISN电路及共模电流传导路径

(b) 共模电流等效电路

图 3.30　共模电流 Buck 变换器

图 3.30(b)为 Buck 变换器中共模电流传导路径的等效电路，其中电感 L 和输入电容 C_i 根据其在高频时的特性，对于高频电流可以分别视为开路和短路。如 3.3.3 节中提到的，LISN 中两个并联的 50Ω 阻抗作为共模电流的负载可近似为一个 25Ω 的阻抗。半导体开关器件 S 两端的电压 U_{ds} 视为电磁干扰源，此外 LISN 与 Buck 变换器之间的阻抗 Z_{cable} 也不可忽视。因此，基于图 3.30(b)的等效电路，Buck 变换器的共模电流可通过式(3.127)进行计算，式中的各项均为频域表达式：

$$U_{CM}(j\omega) = \frac{25}{25 + Z_{Cp}(j\omega) + Z_{cable}(j\omega)} U_{ds}(j\omega) \tag{3.127}$$

2. 试验验证

基于表 3.1 中的试验参数，通过 Buck 变换器对上述共模电磁干扰预测方法进行验证，Buck 变换器中开关电压和电流试验波形如图 3.31 所示。

表 3.1　Buck 变换器试验参数

参数	符号	数值
输入电压/V	U_i	12
输出电压/V	U_o	5
输出电流/A	I_o	2
开关频率/kHz	f_s	100
模拟寄生电容/nF	C_p	1

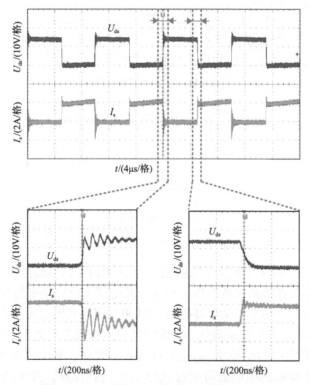

图 3.31　Buck 变换器开关电压和电流试验波形

基于 Buck 变换器的实测波形，其开关电压 $U_{ds}(t)$ 的傅里叶系数 c_n 可通过式 (3.128) 进行计算，使用 3.2 节提到的电磁干扰源模型对开关电压进行建模，得到开关电压即电磁干扰源的频域表达式 $U_{ds}(j\omega)$：

$$U_{ds}(j\omega) = 2c_n = \frac{1}{T}\int_{\langle T\rangle} U_{ds}(t)e^{-jn\omega t}dt \qquad (3.128)$$

为了验证计算得到的共模电磁干扰源模型 $U_{ds}(j\omega)$ 的准确性，此处又通过式 (3.129) 的傅里叶逆变换对频域中干扰源模型进行计算从而得到图 3.32 的时域波形：

$$U_{ds}(t) = \sum_{n=-\infty}^{+\infty} U_{ds}(j\omega)e^{jn\omega t} \qquad (3.129)$$

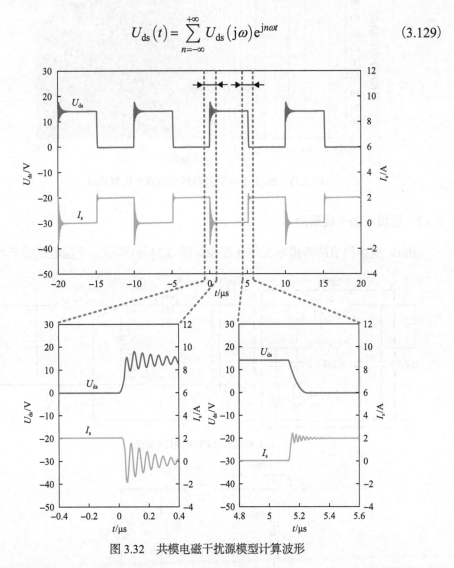

图 3.32　共模电磁干扰源模型计算波形

通过与图 3.31 的原始波形对比，两组波形几乎完全一致。由此可知，利用式 (3.128) 计算得到的电磁干扰源模型几乎包含原始电压干扰源中的所有信息，电磁干扰源模型的准确性在此处得到了验证。

基于电磁干扰源模型和式(3.127)中各部分阻抗的测量值，Buck 变换器的共模传导电磁干扰电压 $U_{CM}(j\omega)$ 可通过式(3.127)计算得到。再基于式(1.21)进行换算，可得到图 3.33 的 U_{CM} 在频域中的频谱图。

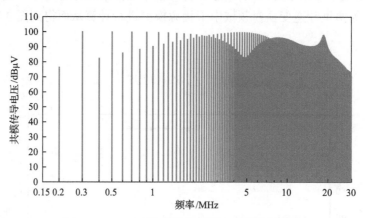

图 3.33　Buck 变换器共模传导电磁干扰频谱图

3.4.2　差模电磁干扰预测

Buck 变换器中的差模电流传导路径如图 3.34(a)所示。干扰电流始于半导体

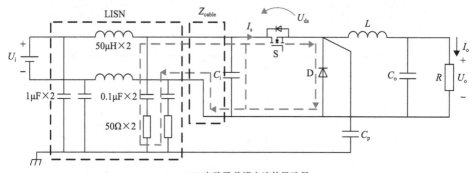

(a) LISN 电路及差模电流传导路径

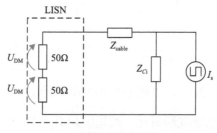

(b) 差模电流等效电路

图 3.34　差模电流 Buck 变换器

开关器件 S，经过输入电容 C_i 和 LISN 后流回到开关 S。若输入电容 C_i 为理想电容，则其会为高频干扰电流提供一个阻抗足够小的通道使得干扰电流几乎全部通过输入电容 C_i 流回开关，而几乎不流入 LISN，即差模电流近似为零。然而，如3.3.1 节中提到的电容器件的高频模型，由于寄生成分的存在，电容在高频时的阻抗由寄生成分支配，进而差模电流不可忽略。

Buck 变换器中的差模电流传导路径的等效电路如图 3.34(b) 所示，电感 L 对于高频电流呈现出高阻抗进而可以视为开路。LISN 中两个串联的 50Ω 阻抗作为差模电流的负载可近似为一个 100Ω 的阻抗。

与 Buck 变换器共模电磁干扰建模预测过程相同，其差模电磁干扰可通过式 (3.130) 计算得到，其计算得到的频谱图如图 3.35 所示。

$$U_{\mathrm{DM}}(j\omega) = \frac{50 Z_{Ci}(j\omega)}{100 + Z_{Ci}(j\omega) + Z_{\mathrm{cable}}(j\omega)} I_s(j\omega) \tag{3.130}$$

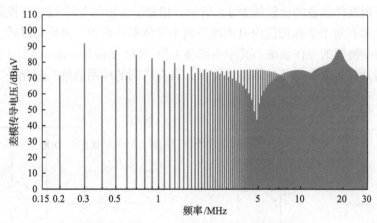

图 3.35 Buck 变换器差模电磁干扰频谱图

将 Buck 变换器的共模电磁干扰和差模电磁干扰进行合并后，可得到其传导电磁干扰频谱。计算得到的传导电磁干扰频谱和试验实测的传导电磁干扰频谱的对比如图 3.36 所示。可以看出，通过上述方法可以准确计算出低频范围由开关动作造成的传导电磁干扰，以及高频范围由开关回路寄生参数共振造成的频谱尖峰。

3.4.3 传导电磁干扰建模应用

本章前面部分介绍了电力电子变换器传导电磁干扰建模与预测方法，本节介绍传导电磁干扰建模方法在电磁兼容设计中的作用[8,10]。

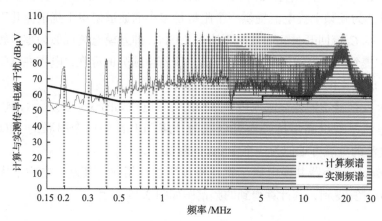

图 3.36　Buck 变换器计算与试验实测的传导电磁干扰频谱比较

有桥 PFC 变换器和各无桥 PFC 变换器的拓扑结构如图 3.37 所示，不同 PFC 变换器使用器件数量的比较如表 3.2 所示，相较于传统的有桥 PFC 变换器，无桥 PFC 变换器在每个工作周期内电流流过的半导体器件更少，进而可以减少导通损耗，提高变换器的工作效率。其中图腾柱无桥 PFC 变换器如图 3.37(f) 所示，它所用的器件数量最少，拓扑结构最简单，具有广阔的应用前景，因此受到了广泛的关注。

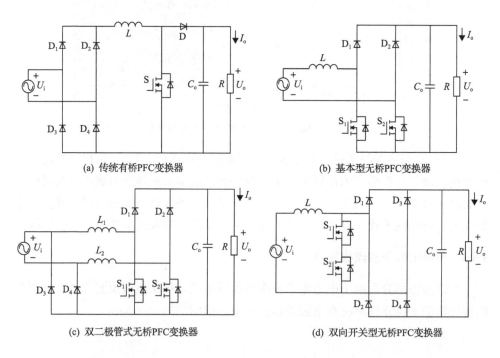

(a) 传统有桥PFC变换器

(b) 基本型无桥PFC变换器

(c) 双二极管式无桥PFC变换器

(d) 双向开关型无桥PFC变换器

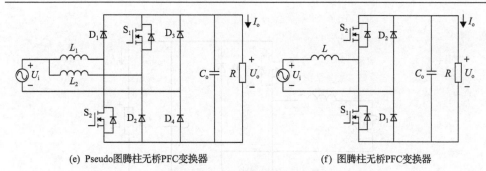

(e) Pseudo图腾柱无桥PFC变换器　　　　　　(f) 图腾柱无桥PFC变换器

图 3.37　PFC 变换器拓扑结构

表 3.2　不同 PFC 变换器使用器件数量比较

PFC 变换器	主动开关	快速二极管	慢速二极管	电感	输出电容	总计
传统有桥 PFC 变换器	1	1	4	1	1	8
基本型无桥 PFC 变换器	2	2	0	1	1	6
双二极管式无桥 PFC 变换器	2	2	2	2	1	9
双向开关型无桥 PFC 变换器	2	4	0	1	1	8
Pseudo 图腾柱无桥 PFC 变换器	2	2	2	2	1	9
图腾柱无桥 PFC 变换器	2	0	2	1	1	6

　　虽然图腾柱无桥 PFC 变换器具有卓越的效能特性，但是由于其特殊的结构会导致在每个输入电压的过零点产生一个尖峰电流，进而变成严重的共模电流，严重地限制了这种拓扑结构的广泛应用。本节对图腾柱无桥 PFC 变换器过零点尖峰电流进行建模，分析其产生机理，进而提出有效的抑制方法。

　　1. 过零点电磁干扰分析

　　图腾柱无桥 PFC 变换器示意图如图 3.38 所示，可以简单地将其理解为由两个 Boost 变换器组合而成。这两个 Boost 变换器分别工作在输入电压的不同极性周期，进而可以实现 PFC 变换器整流的功能。同时，因为这两个 Boost 变换器共用电感 L 和"对方"的半导体器件，所以能够达到减少器件总数、简化拓扑结构的目的。

　　如图 3.39 所示，开关 S_1 和 S_2 为高速器件，工作频率为变换器的开关频率；二极管 D_1 和 D_2 为低速器件，动作频率与输入电压频率相同。低速开通、关断的二极管 D_1 和 D_2 分别工作在不同的输入电压极性周期，这意味着每当输入电压的极性变化时，两个二极管的工作状态就会交替，一个由导通变为关断，另一个同时由关断变为导通。因此，如图 3.40 所示，二极管 D_1 和 D_2 的电压 U_{D1} 和 U_{D2} 在每个输入电压过零点会以输出电压 U_o(380～400V)的幅度进行跳变。

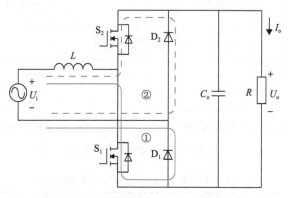

图 3.38 图腾柱无桥 PFC 变换器示意图

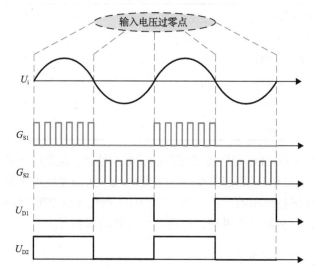

图 3.39 图腾柱无桥 PFC 变换器的控制策略

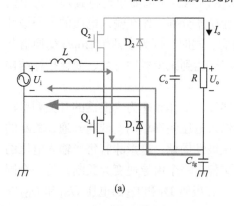

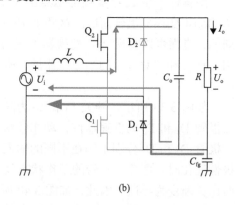

(a)   (b)

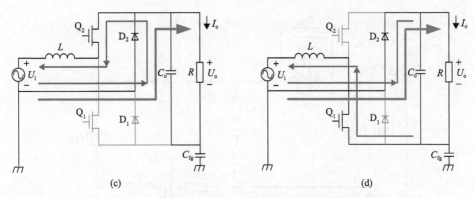

图 3.40　图腾柱无桥 PFC 变换器不同阶段的电流回路

考虑 LISN 的图腾柱无桥 PFC 变换器如图 3.41 所示，其中灰色虚线表示过零点尖峰电流的传导路径，干扰电流由二极管在每个过零点切换带来的电压跳变产生，经电容 C_{fg} 流入大地后流入 LISN，再经过共模电感后流回二极管。图 3.42(a) 是基于图 3.41 和上述分析得到的尖峰电流传导路径的等效电路，图 3.42(b) 是进一步考虑了共模电感和电容的高频模型的等效电路。

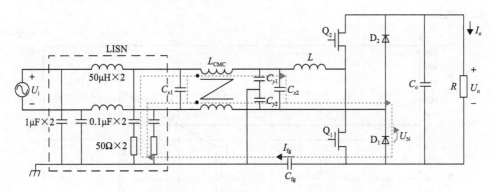

图 3.41　图腾柱无桥 PFC 变换器过零点尖峰电流传导路径

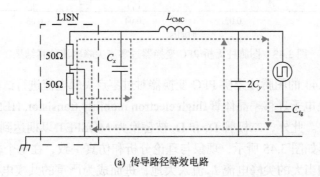

(a) 传导路径等效电路

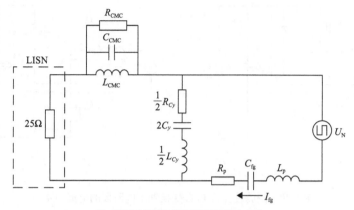

(b) 考虑了各器件高频模型的等效电路

图 3.42　图腾柱无桥 PFC 变换器过零点尖峰电流传导路径的等效电路

　　基于图 3.42(b) 所示的尖峰电流的等效电路图,对尖峰电流进行了仿真计算,仿真结果如图 3.43 所示,可知在每个输入电压过零点,由于二极管两端电压 U_{D1} 的跳变,会引起相当大的尖峰电流 I_{fg} 流入大地,进而成为严重的共模电磁干扰源。

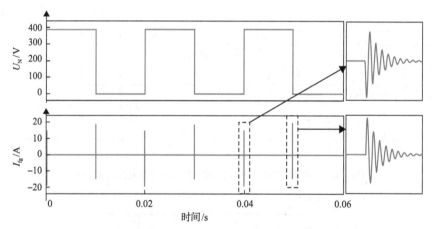

图 3.43　图腾柱无桥 PFC 变换器过零点尖峰电流仿真结果

　　基于图 3.44 的图腾柱无桥 PFC 变换器对过零点尖峰电流进行试验验证。该电路使用 GaN 高电子迁移率晶体管(high electron mobility transistor, HEMT)器件作为高频开关器件。此外,二极管 D_1 和 D_2 被替换为 MOSFET 以期达到更高的效率。

　　试验波形如图 3.45 所示,现象与理论分析和仿真一致,在每个输入电压的过零点会产生相当大的尖峰电流 I_{fg} 流入大地,进而成为严重的共模电磁干扰源。

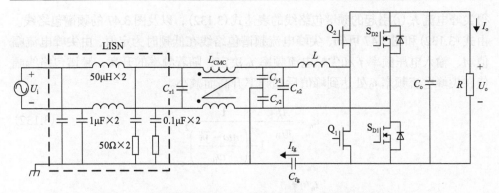

图 3.44　图腾柱无桥 PFC 变换器过零点尖峰电流试验验证

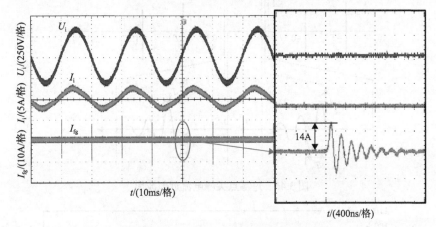

图 3.45　过零点尖峰电流试验波形

2. 电磁干扰频谱预测

基于上面的分析，输入电压过零点尖峰电流的产生机理已经明确。基于尖峰电流产生机理的分析、仿真和试验结果，过零点尖峰电流 $I_{fg}(t)$ 可近似为图 3.46的指数正弦波，并使用式(3.131)进行近似表示：

$$I_{fg}(t) = \begin{cases} Ae^{-kt}\sin(\omega_0 t), & mT \leqslant t < mT + \dfrac{T}{2} \\[3mm] Ae^{-k\left(t-\frac{T}{2}\right)}\sin\left[\omega_0\left(t-\dfrac{T}{2}\right)\right], & mT + \dfrac{T}{2} \leqslant t < (m+1)T \end{cases}, \quad m=0,1,2,\cdots \quad (3.131)$$

基于仿真分析、试验波形参数和 3.2.4 节对图 3.46 周期指数正弦波形傅里叶系数的计算，可以得到过零点尖峰电流 $I_{fg}(t)$ 的傅里叶系数 c_n，其中 f 为输入电压频率，f_0 为尖峰电流频率，A 为尖峰电流峰值。对其进行更进一步的近似运算后，可

得尖峰电流 $I_{fg}(t)$ 引起的频谱包络线的表达式(3.132)，以及图 3.47 的频谱包络线。由式(3.132)和图 3.47 可知，尖峰电流频谱包络线在低频时为定值，由尖峰电流幅值 A、输入电压频率 f 和尖峰电流频率 f_0 决定，随着频率的升高，频谱包络线幅值在尖峰电流频率 f_0 处达到峰值后随频率升高而减小。

$$c_n = \frac{Af}{\pi f_0} \cdot \frac{1}{1 - \left(\dfrac{n\omega - \mathrm{j}k}{\omega_0}\right)^2} \tag{3.132}$$

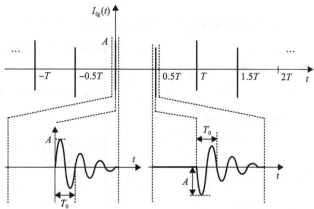

图 3.46　过零点尖峰电流近似波形

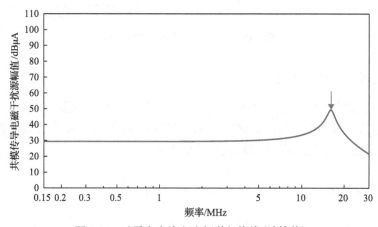

图 3.47　过零点尖峰电流频谱包络线(计算值)

图腾柱无桥 PFC 变换器的实测传导电磁干扰频谱如图 3.48 所示，与分析和图 3.47 的计算频谱一致，在较高频域尖峰电流 I_{fg} 的频率 f_0 处存在明显的频谱尖峰，对尖峰电流的分析可以得到验证。在较低频率范围内，开关频率及其倍频处存在频谱尖峰，低频范围的电磁干扰由半导体开关器件的高频开关动作产生，与

3.4.1 节和 3.4.2 节中分析的频谱低频范围电磁干扰相同。

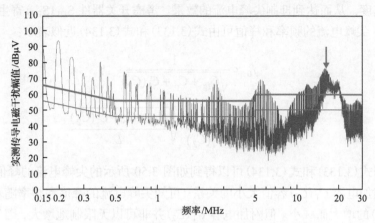

图 3.48　图腾柱无桥 PFC 变换器实测传导电磁干扰频谱

由图 3.47 可知，尖峰电流电磁干扰频谱包络线的幅值从低频起随频率逐渐增大，到达尖峰电流波形的频率后开始迅速降低。此外，由式 (3.132) 可知，尖峰电流引起的电磁干扰幅值与尖峰电流的峰值 A 和输入电压频率 f 成正比，与尖峰电流频率 f_0 成反比。由于一般输入电压的频率为定值，故只能从尖峰电流的峰值 A 和尖峰电流频率 f_0 着手解决过零点尖峰电流问题。下面两种方法可以有效地抑制尖峰电流引起的电磁干扰的幅值：

(1) 减小尖峰电流的峰值 A，从而减小频谱尖峰幅值；

(2) 减小尖峰电流的频率 f_0，使得其频谱的尖峰向低频区域转移，最终移出传导电磁干扰的频率下限，从而降低高频区域的传导电磁干扰频谱的尖峰幅值。

3. 尖峰电流电磁干扰抑制方法

根据前面对过零点尖峰电流产生机理的分析，在每个输入电压过零点，由于 $S_{D1}(S_{D2})(D_1、D_2)$ 两端电压的跳变，尖峰电流 I_{fg} 产生。故如图 3.49 所示，向开关

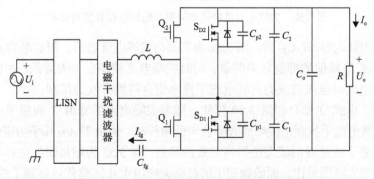

图 3.49　图腾柱无桥 PFC 变换器增加并联电感

器件 S_{D1}(S_{D2})两端并联电容 C_1(C_2)，通过电容的充放电来减缓 S_{D1}(S_{D2})两端电压的变化速度，从而达到抑制尖峰电流的效果。考虑开关器件 S_{D1}(S_{D2})寄生电容 C_{p1}(C_{p2})后，尖峰电流的频率和峰值可由式(3.133)和式(3.134)近似表示：

$$f_0 \propto \frac{1}{\sqrt{C_{fg} + C_p + C_1(C_2)}} \qquad (3.133)$$

$$A \propto \frac{C_{fg}}{C_{fg} + C_p + C_1(C_2)} \cdot \sqrt{\frac{C_{fg} + C_p + C_1(C_2)}{L}} \qquad (3.134)$$

根据式(3.133)和式(3.134)可以得到如图 3.50 所示的尖峰电流的峰值 A 和频率 f_0 与附加电容 C_1(C_2)容值大小的关系。可知尖峰电流的峰值和频率随着附加电容 C_1(C_2)的增大而减小。但附加电容 C_1(C_2)并非可以无限制地增大，因为当其容值达到一定程度后，电容的充放电作用会使得变换器变为倍压变换器的工作模式。故选择两个 100nF 电容作为附加电容 C_1(C_2)分别与 S_{D1}(S_{D2})并联以减小过零点尖峰电流造成的传导电磁干扰频谱尖峰幅值。

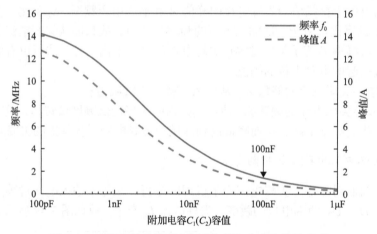

图 3.50　尖峰电流的峰值和频率与附加电容容值的关系

增加附加电容 C_1(C_2)后，图 3.51 为实测的尖峰电流波形。附加电容 C_1(C_2)对于尖峰电流 I_{fg} 峰值的抑制效果明显，同时尖峰电流频率也大大降低。由前面的分析可知，由尖峰电流造成的高频电磁干扰峰值会得到有效的抑制。

但是，由式(3.134)和图 3.50 可知，随着尖峰电流的峰值 A 和频率 f_0 同时下降，虽然其电磁干扰频谱尖峰的频率会向低频移动，但由于 A/f_0 几乎为定值，尖峰电流的电磁干扰频谱幅值无法得到有效的抑制。图 3.52 为增加附加电容与原始电磁干扰频谱实测图对比，原始频谱中的高频尖峰由十几兆赫兹转移到了约 2MHz，实测结果与分析的一致。

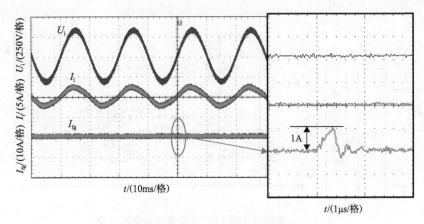

图 3.51　过零点尖峰电流实测波形

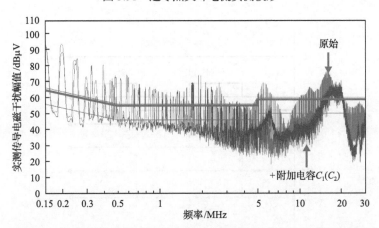

图 3.52　实测传导电磁干扰频谱(原始频谱与增加附加电容后的频谱)

　　为了解决上述问题，提出了一种如图 3.53 所示的附加电路，通过图 3.54 中的控制策略使开关 $S_{a1}(S_{a2})$ 分别在输入电压过零点附近短暂开通，为附加电容 C_1 (C_2) 和附加电感 L_a 提供一个回路，使两者可以共振进而使得 $S_{D1}(S_{D2})$ 两端电压的变化更加缓慢。同时，由于附加电路在每个过零点附近为附加电容 $C_1(C_2)$ 的充放电电流提供了导通回路，流入大地的共模电流会降至几乎为零，从而由过零点尖峰电流产生的共模电磁干扰也会被有效地抑制。图 3.55 中过零点尖峰电流实测波形与上述理论分析一致，过零点尖峰电流 I_{fg} 降至几乎为零，因此由式(3.132)可知，由过零点尖峰电流产生的干扰可被完全抑制；图 3.56 为实测传导电磁干扰频谱，增加了附加电路后频谱与原始频谱相比，由尖峰电流在频谱高频范围产生的频谱尖峰得到了有效的抑制。

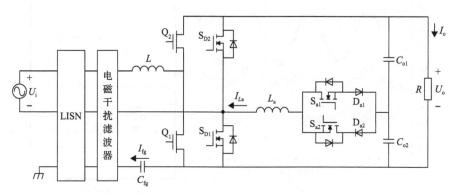

图 3.53　图腾柱无桥 PFC 变换器增加附加电路

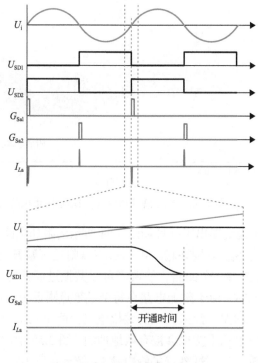

图 3.54　增加附加电路控制策略

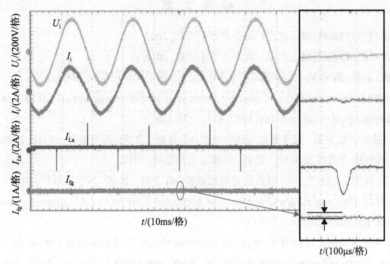

图 3.55　过零点尖峰电流实测波形(附加电路)

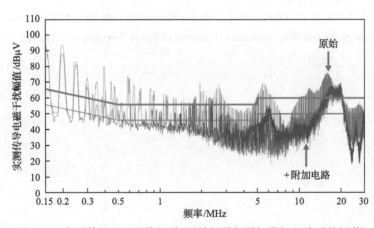

图 3.56　实测传导电磁干扰频谱(原始频谱与增加附加电路后的频谱)

此外，由于附加电路中的开关以输入电压的频率工作，且每次开通的时间极短，该尖峰电流抑制方法并不会影响图腾柱无桥 PFC 变换器的工作效率。故本方法可以有效地抑制图腾柱无桥 PFC 变换器输入电压过零点尖峰电流产生的共模电磁干扰。

本节以图腾柱无桥 PFC 变换器输入电压过零点尖峰电流造成的共模电磁干扰为例，从传导电磁干扰产生机理、传导路径等效电路分析，到电磁干扰抑制方法的设计，展示了一套完整的电磁兼容设计方法。

参 考 文 献

[1] 陈后金. 信号与系统[M]. 北京: 高等教育出版社, 2007.

[2] 甘俊英. 信号与系统[M]. 北京: 清华大学出版社, 2011.

[3] 王伯雄, 王雪, 陈非凡. 工程测试技术[M]. 北京: 清华大学出版社, 2006.

[4] Robert B M. The significance of negative frequencies in spectrum analysis[J]. IEEE Transactions on Electromagnetic Compatibility, 1967, 9(3): 123-126.

[5] 华中科技大学数学系. 复变函数与积分变换[M]. 3 版. 北京: 高等教育出版社, 2008.

[6] 翟丽. 车辆电磁兼容基础[M]. 北京: 机械工业出版社, 2012.

[7] 闻映红, 周克生, 任杰, 等. 电磁场与电磁兼容[M]. 2 版. 北京: 科学出版社, 2019.

[8] Zhang B H. EMI modeling and reduction of conducted noise in switching power converters[D]. Fukuoka: Kyushu University, 2019.

[9] Zhang B H, Zhang S T, Li H N, et al. An improved simple EMI modeling method for conducted common mode noise prediction in DC-DC buck converter[C]. The 3rd IEEE International Conference on DC Microgrid, Matsue, 2019: 1-6.

[10] Zhang B H, Lin Q, Imaoka J, et al. EMI prediction and reduction of zero-crossing noise in totem-pole bridgeless PFC converters[J]. Journal of Power Electronics, 2019, (1): 278-287.

第4章 基于混沌脉宽调制的电力电子系统 电磁干扰主动抑制方法

本章介绍基于混沌脉宽调制（CPWM）的电力电子系统电磁干扰主动抑制方法。CPWM从电磁干扰源抑制电磁干扰，具有实现简单，不增加电力电子设备体积、重量、成本的优势。本章介绍CPWM的基本原理和实现方法；并基于频谱分布规律，分析混沌信号的选择策略；进一步将CPWM应用于不同类型的电力电子系统中，分析其对电磁干扰的抑制效果；基于傅里叶变换理论，推导电磁干扰源电压的频谱量化解析表达式，实现电磁干扰频谱的准确预测；最后，从电气输出性能、损耗两方面分析CPWM下电力电子系统的综合性能，为CPWM在电力电子系统中的工程应用奠定理论基础。

4.1 混沌脉宽调制原理

4.1.1 混沌理论

混沌是非线性动力学系统中特有的一种运动形式，它广泛存在于自然界，几乎涉及自然科学和社会科学的各个领域。关于混沌的概念，目前国际上还没有一个统一的定义。一般认为，混沌就是指确定系统中出现的一种貌似无规则的、类似随机的现象。混沌现象的研究使人们逐渐认识到，一个确定的非线性动力学系统的输出可能是随机的，具有内在的随机性，混沌是确定性和随机性的辩证统一。著名的物理学家Ford认为混沌是20世纪物理学第三次大的革命，他指出：相对论消除了关于绝对空间与时间的幻想，量子力学消除了关于可控测量过程的牛顿式的梦，而混沌则消除了拉普拉斯关于决定论式可预测性的幻想[1]。

1. 混沌研究历程

混沌研究的开端要追溯到19世纪末20世纪初法国科学家庞加莱（Jules Henri Poincaré）所做的关于太阳系中三体问题的研究，他发现即使只有三个星体的模型，仍能产生明显的随机结果。庞加莱将动力学系统和拓扑学两大领域结合起来，运用相图、拓扑学及相空间截面的方法，分析了一类简化的三体问题解的复杂性和高度不稳定性，指出了混沌存在的可能性[2]。

1963年著名的气象学家Lorenz发表了《确定性的非周期流》一文，指出当选取一定参数时，一个由确定的三阶常微分方程组描述的大气对流模型变得不可预测，并清楚地描述了"对初始条件敏感性"这一混沌基本性质，这就是著名的蝴蝶效应[3]。

1975 年美籍华人学者李天岩和美国数学家约克(Yorke)发表了论文《周期 3 意味着混沌》，深刻揭示了从有序到混沌的演变过程，并首次提出"chaos"(混沌)这个名词，为后来的学者所接受，成为新的科学名词[4]。

1976 年美国生态学家 May 发表了题为"具有复杂动力学过程的简单数学模型"的综述性文章，指出非常简单的一维迭代映射也能产生复杂的周期倍化和混沌运动，揭示了生态学中一些简单的确定性数学模型也可以产生看似随机的混沌行为[5]。1978 年，Feigenbaum 在 May 的基础上独立地发现了倍周期分岔过程中的普适常数，这就是著名的 Feigenbaum 常数[6]。Feigenbaum 还把相变临界态理论中的普适性、标度性、重正化群方法引入混沌研究，给出了一条走向混沌的具体道路，把混沌学研究从定性分析推进到定量计算阶段。

20 世纪 80 年代以来，人们着重研究系统如何从有序进入新的混沌，以及混沌的性质和特点。借助多标度分形理论和符号动力学，进一步对混沌结构进行了研究和总结。进入 20 世纪 90 年代，混沌与生物学、生理学、数学、物理学、信息科学、天文学、气象学等学科进一步相互渗透、广泛应用，研究领域涉及混沌同步、混沌保密通信、混沌密码学、混沌神经网络、混沌经济学等，取得了诸多重要成果。如何发掘混沌系统特有的性质、主动地控制和利用混沌已经成为当前混沌研究的重点和热点。

2. 混沌的基本特性

混沌的基本特性如下：

(1)确定系统中的内在随机性。混沌是非线性系统中的运动形态，其确定系统中的内在随机性指的是一个完全确定性的方程会产生非周期解。而高斯白噪声等随机信号则体现出一种外在随机性，是由随机系统或者随机项引起的，是一种完全无序或者完全无规则的运动。因此，内在随机性和外在随机性是区别混沌运动和随机运动的本质特征。

(2)对初始条件的高度敏感性。对于处于混沌状态的系统，从两个极其相近的初值出发的两条轨道，在短时间内似乎相差不大，但经过较长时间后，必然呈现出显著的差异。从长期行为看，初值的小改变在运动过程中不断被放大，导致轨道发生巨大偏差，这就是混沌系统长期行为对初值的敏感性。

(3)正的 Lyapunov 指数。Lyapunov 指数是一种定量描述动力学系统轨道局部稳定性的方法。对于混沌系统，基本特征是具有正的 Lyapunov 指数，只具有一个正的 Lyapunov 指数的系统称为混沌系统，具有多个正的 Lyapunov 指数的系统称为超混沌系统。

(4) 有界性。混沌系统的混沌吸引子一定是有界的，它的运动轨线始终局限于一个确定的区域，这个区域称为混沌吸引域。无论混沌系统内部是多么不稳定，它的轨线都不会走出混沌吸引域。因此，从整体上来说混沌系统是稳定的。

(5) 遍历性。遍历性是混沌运动在其混沌吸引域内是各态历经的，即在有限时间内混沌轨道经过混沌区域内的每一个状态点。

(6) 混沌运动轨线在相空间具有分形与分维特征。分维特征刻画混沌运动状态具有无限层次的自相似结构。

(7) 连续功率谱、类噪声和冲击式的相关特性。混沌信号是非周期信号，相轨迹永远不会重合，因此混沌信号具有连续功率谱、类噪声和冲击式的相关特性。

3. 典型的混沌系统

1) 虫口模型——Logistic 映射[7]

Logistic 映射是目前应用最为广泛的一类非线性动力学离散混沌映射，其映射方程为

$$x_{n+1} = \mu x_n (1 - x_n), \quad n = 1, 2, \cdots \qquad (4.1)$$

式中，$\mu \in (0, 4]$；$x_n \in (0, 1)$。当 $3.5699 < \mu \leqslant 4$ 时，系统处于混沌状态。当系统参数 μ 变化时，系统的动力学状态随之变化。系统随参数变化的分岔图如图 4.1 所示。序列 x_n 依次经历稳定不动点、不稳定不动点、周期、混沌四个不同的演化阶段，系统的复杂性依次明显增加。

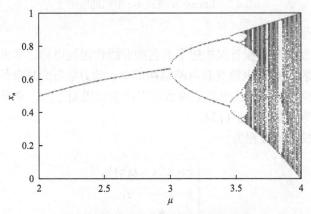

图 4.1　混沌系统 Logistic 映射分岔图

2) Lorenz 系统[3]

美国气象学家 Lorenz 在研究大气对流模型时，所提炼的三维方程及其表现的蝴蝶效应动力行为，为混沌学的创立奠定了基础。Lorenz 系统的数学模型是三元

一阶非线性微分方程组。Lorenz 系统既有分岔、混沌现象，也有各种稳定现象，如倍周期、不动点等。

Lorenz 系统方程为

$$\begin{cases} \dot{x} = \sigma(y-x) \\ \dot{y} = rx - y - xz \\ \dot{z} = xy - bz \end{cases} \tag{4.2}$$

式中，σ、r、b 为系统参数。取参数 $\sigma=10$、$r=28$、$b=8/3$，Lorenz 系统可以得到著名的"蝴蝶"吸引子，如图 4.2 所示。这种吸引子表现为有两个不动点，轨线围绕两个不动点随机跳动，形成螺旋状，形似蝴蝶的两个翅膀。

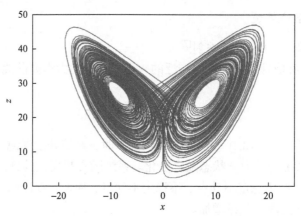

图 4.2　Lorenz 系统在 x-z 平面的吸引子

3）蔡氏电路[8]

1983 年，蔡少棠教授首次构建了著名的非线性混沌电路，学界将其称为蔡氏电路（Chua 电路）。蔡氏电路具有电路结构简单、动力学行为复杂的优势，得到了广泛关注和研究。调节蔡氏电路的参数可以产生倍周期分岔、单涡卷、周期 3 和双涡卷吸引子等复杂动力学行为。

蔡氏电路的系统方程为

$$\begin{cases} \dot{x} = \alpha \left(y - h(x) \right) \\ \dot{y} = x - y + z \\ \dot{z} = -\beta y \end{cases} \tag{4.3}$$

式中，$\alpha = 10$；$\beta = 15$；$h(x) = m_1 + 0.5(m_0 - m_1)(|x+1| - |x-1|)$ 为分段线性函数。当取不同的分段线性函数时，可以产生双涡卷及更多涡卷的吸引子，双涡卷吸引子如图 4.3 所示。

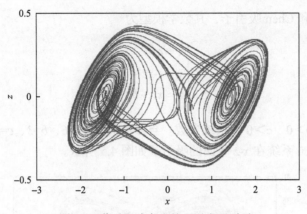

图 4.3　蔡氏电路产生的双涡卷吸引子

4) Chen 系统[9]

1999 年，在研究混沌的反控制过程中，香港城市大学的陈关荣教授发现了一个新的混沌吸引子，从系统相图来看，它与 Lorenz 吸引子相比，在相空间上更加复杂。

Chen 系统的数学模型为

$$\begin{cases} \dot{x} = a(y - x) \\ \dot{y} = (c - a)x - xz + cy \\ \dot{z} = xy - bz \end{cases} \tag{4.4}$$

式中，$a>0$、$b>0$、$c>0$ 为系统参数。当参数值取 $a=35$、$b=3$、$c=28$ 时，Chen 系统在 x-z 平面的吸引子如图 4.4 所示。

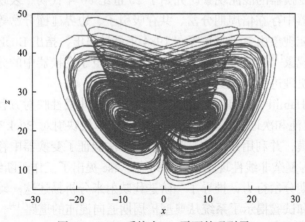

图 4.4　Chen 系统在 x-z 平面的吸引子

5) Lü 系统[10]

2002 年，吕金虎教授等学者发现了一个新的混沌吸引子，它连接了著名的

Lorenz 吸引子和 Chen 吸引子，其数学模型为

$$\begin{cases} \dot{x} = a(y-x) \\ \dot{y} = -xz + cy \\ \dot{z} = xy - bz \end{cases} \tag{4.5}$$

式中，$a>0$、$b>0$、$c>0$ 为系统参数。当参数值取 $a=36$、$b=3$、$c=20$ 时，系统处于混沌状态，Lü 系统在 x-z 平面的吸引子如图 4.5 所示。

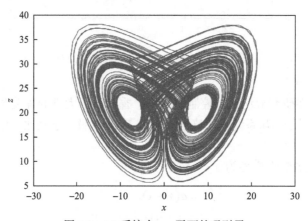

图 4.5　Lü 系统在 x-z 平面的吸引子

4.1.2　电力电子系统的混沌现象

电力电子变换器的混沌现象研究始于 20 世纪 80 年代初，表现为在电路参数变化时，变换器中存在倍周期分岔、共存吸引子、边界碰撞分岔等现象。电力电子变换器的混沌现象由 Brockett 等在 1984 年最早提出，指出 Buck 变换器可以产生分岔和混沌现象[11]。自此，众多学者针对电力电子变换器中的分岔、混沌等现象及其产生的机理进行了广泛研究。

1988 年，Hamill 等对 Buck 变换器建立了一维非线性映射方程，用来分析变换器的分岔、混沌和次谐波现象[12]。进一步，基于迭代映射对 Buck 变换器和 Boost 变换器进行建模，并利用数值仿真和试验的方法验证了变换器中存在的次谐波、准周期、混沌等复杂非线性现象[13]。1994 年，Tse 提出了工作于断续模式的 Boost 变换器的倍周期分岔行为，推导了一阶迭代映射来分析描述这一动力学现象，并通过数值仿真和试验揭示了系统从典型倍周期通向混沌的道路[14]，如图 4.6 所示；同时，Tse 还在工作于断续模式的 Buck 变换器中发现了同样的倍周期分岔现象。进一步，Tse 等将混沌研究扩展到四阶 Cuk 变换器，指出在自由运行下的 Cuk 变换器会呈现 Hopf 分岔行为，并经由超临界 Hopf 分岔失稳到混沌状态。此外，Iu

等还针对更高阶的并联 DC-DC 变换器的分岔和混沌现象进行了研究，指出在并联 Buck 变换器中，电压反馈增益的变化会导致倍周期分岔，电流共享比的变化会导致边界碰撞分岔，在并联 Boost 变换器中，电压反馈增益的变化可能会引起 Hopf 分岔[15]。1996 年，Chakrabarty 等研究了电流反馈型 Buck 变换器在输入电压、负载电阻、电感、载波频率和幅值、输出电容等电路参数变化时的分岔行为[16]。之后，又针对电流反馈型 Boost 变换器在参数变化时的次谐波和混沌现象展开研究，为变换器的电路参数设计提供了指导。

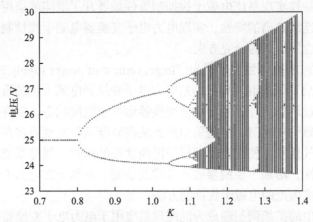

图 4.6 Boost 变换器输出电压随电压反馈系数变化的分岔图

2002 年，张波教授等基于凯莱-哈密顿定理建立了电压反馈型 DC-DC 变换器的精确离散映射，并基于此模型分析了电压反馈系数与变换器分岔现象的关系，精确判定了反馈系数的稳定工作范围[17]。此外，张波教授还分析了描述 DC-DC 变换器分岔和混沌现象动态演化过程的常用方法，指出分岔图、Jacobian 矩阵、Lyapunov 指数是基于离散模型的有效分析工具。2003 年，马西奎教授等研究了 DC-DC 变换器中具有两个边界的分段光滑系统中发生边界碰撞分岔的原理[18]，并进一步从拓扑序列出发，提出基于符号序列分析法判别和检测倍周期分岔及边界碰撞分岔。2005 年，周宇飞教授等研究并证实了电流反馈型 Boost 变换器的切分岔和阵发混沌现象，并构造一次和三次迭代映射，解释现象产生的机理[19]。除了 DC-DC 变换器，相关学者还基于离散模型、数值仿真和试验等手段，对 DC-AC 变换器、PFC 变换器等其他电力电子变换器的边界碰撞分岔、倍周期分岔及混沌现象开展了研究。

通过诸多学者对电力电子变换器复杂动力学行为的深入研究，在特定电力电子变换器的混沌现象识别、产生机理、通向混沌路径及影响非线性现象的参数等方向取得了实质性进展，为电力电子变换器的分析、设计和控制提供了理论性指导。

4.1.3　混沌脉宽调制实现方法

在对电力电子变换器的混沌现象研究的基础上，诸多学者也在思考混沌特性对电力电子变换器控制的应用价值，即如何利用混沌理论和方法，实现电力电子变换器传统控制方式难以实现的性能，提高变换器的综合性能。基于此思路，目前已经在基于混沌控制消除有害混沌运动提高系统稳定性、基于混沌同步特性实现变换器的均流控制、基于混沌遍历特性进行系统的参数辨识和优化设计、基于混沌连续频谱特性实现系统电磁干扰抑制等领域展开了混沌的应用研究。其中，基于混沌信号连续频谱的特性，实现电力电子变换器电磁干扰抑制是其中一个极具实用价值和应用前景的研究方向。

Deane 等在 1996 年发表了题为 "Improvement of power supply EMC by chaos" 的论文[20]，开启了利用混沌现象抑制电力电子变换器电磁干扰的研究。在最初的研究中，是通过调整闭环控制参数使变换器运行于混沌状态，以降低开关频率及其倍频次的电磁干扰峰值。但是采用此方法需要准确研究变换器在参数变化和负载变化时的电气性能，使变换器运行于混沌状态的同时，保持系统良好的稳定性及动态响应特性，增加了控制参数调节的复杂度，不利于在电力电子变换器中应用推广基于混沌理论的电磁干扰抑制方法。

通信理论中的扩频调制理论为混沌现象应用于电力电子变换器抑制电磁干扰提供了思路。将混沌理论和扩频调制结合，使电力电子变换器的开关频率在设定范围内混沌变化，实现电力电子变换器的 CPWM 控制，达到抑制开关频率及其倍频次电磁干扰峰值的目的。

电力电子变换器的传统脉宽调制（TPWM）是通过一个调制波和频率固定的载波进行比较得到控制脉冲，对开关器件进行控制实现变换器的电气性能。TPWM 控制下，由于开关频率是固定的，PWM 波形的频谱是离散地分布在开关频率及其倍频次，具有很高的幅值，可能会造成电磁干扰峰值超标。在 CPWM 中，开关频率是在设定范围内按照混沌规律变化的，混沌信号具有连续频谱的特性，能够使 TPWM 中分布在开关频率和倍频次谐波能量均匀地分布在更宽的频带范围内，根据谐波总能量不变性，开关频率及其倍频次的谐波峰值能够降低，进而达到抑制电磁干扰的目的。

电力电子变换器的 CPWM 实现方式如图 4.7 所示，调制波信号和频率混沌变化的载波信号比较产生开关器件的控制信号。其中开关频率是以一个基准开关频率为中心，叠加混沌扰动信号，如式(4.6)所示[21]：

$$f_{s\_k} = F_r + \Delta F\varepsilon_k, \quad \varepsilon_k \in (-1,1), \quad k=1,2,\cdots \tag{4.6}$$

式中，f_{s_k} 为开关频率；F_r 为基准开关频率；ΔF 为频率偏移；ε_k 为混沌调制信号。

开关频率 f_{s_k} 随着 ε_k 在每一个开关周期改变一次。由式(4.6)可知，混沌调制信号 ε_k 决定开关频率的变化规律，并进一步决定干扰源 u_{ds} 频谱的分布形状。所以 CPWM 抑制电力电子变换器电磁干扰的关键是选择合适的混沌调制信号 ε_k。

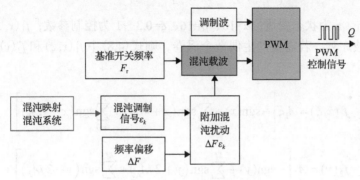

图 4.7　CPWM 实现原理框图

4.1.4　混沌脉宽调制信号生成

基于 CPWM 抑制电力电子变换器电磁干扰的关键是选择合适的混沌调制信号以达到理想的电磁干扰抑制效果。通常，混沌调制信号可以由离散混沌映射和连续混沌系统生成。

离散混沌映射通常使用 Logistic 映射、Tent 映射、Chebyshev 映射等，其中 Logistic 映射的表达式如式(4.7)所示。但是采用离散混沌映射的 CPWM，其电磁干扰源电压频谱在开关频率和倍频次附近扩展范围比设定频率偏移范围宽，会引入不期望的低频噪声和次谐波噪声，这是在抑制电力电子变换器电磁干扰时所不期望的。

$$\varepsilon_{k+1}=1-\lambda\varepsilon_k^2,\quad \varepsilon_k\in(-1,1),\quad k=1,2,\cdots \tag{4.7}$$

近几十年来，连续混沌系统得到了不断发展，相继提出了 Lorenz 系统、Chua(蔡氏电路)系统、Chen 系统、Lü 系统、Ruchlidge 系统、Shimizu-Morioda (S-M)系统等。这些系统若从相图的拓扑结构进行分类，又可分为多涡卷系统、多折叠环面和多环面系统、双翅膀系统、环状和嵌套式多翅膀系统等类型。根据混沌理论，生成多涡卷混沌吸引子的混沌系统也有多种，如网格多环面系统、网格多涡卷 Chua 系统、多方向分布多涡卷混沌系统、环状多涡卷广义 Lorenz 系统族等。本节中，以网格多涡卷 Chua 系统为例介绍产生的多涡卷混沌吸引子。网格多涡卷 Chua 系统是一种改进型 Chua 系统，将原 Chua 系统的分段线性方程用不同的非线性方程代替，实现从 2×2×2 涡卷到多个涡卷态的扩展。

网格多涡卷 Chua 系统的无量纲状态方程为

$$
\begin{cases}
\dot{x} = \alpha\left[y - f_2(y) - 0.5\xi x + f_1(x,\xi)\right] \\
\dot{y} = x - y + z \\
\dot{z} = -\beta\left[y - f_2(y)\right]
\end{cases} \tag{4.8}
$$

式中，x、y、z 为状态变量；$\alpha=10$、$\beta=16$、$\xi=0.3\sim1$ 为控制参数；$f_1(x,\xi)$ 和 $f_2(y)$ 均为阶梯波序列。若需要产生偶数个涡卷，则式(4.8)中 $f_1(x,\xi)$ 和 $f_2(y)$ 的具体构造形式为

$$
f_1(x,\xi) = A_1\xi\left[-\operatorname{sgn}(x) + \sum_{i=0}^{N}\operatorname{sgn}(x+4iA_1) + \sum_{i=0}^{N}\operatorname{sgn}(x-4iA_1)\right] \tag{4.9}
$$

$$
f_2(y) = A_2\left[-\operatorname{sgn}(y) + \sum_{j=0}^{M}\operatorname{sgn}(y+2jA_2) + \sum_{j=0}^{M}\operatorname{sgn}(y-2jA_2)\right] \tag{4.10}
$$

其中

$$
\operatorname{sgn}(x) = \begin{cases}
1, & x > 0 \\
0, & x = 0 \\
-1, & x < 0
\end{cases} \tag{4.11}
$$

式(4.9)和式(4.10)中，参数 A_1、A_2 决定阶梯波序列的宽度和高度，参数 N、M 决定阶梯波序列的阶梯数量，其中 $A_1=A_2=0.25$，$N\geqslant0$，$M\geqslant0$。利用公式计算，可以产生的涡卷数量为 $(2N+2)\times(2M+2)\times(2N+2)$。

若需要产生奇数个涡卷，则式(4.8)中 $f_1(x,\xi)$ 和 $f_2(y)$ 的具体构造形式为

$$
f_1(x,\xi) = A_1\xi\left[\sum_{i=0}^{N}\operatorname{sgn}(x+(4i-2)A_1) + \sum_{i=0}^{N}\operatorname{sgn}(x-(4i-2)A_1)\right] \tag{4.12}
$$

$$
f_2(y) = A_2\left[\sum_{j=0}^{M}\operatorname{sgn}(y+(2j-1)A_2) + \sum_{j=0}^{M}\operatorname{sgn}(y-(2j-1)A_2)\right] \tag{4.13}
$$

式(4.12)和式(4.13)中，参数 A_1、A_2 决定阶梯波序列的宽度和高度，参数 N、M 决定阶梯波序列的阶梯数量，其中 $A_1=A_2=0.25$，$N\geqslant1$，$M\geqslant1$。利用式(4.8)、式(4.12)和式(4.13)，可以产生的涡卷数量为 $(2N+1)\times(2M+1)\times(2N+1)$。

根据式(4.8)，得到状态变量 x 随参数 ξ 变化的分岔图如图4.8所示，由图可知当系统处于混沌状态时的参数 ξ 的范围。

利用式(4.8)~式(4.13)，设置不同的 N 和 M 值，即可产生不同数量网格状分布的多涡卷混沌吸引子。当利用式(4.8)~式(4.10)时，设置 $N=0$、$M=0$，可以产生 $2\times2\times2$ 涡卷混沌吸引子，其 x-y 平面的混沌吸引子相图如图4.9所示。当利用

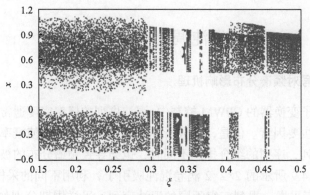

图 4.8　多涡卷系统 x 随 ξ 变化的分岔图

式 (4.8)、式 (4.10) 和式 (4.12) 时，设置 $N=1$、$M=0$，可以产生 $3\times2\times3$ 涡卷混沌吸引子，其 $x\text{-}y$ 平面的混沌吸引子相图如图 4.10 所示。当利用式 (4.8)～式 (4.10) 时，设置 $N=2$、$M=2$，可以产生 $6\times6\times6$ 涡卷混沌吸引子，其 $x\text{-}y$ 平面的混沌吸引子相图如图 4.11 所示。将生成的混沌吸引子应用于电力电子变换器的多涡卷 CPWM (multiscroll CPWM, MCPWM) 控制中，以实现电力电子变换器抑制电磁干扰效果的优化[22]。

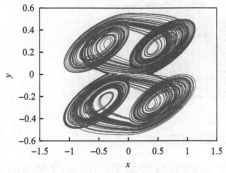

图 4.9　$2\times2\times2$ 涡卷混沌吸引子相图

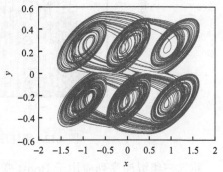

图 4.10　$3\times2\times3$ 涡卷混沌吸引子相图

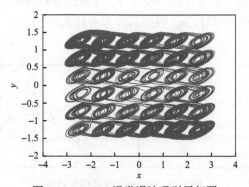

图 4.11　$6\times6\times6$ 涡卷混沌吸引子相图

4.2　混沌调制信号选择策略

4.2.1　混沌信号对频谱分布影响机理

在电力电子变换器的 CPWM 控制中,混沌序列的概率密度通常会被认为是决定频谱分布的主要因素。但是, 在分析频谱特征中发现, 即使概率密度完全相同的两个混沌序列, 序列的组合排列不同时, 也会导致频谱分布的极大不同。举例说明:针对图 4.9 所示的 2×2×2 涡卷混沌吸引子, 利用不同的采样周期 T_{samp} 对 x 状态变量进行采样, 得到三组不同的混沌序列。采样周期分别如下:Case I 为 T_{samp}=1.00s, Case II 为 T_{samp}=0.20s, Case III 为 T_{samp}=0.02s。根据混沌序列的不变分布特性, 同一个混沌状态变量, 其长期的概率密度是相同的。对得到的三组序列做概率密度统计, 概率密度分布基本相同, 如图 4.12 所示。

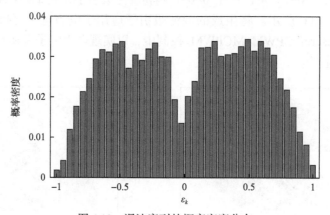

图 4.12　混沌序列的概率密度分布

将这三组混沌序列应用于 Boost 变换器的 CPWM 控制中, Boost 变换器的拓扑结构如图 4.13 所示。电磁干扰源电压 u_{ds} 的频谱分布对比如图 4.14 所示。根据图 4.14, 当采样频率不同时, u_{ds} 频谱的分布有较大区别。

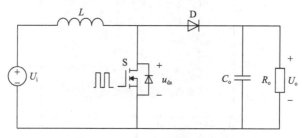

图 4.13　Boost 变换器拓扑结构

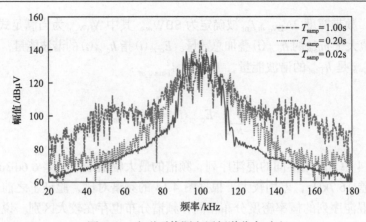

图 4.14　电磁干扰源电压频谱分布对比

　　频谱分布关注的两个具体指标是频谱的最大幅值和频谱扩展宽度(spreading bandwidth, SBW), 其中 SBW 表示 CPWM 控制下的频谱在开关频率 f_{sw} 或其倍频处的扩展宽度。定义 SBW_m 用来区分不同频率 mf_{sw} 处的 SBW 值, m 为开关频率的倍数。下面以图 4.15 的 CPWM 频谱分布示意图为例介绍 SBW_m 的确定过程。图 4.15 中, h_{T_m} 为 TPWM 控制的频谱在 mf_{sw} 处的谐波, $h_{c\_m}(i)$ 为 CPWM 控制的频谱在 mf_{sw} 周围每一个扩展频率处的谐波, $A_m(i)$ 为 $h_{c\_m}(i)$ 的幅值, $f_{c\_m}(i)$ 为 $h_{c\_m}(i)$ 处的频率, $f_{c\_m}(i)=mf_{sw}+if_{int}$, f_{int} 为 $h_{c\_m}(i)$ 的频率间隔, 其值由频谱快速傅里叶变换(fast Fourier transform, FFT)分析中的采样频率和数据长度决定。SBW_m 的值根据 CPWM 和 TPWM 控制的频谱谐波能量确定, 当式(4.14)中的等

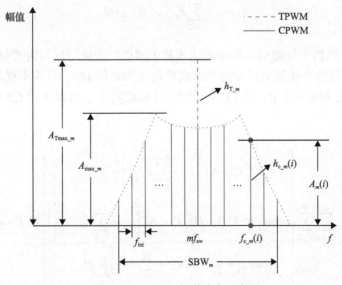

图 4.15　CPWM 频谱分布示意图

式满足时,频带宽度 $2N_{BW\_m}f_{int}$ 被确定为 SBW_m。其中 N_{BW_m} 为当满足式(4.14)条件时频率值大于 mf_{sw} 的 $h_{c\_m}(i)$ 叠加总数量。$E_{c\_m}(i)$ 指 $h_{c\_m}(i)$ 的谐波能量,$E_{c\_m}(i) = A_m^2(i)$,E_{T_m} 是 h_{T_m} 的谐波能量,$E_{T\_m} = A_{Tmax\_m}^2$:

$$\sum_{i=-N_{BW\_m}}^{N_{BW\_m}} E_{c\_m}(i) = 0.99 E_{T\_m} \tag{4.14}$$

图 4.14 中,应用不同的混沌序列,频谱的最大幅值最高相差 6.6dBμV,SBW 值最大相差 16.7kHz,差别较大。根据图 4.14 的频谱对比,验证了之前分析的情况,即使混沌序列的概率密度分布相同,频谱分布也存在较大区别。说明只通过分析混沌信号的概率密度,并不能准确揭示 CPWM 的频谱分布特征。因此,需要进一步分析确定能够准确反映 CPWM 频谱分布的影响因子。

进一步分析图 4.14 的频谱分布可以发现,当 T_{samp} 较小时,SBW 值较小,且最大幅值较低。但是不能将 T_{samp} 作为频谱分布的影响因子,因为 T_{samp} 不能表征混沌序列的分布特性。

定义参数相邻序列变化量 δ_{ε_k} 来衡量混沌序列 ε_k 的变化水平,其表达式为

$$\delta_{\varepsilon\_k} \overset{\text{def}}{=\!=} \varepsilon_{k+1} - \varepsilon_k \tag{4.15}$$

根据式(4.15),所有的混沌序列 ε_k 都可以用 ε_1 和 δ_{ε_k} 表示,如式(4.16)所示:

$$\varepsilon_k = \varepsilon_1 + \sum_{i=0}^{k-1} \delta_{\varepsilon\_i}, \quad \delta_{\varepsilon\_0} = 0 \tag{4.16}$$

Boost 变换器干扰源电压频谱表达式基于傅里叶变换可以写为式(4.17),单相 AC-DC 变换器的干扰源电压频谱表达式可以写为式(4.18),具体干扰源电压频谱表达式推导过程见 4.4 节。式(4.17)和式(4.18)说明 δ_{ε_k} 可以决定 CPWM 的频谱分布:

$$S_v(f) = F_c V_o \sum_{n=-\infty}^{\infty} \sum_{k=1}^{P} \left\{ \begin{array}{l} (1-D)\left[T_r + \Delta T\left(\varepsilon_1 + \sum_{i=0}^{k-1} \delta_{\varepsilon\_i} \right) \right] \\ \cdot \text{sinc}\left(\pi n F_c (1-D)\left[T_r + \Delta T\left(\varepsilon_1 + \sum_{i=0}^{k-1} \delta_{\varepsilon\_i} \right) \right] \right) \\ \cdot e^{-j2\pi n F_c \left[\left(k-\frac{1}{2} \right)(T_r + \Delta T \varepsilon_1) + \Delta T \sum_{i=0}^{k-1} \left(k-i-\frac{1}{2} \right) \delta_{\varepsilon\_i} \right]} \end{array} \right\} \delta(f - n F_c) \tag{4.17}$$

$$
S_{vAB}(f) = \begin{cases} 0, & f = 0 \\ 2F_cV_d \displaystyle\sum_{n=-\infty}^{\infty}\sum_{k=1}^{P}\left\{ \begin{array}{l} \dfrac{T_k\left\{1-M\sin 2\pi f_m\left[\begin{array}{l}\left(k-\dfrac{1}{2}\right)(T_r+\Delta T\varepsilon_1)\\[4pt]+\Delta T\displaystyle\sum_{i=0}^{k-1}\left(k-i-\dfrac{1}{2}\right)\delta_{\varepsilon\_i}\end{array}\right]\right\}}{2} \\[30pt] \cdot\mathrm{sinc}\dfrac{\pi nF_cT_k\left\{1-M\sin 2\pi f_m\left[\begin{array}{l}\left(k-\dfrac{1}{2}\right)(T_r+\Delta T\varepsilon_1)\\[4pt]+\Delta T\displaystyle\sum_{i=0}^{k-1}\left(k-i-\dfrac{1}{2}\right)\delta_{\varepsilon\_i}\end{array}\right]\right\}}{2} \\[30pt] \cdot\mathrm{e}^{-\mathrm{j}2\pi nF_c\left[\left(k-\frac{1}{2}\right)(T_r+\Delta T\varepsilon_1)+\Delta T\sum_{i=0}^{k-1}\left(k-i-\frac{1}{2}\right)\delta_{\varepsilon\_i}\right]} \end{array}\right\} \\[8pt] \cdot\delta(f-nF_c), & f\neq 0 \end{cases}
$$

$$(4.18)$$

下面分析参数 δ_{ε_k} 如何影响 CPWM 的频谱分布。利用上述三组不同 T_{samp} 采样得到的混沌序列的 δ_{ε_k} 的概率密度分布如图 4.16 所示。当采样周期较小时，δ_{ε_k} 的概率密度分布范围更小。结合图 4.14 的频谱分布，可以发现 δ_{ε_k} 的概率密度分布范围越小，频谱图的 SBW 越小，而且频谱幅值越低。

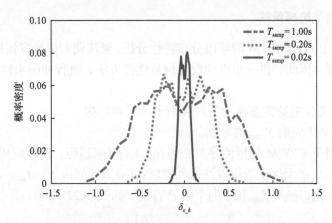

图 4.16　不同混沌序列的 δ_{ε_k} 的概率密度分布

但是，由于 δ_{ε_k} 是随混沌序列 ε_k 变化的序列值，δ_{ε_k} 仍然不能直接作为频谱分布的影响因子。需要定义一个参数来衡量 δ_{ε_k} 的整体分布规律。定义平均相对

变化量(average relative variation, ARV)为

$$\text{ARV} = \frac{1}{P}\sum_{k=1}^{P}\left|\delta_{\varepsilon\_k}\right| \tag{4.19}$$

计算图 4.16 中 δ_{ε_k} 的 ARV 值：Case I T_{samp}=1.00s 时，ARV=0.552；Case II T_{samp}=0.20s 时，ARV=0.164；Case III T_{samp}=0.02s 时，ARV=0.019。结合图 4.14 的频谱分布图，当 ARV 值较小时，频谱图的 SBW 更小，而且频谱幅值也更低。

为了用一个参数统一表征频谱最大幅值和 SBW_m，定义等效最大能量(equivalent maximum energy, EME)为

$$\text{EME}_m \stackrel{\text{def}}{=} \text{SBW}_m A_{\max\_m}^2, \quad m=1,2,\cdots \tag{4.20}$$

为了便于对比 CPWM 在不同开关频率偏移ΔF、不同负载或者不同输出电压条件下的 EME_m，对式(4.20)进行标幺化处理，如式(4.21)所示。其中 $\text{EME}_{\text{base}\_m}$ 为 EME_m 的基准值，A_{Tmax_m} 为 TPWM 控制下 u_{ds} 频谱在 mf_{sw} 处的最大幅值：

$$\text{EME}_{\text{pu}\_m} = \frac{\text{EME}_m}{\text{EME}_{\text{base}\_m}} = \frac{\text{SBW}_m A_{\max\_m}^2}{\Delta F A_{\text{Tmax}\_m}^2}, \quad m=1,2,\cdots \tag{4.21}$$

以图 4.14 开关频率处频谱为例进行分析，EME_{pu_1} 值随着 ARV 逐渐增大而增大，当 EME_{pu_1} 值较大时，频谱的幅值和 SBW 是整体偏大的，频谱分布效果不理想。综上所述，当多涡卷混沌信号的 ARV 值较小时，频谱分布特征较好，即电磁干扰抑制效果较好。

4.2.2　混沌信号选择策略

根据 4.2.1 节 MCPWM 的频谱分布特性分析，混沌调制信号应该根据 ARV 值的大小来选择。因此，进一步得到混沌信号选择方法，流程如图 4.17 所示，具体描述如下：

(1)根据式(4.8)确定多涡卷混沌吸引子的涡卷结构。

(2)确定采样周期 T_{samp} 的范围。

因为应用于 CPWM 的混沌序列必须在[-1,1]区间遍历，所以应用最小的采样周期 $T_{\text{samp\_min}}$ 也必须保证所得混沌序列能够在[-1,1]区间遍历。$T_{\text{samp\_min}}$ 可以通过混沌吸引子的近似频率 f_{app} 和序列个数 P 确定，如式(4.22)所示：

$$T_{\text{samp\_min}} = \frac{1}{Pf_{\text{app}}} \tag{4.22}$$

其中，f_{app} 通过对混沌吸引子的状态变量做快速傅里叶变换分析，根据最大谐波幅值所对应的频率确定。

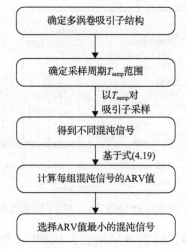

图 4.17　MCPWM 混沌信号选择流程图

此外，采样周期的最大值 T_{samp_max} 可以通过 ARV 与 T_{samp} 曲线的转折点确定，当 T_{samp} 大于转折点时，混沌序列的 ARV 值趋近于恒定，说明此时混沌序列的特性基本一致。

(3)根据确定的 T_{samp} 范围，利用不同的 T_{samp} 对多涡卷混沌吸引子进行采样，得到不同的混沌序列。其中 $T_{samp}=nT_{samp\_min}$（$n=1, 2, \cdots, [T_{samp\_max}/T_{samp\_min}]$）。

(4)利用式(4.19)计算所有混沌序列的 ARV 值。

(5)选择 ARV 值最小的混沌序列作为混沌调制信号，此时能够得到较好的电磁干扰频谱分布，达到较好的电磁干扰抑制效果。

分别对 Boost 变换器实现 TPWM、传统 CPWM(traditional CPWM，TCPWM)和不同 ARV 值情况的 MCPWM 控制，对其 u_{ds} 的波形做频谱分析。TPWM 和 TCPWM 控制 u_{ds} 的频谱对比如图 4.18 所示，不同 ARV 值情况的 MCPWM 控制 u_{ds} 的频谱对比如图 4.19 所示。

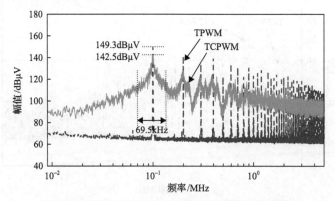

图 4.18　TPWM 和 TCPWM 控制干扰源电压频谱图

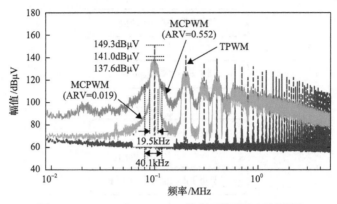

图 4.19　TPWM 和 MCPWM 控制干扰源电压频谱图

根据图 4.18 和图 4.19，与 TPWM 对比，TCPWM 和 MCPWM 均能有效抑制电磁干扰峰值。以开关频率处的电磁干扰峰值为例，TCPWM 减小开关频率处电磁干扰的峰值为 6.8dBμV，MCPWM 在最优情况时（ARV=0.019）减小开关频率处电磁干扰的峰值为 11.7dBμV，说明 MCPWM 能够更为有效地抑制电磁干扰的峰值。同时，TCPWM 的频谱扩展宽度更大，会造成次谐波噪声，这是在电磁干扰抑制中所不期望的。综合对比，MCPWM 在抑制电力电子变换器电磁干扰中具有更好的效果，所介绍的混沌信号选择策略也是有效的。

为了进一步说明 MCPWM 对 Boost 变换器传导电磁干扰的抑制效果以及混沌信号选择策略的有效性，对 Boost 变换器进行传导电磁干扰测试。分别对 TPWM、TCPWM 以及不同 ARV 值情况 MCPWM 控制的 Boost 变换器做传导电磁干扰测试，最终平均值测试结果如图 4.20 所示。当 ARV=0.019 时，电磁干扰的频谱幅值最低，说明当 ARV 值较小时，电磁干扰频谱分布更好，电磁干扰抑制效果也更佳。

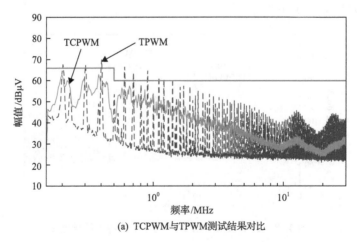

(a) TCPWM与TPWM测试结果对比

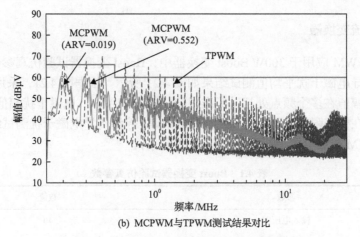

(b) MCPWM与TPWM测试结果对比

图 4.20　不同 PWM 控制传导电磁干扰测试结果

4.3　混沌脉宽调制在电力电子系统中的应用

CPWM 基于优化电力电子变换器控制实现，具有实现简单、不增加系统硬件成本的优势，理论上 CPWM 可应用于所有基于 PWM 的变换器，实现变换器电磁干扰的抑制。由于目前电力电子变换器广泛采用数字芯片作为控制器，如数字信号处理器(digital signal processor，DSP)，所以对于 CPWM 应用于电力电子变换器中抑制电磁干扰，需要考虑如何在数字控制器中实现 CPWM 算法。

对于离散混沌映射生成的混沌调制信号 ε_k，由于离散混沌映射表达式本身为离散形式，可以直接应用于 DSP 编程中生成混沌调制信号 ε_k。对于利用连续混沌系统生成的混沌调制信号 ε_k，需要对连续混沌系统的无量纲表达式进行离散化，得到其差分表达式，再应用于 DSP 编程中生成混沌调制信号 ε_k。以 4.2 节所述网格多涡卷 Chua 系统生成 2×2×2 涡卷混沌吸引子为例进行具体实现方法的介绍，其无量纲状态方程如式(4.8)所示。

基于欧拉算法，式(4.8)的差分表达式表示为式(4.23)，其中参数 h_T 的值设置与 T_{samp} 相同：

$$x(n+1) = x(n) + \alpha h_T \left\{ y(n) + A_2 \operatorname{sgn}(y(n)) - \xi \left[x(n) + A_1 \operatorname{sgn}(x(n)) \right] \right\}$$
$$y(n+1) = y(n) + h_T \left[x(n) - y(n) + z(n) \right] \qquad (4.23)$$
$$z(n+1) = z(n) - \beta h_T \left[y(n) + A_2 \operatorname{sgn}(y(n)) \right]$$

根据如上所述的差分表达式，可利用 DSP 编程实现混沌系统离散状态变量的生成，选取其中一个离散状态变量作为混沌调制信号 ε_k。上述方法可以用于各种类型电力电子变换器的载波生成，以实现变换器的 CPWM 控制。

4.3.1 直流变换器

将 CPWM 应用于 300W Boost 变换器中，Boost 变换器试验仿真参数如表 4.1 所示，传导电磁干扰平均值测试结果如图 4.21 所示。根据图 4.21，采用 TPWM，电磁干扰幅值在多个频点处超过标准限值，加入 CPWM，电磁干扰幅值有明显下降，基本在标准限值以下。表 4.2 为不同 PWM 控制传导电磁干扰测试结果对比，采用 CPWM 控制电磁干扰峰值下降 8～13dBμV。

表 4.1　Boost 变换器试验仿真参数

参数	数值
输入电压/V	40
额定功率/W	300
输出电压/V	100
基准开关周期 T_r/s	1×10^{-5}
周期偏移 ΔT/s	1×10^{-6}

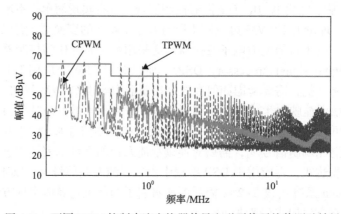

图 4.21　不同 PWM 控制直流变换器传导电磁干扰平均值测试结果

表 4.2　不同 PWM 控制直流变换器传导电磁干扰测试结果对比　（单位：dBμV）

调制方式	频率				
	200kHz	300kHz	400kHz	500kHz	600kHz
TPWM	67	66.5	70	53	66
CPWM	59	58	57	42	53

4.3.2 逆变器

将 CPWM 应用于 1kW 光伏逆变器试验平台中，光伏逆变器仿真参数如表 4.3

所示，传导电磁干扰平均值测试结果如图 4.22 所示，表 4.4 为不同 PWM 控制传导电磁干扰测试结果对比，在其他试验条件相同的情况下，仅将 TPWM 控制改为 CPWM 控制，传导电磁干扰峰值能够降低 5～19.5dBμV。

表 4.3　光伏逆变器试验仿真参数

参数	数值
输入电压/V	380
额定功率/kW	1
输出电压/V	220
基准开关频率 F_r/kHz	20
最大频率扰动Δf/kHz	1

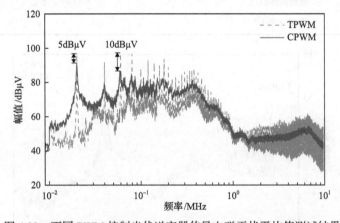

图 4.22　不同 PWM 控制光伏逆变器传导电磁干扰平均值测试结果

表 4.4　不同 PWM 控制光伏逆变器传导电磁干扰测试结果对比（单位：dBμV）

调制方式	频率					
	20kHz	40kHz	60kHz	80kHz	100kHz	120kHz
TPWM	96.4	92.9	97.1	95.7	98.5	92.9
CPWM	91.4	80	87	85.7	79	81

4.3.3　四象限变流器

将 CPWM 应用于牵引变流器中四象限变流器的控制，搭建了 10kW 缩比试验平台验证电磁干扰抑制效果，四象限变流器仿真参数如表 4.5 所示。图 4.23 为传导电磁干扰平均值测试结果，表 4.6 为相应测试结果对比，在中低频段的开关频率及其倍频次电磁干扰峰值能够降低 1.2～7dBμV，在 350kHz 的谐振峰值处可以使电磁干扰峰值降低 2dBμV。由于牵引变流器中四象限变流器开关频率较低，在电磁干扰抑制效果上没有光伏逆变器显著，但是随着功率器件的发展，开关频率逐渐提高，CPWM 控制将会在大功率变流器的电磁干扰抑制中发挥更重要的作用。

表 4.5　四象限变流器试验仿真参数

参数	数值
AC 输入电压 u_s(RMS)/V	170
DC 输出电压 U_d/V	315
负载电阻 R/Ω	100
AC 电感 L_s/mH	5
DC 输出电容 C_d/mF	3.36
基准开关周期 T_r/s	1×10^{-2}
周期偏移 $\Delta T/T_r$	0.1
额定功率/kW	1

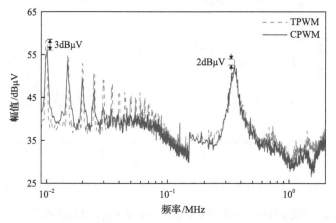

图 4.23　不同 PWM 控制四象限变流器传导电磁干扰平均值测试结果

表 4.6　不同 PWM 控制四象限变流器传导电磁干扰测试结果对比（单位：dBμV）

调制方式	频率					
	10kHz	15kHz	20kHz	25kHz	30kHz	35kHz
TPWM	58.5	55	53.2	50.9	49	48.5
CPWM	55.6	53.8	49.7	46.5	42	41.5

4.4　混沌脉宽调制电力电子系统电磁干扰量化方法

为了从机理上探究 CPWM 对频谱分布的影响因素，预测电磁干扰频谱分布，需要对 CPWM 控制下变换器的电磁干扰源频谱进行量化，得到其准确表达式。本节基于傅里叶变换理论，分别以 Boost 变换器和单相 AC-DC 变换器为例，对 CPWM 控制的电磁干扰源电压频谱进行量化，推导其解析形式的表达式，并利用仿真和试验结果验证解析表达式的正确性[23]。

4.4.1　直流变换器电磁干扰量化方法

根据 Boost 变换器的 CPWM 控制原理，其 u_{ds} 信号由调制波信号 u_m 和混沌载波信号 u_c 比较生成，如图 4.24 所示。

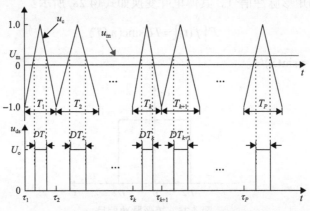

图 4.24　CPWM 控制 u_{ds} 的生成原理

图 4.24 中，T_k 为第 k 个开关周期的周期值；τ_k 为第 k 个开关周期的起始时间，τ_k 表达式如式 (4.24) 所示；U_o 为 Boost 变换器的输出电压幅值；P 为开关周期个数；D 为 u_{ds} 信号的占空比。在此量化过程中，调制波信号被设定为恒定值 U_m，则占空比 D 也为恒定值。

$$\tau_k = \sum_{i=0}^{k-1} T_i, \quad k = 1, 2, \cdots; \; T_0 = 0 \tag{4.24}$$

根据上述定义，u_{ds} 的时域表达式为

$$u_{ds}(t) = \lim_{P \to \infty} U_o \sum_{k=1}^{P} g_k(t - \tau_k) \tag{4.25}$$

式中，$g_k(t)$ 定义为具有相同脉冲幅度、不同脉冲宽度的单个矩形脉冲信号，其表达式为

$$g_k(t) = \begin{cases} 1, & \dfrac{1-D}{2} T_k \leqslant t < \dfrac{1+D}{2} T_k \\ 0, & \text{其他} \end{cases} \tag{4.26}$$

由式(4.25)可知，CPWM 波形 $u_{ds}(t)$ 是非周期信号，对于非周期信号的频域特性，需要利用傅里叶变换理论来分析。下面对信号 $u_{ds}(t)$ 做傅里叶变换。根据傅里叶变换的线性特性和时移特性，式(4.25)的 $u_{ds}(t)$ 的傅里叶变换表达式为

$$S_u(f) = \lim_{P\to\infty} U_o \sum_{k=1}^{P} G_k(f) e^{-j2\pi f \tau_k} \tag{4.27}$$

式中，$G_k(f)$ 为 $g_k(t)$ 的傅里叶变换。

根据傅里叶变换理论中关于单个矩形脉冲信号的傅里叶变换的介绍，如图 4.25 所示的矩形脉冲信号，其傅里叶变换如式(4.28)所示：

$$F\big[f(t)\big] = TU\mathrm{sinc}(\pi f T) \tag{4.28}$$

其中，$\mathrm{sinc}(x) = \sin(x)/x$。

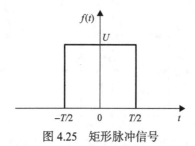

图 4.25　矩形脉冲信号

根据式(4.28)，$G_k(f)$ 的一般表达式为

$$G_k(f) = DT_k \mathrm{sinc}\big(\pi f DT_k\big) e^{-j\pi f T_k} \tag{4.29}$$

$u_{ds}(t)$ 的傅里叶变换表达式为

$$S_u(f) = \lim_{P\to\infty} U_o \sum_{k=1}^{P} \left[DT_k \mathrm{sinc}\big(\pi f DT_k\big) e^{-j2\pi f \left(\sum\limits_{i=0}^{k-1} T_i + \frac{T_k}{2}\right)} \right] \tag{4.30}$$

将开关频率随混沌序列变化的形式，改写为开关周期 T_k 随混沌序列的变化，如式(4.31)所示，其中 T_r 为基准开关周期，ΔT 为最大周期偏移，ε_k 同样为混沌序列。则式(4.30)进一步改写为含有混沌序列 ε_k 的形式，如式(4.32)所示：

$$T_k = T_r + \Delta T \varepsilon_k, \quad \varepsilon_k \in (-1,1), \quad k = 1,2,\cdots \tag{4.31}$$

$$S_u(f) = \lim_{P\to\infty} U_o \sum_{k=1}^{P} \left\{ \begin{matrix} D\big(T_r + \Delta T \varepsilon_k\big) \cdot \mathrm{sinc}\big(\pi f D\big(T_r + \Delta T \varepsilon_k\big)\big) \\ \cdot e^{-j2\pi f \left[\left(k-\frac{1}{2}\right)T_r + \Delta T \left(\sum\limits_{i=0}^{k-1} \varepsilon_i + \frac{\varepsilon_k}{2}\right)\right]} \end{matrix} \right\} \tag{4.32}$$

为验证上述 CPWM 控制的 Boost 变换器干扰源电压 u_{ds} 的频谱量化公式的正确性，使用 MATLAB/Simulink 搭建仿真平台，利用软件中的快速傅里叶变换分析工具对 u_{ds} 的仿真波形做快速傅里叶变换分析，将仿真频谱与利用式(4.32)计算得到的频谱进行对比。仿真中混沌映射采用 Logistic 映射，其表达式为

$$\varepsilon_{k+1} = 1 - \lambda \varepsilon_k^2, \quad \varepsilon_k \in (-1, 1), \quad k = 1, 2, \cdots \tag{4.33}$$

u_{ds} 频谱的理论计算结果如图 4.26 所示，Simulink 仿真结果如图 4.27 所示，仿真结果的频率分辨率设置和理论计算相同。频谱理论计算结果的峰值和包络线与仿真结果吻合，验证了频谱解析表达式的正确性。

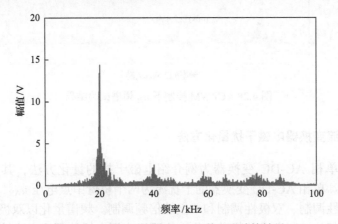

图 4.26 CPWM 控制下 u_{ds} 频谱理论计算结果

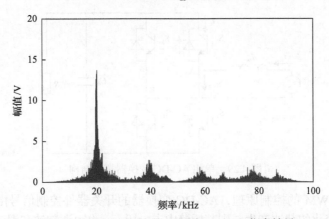

图 4.27 CPWM 控制下 u_{ds} 频谱 Simulink 仿真结果

进一步验证式(4.32)频谱解析表达式的正确性，搭建了 Boost 变换器试验平台。Boost 变换器的 CPWM 控制通过 DSP 实现。同样对 Boost 变换器的 u_{ds} 电压进行测量，利用快速傅里叶变换分析工具对 u_{ds} 电压波形进行分析，得到其频谱图，

如图 4.28 所示。对比图 4.26 的理论结果和图 4.27 的仿真结果，u_{ds} 的试验频谱也能与二者良好地吻合。

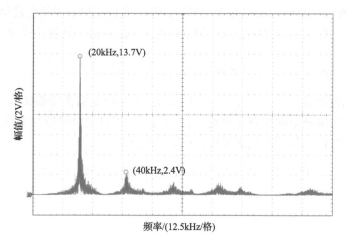

图 4.28　CPWM 控制下 u_{ds} 频谱试验结果

4.4.2　交直流变换器电磁干扰量化方法

本节以单相 AC-DC 变换器为例介绍电磁干扰的量化方法，其拓扑结构如图 4.29 所示。单相 AC-DC 变换器的干扰源为两个桥臂中点电压 u_{AB}，常用的调制方式有单极性调制、双极性调制和单极性倍频调制。频谱量化以双极性调制为例进行分析，其他调制方式的频谱量化方法可以应用介绍的理论方法扩展得到。

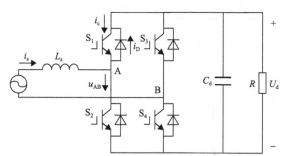

图 4.29　单相 AC-DC 变换器拓扑结构

根据 CPWM 的控制原理，AC-DC 变换器的开关器件控制信号由正弦调制波和周期混沌变化的载波产生，则其桥臂中点电压 u_{AB} 也由调制波和混沌载波决定。对于 CPWM 控制下的双极性调制，其调制原理和对应的 u_{AB} 波形如图 4.30 所示。

为简化频谱公式推导，将 $u_{AB}(t)$ 向上平移 U_d，使得幅值为 $\pm U_d$ 的波形变为幅值为 0 和 $2U_d$，命名此波形为 $u'_{AB}(t)$，如图 4.31 所示。在最终得到的 $u'_{AB}(t)$ 频谱公式上减掉直流分量 U_d 即可得到 $u_{AB}(t)$ 的频谱公式。

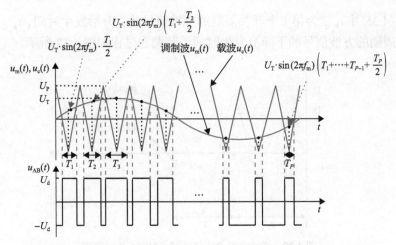

图 4.30　单相 AC-DC 变换器 CPWM 控制双极性调制原理和 u_{AB} 波形

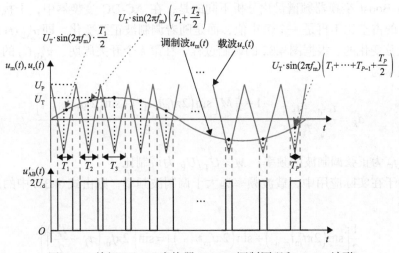

图 4.31　单相 AC-DC 变换器 CPWM 调制原理和 $u'_{\mathrm{AB}}(t)$ 波形

与 Boost 变换器中 u_{ds} 的时域表达式类似，$u'_{\mathrm{AB}}(t)$ 也可以表达为矩形脉冲波叠加的形式，如式 (4.34) 所示：

$$u'_{\mathrm{AB}}(t)= \lim_{P \to \infty} 2U_{\mathrm{d}} \sum_{k=1}^{P} h_k(t - \tau_k) \tag{4.34}$$

其中矩形脉冲波 $h_k(t)$ 的表达式为

$$h_k(t)=\begin{cases} 1, & t_{k\_\mathrm{u}} \leqslant t < t_{k\_\mathrm{d}} \\ 0, & \text{其他} \end{cases} \tag{4.35}$$

式 (4.35) 中 t_{k_u} 为第 k 个开关周期的方波信号的上升沿发生时间, t_{k_d} 为第 k 个开关周期的方波信号的下降沿发生时间, 其调制过程如图 4.32 所示。

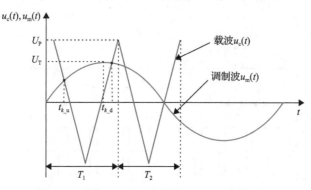

图 4.32　单相 AC-DC 变换器 CPWM 调制原理

与 Boost 变换器频谱量化分析不同的是, 在 AC-DC 变换器中, 干扰源电压 $u_{AB}(t)$ 的占空比不再是一个恒定值, 而是随着调制波正弦变化, 即 $u'_{AB}(t)$ 的占空比是正弦变化的。根据图 4.32 的调制过程, 在第 k 个开关周期, $u'_{AB}(t)$ 的占空比可以表示为

$$d_k = \frac{t_{k\_d} - t_{k\_u}}{T_k} = \frac{1 + \frac{1}{2} M \left[\sin \left(2\pi f_m t_{k\_u} \right) + \sin \left(2\pi f_m t_{k\_d} \right) \right]}{2} \tag{4.36}$$

式中, f_m 为正弦调制波的频率; $M = U_T / U_P$ 为调制比。

由于在实际应用中, 载波频率远大于调制波频率, 则由式 (4.37) 中的近似等式可得

$$\frac{1}{2} \left[\sin \left(2\pi f_m t_{k\_u} \right) + \sin \left(2\pi f_m t_{k\_d} \right) \right] = \sin \left(2\pi f_m \left(\tau_k + \frac{T_k}{2} \right) \right) \tag{4.37}$$

所以, $u'_{AB}(t)$ 的占空比表达式写为

$$d_k = \frac{1}{2} \left[1 + M \sin \left(2\pi f_m \left(\tau_k + \frac{T_k}{2} \right) \right) \right] \tag{4.38}$$

根据非周期信号傅里叶变换理论, $u'_{AB}(t)$ 的傅里叶变换表达式如式 (4.39) 所示, 其中 $H_k(f)$ 为 $h_k(t)$ 的傅里叶变换:

$$S'_{u_{AB}}(f) = \lim_{P \to \infty} 2U_d \sum_{k=1}^{P} H_k(f) e^{-j 2\pi f \tau_k} \tag{4.39}$$

$H_k(f)$ 的一般表达式为

$$H_k(f) = d_k T_k \operatorname{sinc}(\pi f d_k T_k) \mathrm{e}^{-\mathrm{j}\pi f T_k} \tag{4.40}$$

$H_k(f)$ 的一般表达式改写为

$$H_k(f) =$$

$$\frac{T_k\left[1+M\sin\left(2\pi f_\mathrm{m}\left(\tau_k+\dfrac{T_k}{2}\right)\right)\right]}{2}\operatorname{sinc}\frac{\pi f T_k\left[1+M\sin\left(2\pi f_\mathrm{m}\left(\tau_k+\dfrac{T_k}{2}\right)\right)\right]}{2}\cdot\mathrm{e}^{-\mathrm{j}\pi f T_k} \tag{4.41}$$

得到最终 $u'_\mathrm{AB}(t)$ 的傅里叶变换表达式，如式 (4.42) 所示：

$$S'_{u_\mathrm{AB}}(f) =$$

$$\lim_{P\to\infty} 2U_\mathrm{d}\sum_{k=1}^{P}\left\{\begin{array}{l}\dfrac{T_k\left\{1+M\sin\left(2\pi f_\mathrm{m}\left[\left(k-\dfrac{1}{2}\right)T_\mathrm{r}+\Delta T\left(\displaystyle\sum_{i=0}^{k-1}\varepsilon_i+\dfrac{\varepsilon_k}{2}\right)\right]\right)\right\}}{2}\\[4mm]\cdot\operatorname{sinc}\dfrac{\pi f T_k\left\{1+M\sin\left(2\pi f_\mathrm{m}\left[\left(k-\dfrac{1}{2}\right)T_\mathrm{r}+\Delta T\left(\displaystyle\sum_{i=0}^{k-1}\varepsilon_i+\dfrac{\varepsilon_k}{2}\right)\right]\right)\right\}}{2}\\[4mm]\cdot\mathrm{e}^{-\mathrm{j}2\pi f\left[\left(k-\frac{1}{2}\right)T_\mathrm{r}+\Delta T\left(\sum\limits_{i=0}^{k-1}\varepsilon_i+\frac{\varepsilon_k}{2}\right)\right]}\end{array}\right\} \tag{4.42}$$

式 (4.42) 进一步改写为

$$S'_{u_\mathrm{AB}}(f) =$$

$$2F_\mathrm{c}U_\mathrm{d}\sum_{n=-\infty}^{\infty}\sum_{k=1}^{P}\left\{\begin{array}{l}\dfrac{T_k\left\{1+M\sin\left(2\pi f_\mathrm{m}\left[\left(k-\dfrac{1}{2}\right)T_\mathrm{r}+\Delta T\left(\displaystyle\sum_{i=0}^{k-1}\varepsilon_i+\dfrac{\varepsilon_k}{2}\right)\right]\right)\right\}}{2}\\[4mm]\cdot\operatorname{sinc}\dfrac{\pi n F_\mathrm{c}T_k\left\{1+M\sin\left(2\pi f_\mathrm{m}\left[\begin{array}{l}\left(k-\dfrac{1}{2}\right)T_\mathrm{r}+\\\Delta T\left(\displaystyle\sum_{i=0}^{k-1}\varepsilon_i+\dfrac{\varepsilon_k}{2}\right)\end{array}\right]\right)\right\}}{2}\\[4mm]\cdot\mathrm{e}^{-\mathrm{j}2\pi n F_\mathrm{c}\left[\left(k-\frac{1}{2}\right)T_\mathrm{r}+\Delta T\left(\sum\limits_{i=0}^{k-1}\varepsilon_i+\frac{\varepsilon_k}{2}\right)\right]}\end{array}\right\}\delta(f-nF_\mathrm{c}) \tag{4.43}$$

式中，$F_c = 1/T_c$；$T_c = \sum_{k=1}^{P} T_k$。根据式 (4.43)，即可得到 CPWM 控制下 $u'_{AB}(t)$ 的频谱分布。进一步，根据 $u'_{AB}(t)$ 的频谱量化表达式，得到 $u_{AB}(t)$ 的频谱量化表达式如式 (4.44) 所示。利用式 (4.44) 能够不依赖仿真和试验，准确预测电磁干扰源频谱，同时根据式 (4.44)，得到决定频谱分布的因素主要为混沌序列长度 P、周期偏移 ΔT、混沌调制信号 ε_k。频谱量化工作为 CPWM 以及其他扩频 PWM 控制的频谱分析、CPWM 参数设计提供理论指导。

$$
S_{u_{AB}}(f) =
\begin{cases}
0, & f = 0 \\[2mm]
2F_c U_d \sum\limits_{n=-\infty}^{\infty} \sum\limits_{k=1}^{P}
\left\{
\begin{array}{l}
\dfrac{T_k\left\{1+M\sin\left(2\pi f_m\left[\left(k-\dfrac{1}{2}\right)T_r + \Delta T\left(\sum\limits_{i=0}^{k-1}\varepsilon_i + \dfrac{\varepsilon_k}{2}\right)\right]\right)\right\}}{2} \\[4mm]
\cdot\,\mathrm{sinc}\dfrac{\pi n F_c T_k\left\{1+M\sin\left(2\pi f_m\left[\begin{array}{l}\left(k-\dfrac{1}{2}\right)T_r + \\ \Delta T\left(\sum\limits_{i=0}^{k-1}\varepsilon_i + \dfrac{\varepsilon_k}{2}\right)\end{array}\right]\right)\right\}}{2} \\[4mm]
\cdot\, \mathrm{e}^{-\mathrm{j}2\pi n F_c\left[\left(k-\frac{1}{2}\right)T_r + \Delta T\left(\sum\limits_{i=0}^{k-1}\varepsilon_i + \frac{\varepsilon_k}{2}\right)\right]}
\end{array}
\right\} \\[4mm]
\cdot\,\delta(f - nF_c), & f \neq 0
\end{cases}
$$

$$(4.44)$$

为验证上述 CPWM 控制下 AC-DC 变换器干扰源电压 u_{AB} 的频谱量化公式的正确性，使用 MATLAB/Simulink 搭建仿真平台，利用软件中的快速傅里叶变换分析工具对 u_{AB} 的仿真波形做快速傅里叶变换分析，将仿真频谱与利用式 (4.44) 计算得到的频谱进行对比。P 值设置为 1000。

u_{AB} 频谱的理论计算结果如图 4.33 所示，Simulink 仿真结果如图 4.34 所示，其中仿真结果的频率分辨率设置和理论计算相同。频谱理论计算结果的峰值和包络线与仿真结果吻合，验证了频谱解析表达式的正确性。

进一步验证式 (4.44) 频谱解析表达式的正确性，搭建单相 AC-DC 变换器试验平台。AC-DC 变换器的 CPWM 控制通过 DSP 实现。对 AC-DC 变换器的 u_{AB} 电压进行测量，利用快速傅里叶变换分析工具对 u_{AB} 电压波形进行分析，得到其频谱波形，如图 4.35 所示。对比图 4.33 的理论结果和图 4.34 的仿真结果，u_{AB} 的试验频谱也能与二者良好地吻合，说明了频谱解析表达式的正确性。

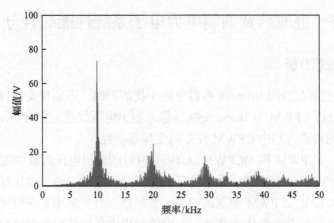

图 4.33　CPWM 控制下 u_{AB} 频谱理论计算结果

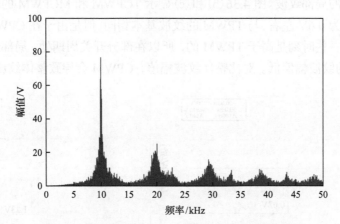

图 4.34　CPWM 控制下 u_{AB} 频谱 Simulink 仿真结果

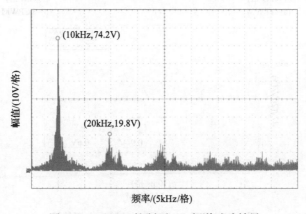

图 4.35　CPWM 控制下 u_{AB} 频谱试验结果

4.5　混沌脉宽调制电力电子系统性能综合分析

4.5.1　电气性能分析

CPWM 控制在抑制 Boost 变换器电磁干扰的同时，不能使变换器的电气性能降级。下面分析 CPWM 对 Boost 变换器稳态输出电压纹波的影响，并进一步分析在负载突变的动态过程中 CPWM 控制的变换器特性。

TPWM、TCPWM 和 MCPWM（ARV=0.019）的输出电压纹波如图 4.36 所示。TPWM 控制的 Boost 变换器，由于其开关频率是固定的，输出电压纹波也相对稳定，整体为 0.62V。CPWM 控制的 Boost 变换器，开关频率是在设定范围内混沌变化的，所以纹波会有整体的波动，此时的输出电压纹波包含整体纹波和单个开关周期附近的局部纹波。图 4.36(b) 和 (c) 显示 TCPWM 和 MCPWM 的输出电压局部纹波幅值为 0.6V 左右，与 TPWM 的纹波基本相同，但是由于在 CPWM 控制中，开关频率在一些时刻是高于 TPWM 的，所以在部分开关周期处，局部纹波幅值会比 TPWM 的纹波幅值低。对比整体纹波幅值，CPWM 会导致整体纹波水平升高，

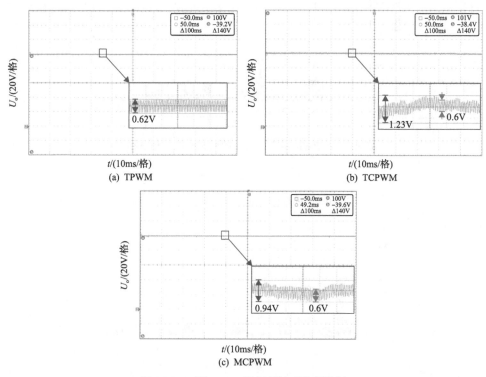

图 4.36　三种 PWM 控制的输出电压纹波

例如，TCPWM 的整体纹波幅值为 1.23V，MCPWM（ARV=0.019）的整体纹波幅值为 0.94V，MCPWM 的纹波幅值增加幅度要小，而且纹波范围在 1% 以内，符合一般应用场合 Boost 变换器的纹波要求指标。所以，MCPWM 能够保证 Boost 变换器正常电气性能不降级。

对比分析不同 CPWM 控制的 Boost 变换器负载突变时的输出电压情况，如图 4.37 所示。对比负载突变时输出电压动态波形，在合理控制参数条件下，TCPWM 和 MCPWM 控制的 Boost 变换器动态过程和 TPWM 几乎一致，说明 CPWM 控制不会影响 Boost 变换器的动态过程。

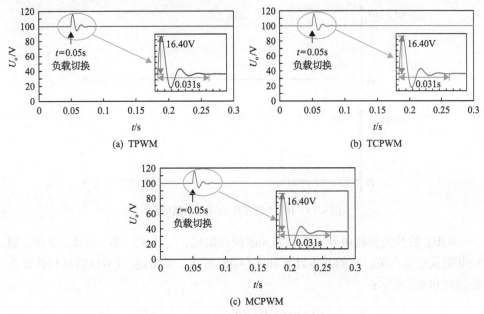

图 4.37　三种 PWM 控制输出电压波形

4.5.2　损耗分析

电力电子变换器功率开关器件的损耗和温升问题是功率开关器件故障和损坏的重要因素，同时 CPWM 抑制电磁干扰是通过改善对开关器件的控制实现的，因此研究 CPWM 控制下开关器件的损耗具有重要的意义[24]。本节针对这一问题，基于损耗离散计算模型，介绍 CPWM 控制的电力电子变换器功率开关器件的损耗计算方法。

1. 开关器件损耗分析基本原理

功率开关器件的功率损耗为单位时间内能量的消耗，功率损耗计算的基本方法为流过器件的电流乘以器件的压降。下面以 IGBT 器件为例,介绍其损耗计算的基本原理。

对于 IGBT,由于其封装均集成有反并联续流二极管(freewheeling diode, FWD),IGBT 模块的损耗主要包含 IGBT 的开关损耗、IGBT 的导通损耗、FWD 的反相恢复损耗和 FWD 的导通损耗。为了清晰描述,对于含有 IGBT 和 FWD 的 IGBT 模块用 IGBT-D 统一表达,IGBT 仅指 IGBT-D 中的 IGBT 部分,FWD 仅指 IGBT-D 中的 FWD 部分。

图 4.38 为 IGBT-D 工作时的电压、电流波形示意图。

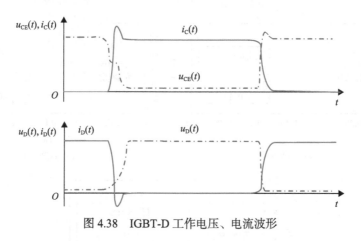

图 4.38　IGBT-D 工作电压、电流波形

IGBT 的开关损耗由开通损耗和关断损耗组成,与开关频率、电流、电压、驱动电阻及结温有关。它的基本计算如式(4.45)所示。类似地,FWD 的反相恢复损耗如式(4.46)所示:

$$P_{\text{sw\_IGBT}} = \frac{E_{\text{on}}(t) + E_{\text{off}}(t)}{T_{\text{s}}} = F_{\text{s}}\left[E_{\text{on}}(t) + E_{\text{off}}(t)\right] \tag{4.45}$$

$$P_{\text{rec\_D}} = \frac{E_{\text{rec}}(t)}{T_{\text{s}}} = F_{\text{s}}E_{\text{rec}}(t) \tag{4.46}$$

式中,E_{on} 为 IGBT 开通一次的能耗;E_{off} 为 IGBT 关断一次的能耗;E_{rec} 为 FWD 关断一次的反向恢复能耗。在 IGBT 模块的 datasheet 中会给出在特定结温(通常为 25℃、125℃)和特定测试电压 U_{test} 条件下的 E_{on}、E_{off} 随集电极电流 I_{C} 变化的特性曲线,以及 E_{rec} 随二极管电流 I_{D} 变化的特性曲线。但是,在 IGBT-D 实际运行过程中,结温与端电压不一定为测试条件值,同时,驱动电阻的阻值也会有调整。因此,需要对开通和关断损耗进行修正,修正公式为

$$E_{on} = \frac{U_s}{U_{test}} \frac{E_{on}(R_{gon})}{E_{on}(R_{gon\_test})} K_{on\_Tvj} E_{on\_test}$$

$$E_{off} = \frac{U_s}{U_{test}} \frac{E_{off}(R_{goff})}{E_{off}(R_{goff\_test})} K_{off\_Tvj} E_{off\_test} \qquad (4.47)$$

$$E_{rec} = \frac{U_s}{U_{test}} \frac{E_{rec}(R_{gon})}{E_{rec}(R_{gon\_test})} K_{rec\_Tvj} E_{rec\_test}$$

其中，U_s 为 IGBT-D 的工作电压；R_{gon} 和 R_{goff} 为 IGBT-D 实际工作时的驱动电阻值；R_{gon_test} 和 R_{goff_test} 为 IGBT-D 产品测试时的驱动电阻值；$E_{on}(R_{gon})$ 和 $E_{off}(R_{goff})$ 为 IGBT 实际工作于额定工况条件下驱动电阻对应的开通能耗和关断能耗；$E_{on}(R_{gon\_test})$ 和 $E_{off}(R_{goff\_test})$ 为 IGBT 产品测试时驱动电阻对应的开通能耗和关断能耗；$E_{rec}(R_{gon})$ 和 $E_{rec}(R_{gon\_test})$ 为 FWD 在实际工作和产品测试中驱动电阻对应的反向恢复能耗；驱动电阻对应的能耗值可以根据 datasheet 中 E_{on}-R_g、E_{off}-R_g 和 E_{rec}-R_g 曲线获取；K_{on_Tvj}、K_{off_Tvj} 和 K_{rec_Tvj} 为结温对开关能耗影响的温度系数；E_{on_test}、E_{off_test} 和 E_{rec_test} 为 IGBT-D 产品测试条件下的能耗。

温度系数 K_{on_Tvj}、K_{off_Tvj} 和 K_{rec_Tvj} 根据 datasheet 中不同测试结温（一般为 T_{vj0}=25℃，T_{vj1}=125℃）的能耗典型值计算获得，计算公式如式(4.48)所示，其值跟随 IGBT-D 的结温 T_{vj} 变化：

$$\begin{cases} K_{on\_Tvj} = 1 + \dfrac{1 - E_{on}(T_{vj0})/E_{on}(T_{vj1})}{T_{vj1} - T_{vj0}}(T_{vj} - T_{vj1}) \\[3mm] K_{off\_Tvj} = 1 + \dfrac{1 - E_{off}(T_{vj0})/E_{off}(T_{vj1})}{T_{vj1} - T_{vj0}}(T_{vj} - T_{vj1}) \\[3mm] K_{rec\_Tvj} = 1 + \dfrac{1 - E_{rec}(T_{vj0})/E_{rec}(T_{vj1})}{T_{vj1} - T_{vj0}}(T_{vj} - T_{vj1}) \end{cases} \qquad (4.48)$$

E_{on_test}、E_{off_test} 和 E_{rec_test} 可以根据 datasheet 中 E_{on}-I_C、E_{off}-I_C 和 E_{rec}-I_D 曲线获取。IGBT-D 产品在 T_{vj1}=125℃测试条件下能耗如图 4.39 所示。图中 IGBT-D 模块的型号为 F435R12NS4。根据 IGBT-D 工作范围内的电流值 I_C 和 I_D，将工作电流范围内的损耗特性曲线近似为直线，用式(4.49)表达。式(4.49)中的 K_1 和 K_2 分别为开通损耗曲线和关断损耗曲线的拟合斜率，K_3 为反向恢复损耗曲线的拟合斜率。根据式(4.49)，通过 I_C 确定开关损耗，通过 I_D 确定反向恢复损耗：

$$\begin{cases} E_{on\_test} = K_1 I_C \\ E_{off\_test} = K_2 I_C \\ E_{rec\_test} = K_3 I_D \end{cases} \qquad (4.49)$$

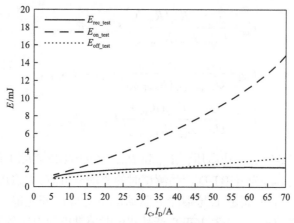

图 4.39　IGBT-D 开关损耗曲线

对于 IGBT 的导通损耗 $P_{\text{con\_IGBT}}$，根据导通电压 U_{CE} 和集电极电流 I_{C} 计算，如式 (4.50) 所示；FWD 的导通损耗 $P_{\text{con\_D}}$ 根据导通电压 U_{D} 和导通电流 I_{D} 计算，如式 (4.51) 所示：

$$P_{\text{con\_IGBT}} = \frac{1}{T} \int_0^T U_{\text{CE}}(t) I_{\text{C}}(t) d_{\text{T}}(t) \mathrm{d}t \tag{4.50}$$

$$P_{\text{con\_D}} = \frac{1}{T} \int_0^T U_{\text{D}}(t) I_{\text{D}}(t) d_{\text{D}}(t) \mathrm{d}t \tag{4.51}$$

式中，$d_{\text{T}}(t)$ 为 IGBT 的实时占空比；$d_{\text{D}}(t)$ 为 FWD 的实时占空比。

IGBT 的导通电压 U_{CE} 根据工作时 U_{CE} 与 I_{C} 的关系获得，当 IGBT 导通时，U_{CE} 与 I_{C} 近似为线性关系，即

$$U_{\text{CE}} = U_{\text{on}} + R_{\text{on}} I_{\text{C}} \tag{4.52}$$

式中，U_{on} 为初始饱和压降，R_{on} 为导通电阻，这两个值与结温 T_{vj} 有关。在计算导通损耗时，同样需要考虑结温的影响，根据结温 $T_{\text{vj0}}=25℃$ 和 $T_{\text{vj1}}=125℃$ 条件下 IGBT 的输出特性，通过下列公式对 U_{on} 和 R_{on} 进行修正：

$$
\begin{aligned}
U_{\text{on}} &= \frac{U_{\text{on\_Tvj1}} - U_{\text{on\_Tvj0}}}{T_{\text{vj1}} - T_{\text{vj0}}} \left(T_{\text{vj}} - T_{\text{vj0}} \right) + U_{\text{on\_Tvj0}} \\
R_{\text{on}} &= \frac{R_{\text{on\_Tvj1}} - R_{\text{on\_Tvj0}}}{T_{\text{vj1}} - T_{\text{vj0}}} \left(T_{\text{vj}} - T_{\text{vj0}} \right) + R_{\text{on\_Tvj0}}
\end{aligned}
\tag{4.53}
$$

FWD 的导通电压 U_{D} 根据工作时 U_{D} 与 I_{D} 的关系获得，当 FWD 导通时，U_{D} 与 I_{D} 近似为线性关系，即

$$U_{\text{D}} = U_{\text{on\_D}} + R_{\text{on\_D}} I_{\text{D}} \tag{4.54}$$

式中，U_{on_D} 为初始饱和压降；R_{on_D} 为导通电阻，同样根据结温 $T_{vj0}=25℃$ 和 $T_{vj1}=125℃$ 条件下 FWD 的输出特性，通过下列公式对 U_{on_D} 和 R_{on_D} 进行修正：

$$U_{on\_D}=\frac{U_{on\_DTvj1}-U_{on\_DTvj0}}{T_{vj1}-T_{vj0}}\left(T_{vj}-T_{vj0}\right)+U_{on\_DTvj0}$$

$$R_{on\_D}=\frac{R_{on\_DTvj1}-R_{on\_DTvj0}}{T_{vj1}-T_{vj0}}\left(T_{vj}-T_{vj0}\right)+R_{on\_DTvj0} \tag{4.55}$$

将 IGBT 和 FWD 的损耗进行叠加，即得到 IGBT-D 模块的总损耗：

$$P_{IGBT\_D}=P_{sw\_IGBT}+P_{con\_IGBT}+P_{rec\_D}+P_{con\_D} \tag{4.56}$$

2. 混沌 SPWM 开关器件损耗计算方法

由于 AC-DC 变换器采用正弦脉宽调制(sinusoidal pulse width modulation, SPWM)，所以对应混沌控制称为混沌 SPWM(chaotic SPWM, C-SPWM)。在对 C-SPWM 控制的 AC-DC 变换器 IGBT 损耗计算之前，首先介绍传统 SPWM (traditional SPWM, T-SPWM)控制的 AC-DC 变换器的 IGBT 损耗计算方法。

1) T-SPWM 控制损耗的计算

T-SPWM 控制的 AC-DC 变换器的 IGBT-D 损耗采用离散方法进行表达，即先计算每个开关周期的损耗，再将一个工频周期的损耗进行累加，得到最终的损耗计算结果。根据损耗的基本定义，以及 IGBT-D 损耗的组成，在第 k 个开关周期，T-SPWM 控制的 IGBT 的开关损耗和导通损耗分别表示为式(4.57)和式(4.58)，FWD 的反向恢复损耗和导通损耗可以分别表示为式(4.59)和式(4.60)：

$$P_{sw\_spwm}(k)=\frac{1}{T_s}\left[E_{on}(k)+E_{off}(k)\right] \tag{4.57}$$

$$P_{con\_spwm}(k)=U_{CE}(k)I_C(k)d_{spwm}(k) \tag{4.58}$$

$$P_{rec\_spwm}(k)=\frac{1}{T_s}E_{rec}(k) \tag{4.59}$$

$$P_{dcon\_spwm}(k)=U_D(k)I_D(k)d_{spwm}(k) \tag{4.60}$$

式中，T_s 为开关周期。根据式(4.57)~式(4.60)，如需确定 IGBT-D 的损耗，需要确定上述参数的表达式。

式(4.58)中的 $U_{CE}(k)$ 根据 $I_C(k)$、IGBT 的导通电阻 R_{ON} 和固定压降 U_{ON} 确定。式(4.60)中的 $U_D(k)$ 根据 $I_D(k)$、FWD 的导通电阻 R_{ON_D} 和固定压降 U_{ON_D}

确定。

首先根据单相 AC-DC 变换器的调制过程，计算占空比 $d_{\mathrm{spwm}}(k)$。根据图 4.40 中的 AC-DC 变换器调制过程，第 k 个开关周期，IGBT 占空比由式 (4.61) 确定：

$$d_{\mathrm{spwm}}(k) = \frac{t_{k\_\mathrm{u}} - t_{k\_\mathrm{d}}}{T_{\mathrm{s}}} = \frac{1 - \dfrac{1}{2} M \left[\sin(\omega t_{k\_\mathrm{u}}) + \sin(\omega t_{k\_\mathrm{d}}) \right]}{2} \tag{4.61}$$

式中，M 为调制比，$M = U_{\mathrm{T}}/U_{\mathrm{P}}$，$U_{\mathrm{T}}$ 为调制波信号的峰值，U_{P} 为载波信号的峰值。

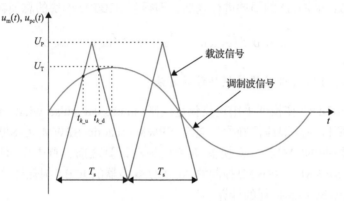

图 4.40   AC-DC 变换器调制过程

当开关频率远大于调制波频率时，有式 (4.62) 的近似等式成立，则式 (4.61) 占空比表达式进一步表示为式 (4.63)：

$$\frac{\sin(\omega t_{k\_\mathrm{u}}) + \sin(\omega t_{k\_\mathrm{d}})}{2} = \sin\left(\omega \frac{2k-1}{2} T_{\mathrm{s}} \right) \tag{4.62}$$

$$d_{\mathrm{spwm}}(k) = \frac{1 - M \sin\left(\omega \dfrac{2k-1}{2} T_{\mathrm{s}} \right)}{2} \tag{4.63}$$

下一步确定 IGBT 和 FWD 的电流表达式。根据单相 AC-DC 变换器的双极性调制原理，变换器中其中一个 IGBT 及其反并联 FWD 的电流波形如图 4.41 所示。则在第 k 个载波周期，IGBT-D 的电流可以表示为

$$I_{\mathrm{C}}(k) = \begin{cases} I_0 \sin\left(\omega \dfrac{2k-1}{2} T_{\mathrm{s}} \right), & \sin\left(\omega \dfrac{2k-1}{2} T_{\mathrm{s}} \right) > 0 \\ 0, & \sin\left(\omega \dfrac{2k-1}{2} T_{\mathrm{s}} \right) \leqslant 0 \end{cases} \tag{4.64}$$

$$I_D(k) = \begin{cases} -I_0 \sin\left(\omega \dfrac{2k-1}{2} T_s\right), & \sin\left(\omega \dfrac{2k-1}{2} T_s\right) \leqslant 0 \\ 0, & \sin\left(\omega \dfrac{2k-1}{2} T_s\right) > 0 \end{cases} \tag{4.65}$$

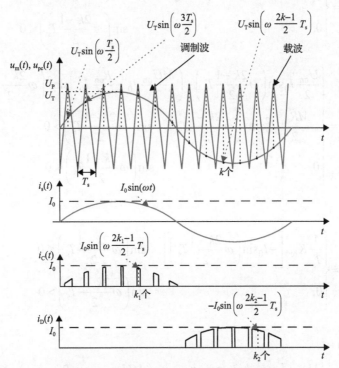

图 4.41　单个 IGBT 和 FWD 的电流波形

在本节中，所介绍的 IGBT 型号为 F435R12NS4，通过 IGBT 的电流值小于 15A，根据其 datasheet 中能量损耗曲线，可知 E_{on}、E_{off} 和 I_C，E_{rec} 和 I_D 均近似呈线性关系，可以采用一阶近似，表达式如式 (4.66) 所示。如果针对其他型号的 IGBT，可以根据实际情况确定拟合关系，得到 E_{on}、E_{off} 随 I_C、E_{rec} 随 I_D 变化的表达式。

$$\begin{cases} E_{on}(k) = \dfrac{U_s}{U_{test}} \dfrac{E_{on}(R_{gon})}{E_{on}(R_{gon\_test})} K_{on\_Tvj} K_1 I_C(k) = K_{on} I_C(k) \\[3mm] E_{off}(k) = \dfrac{U_s}{U_{test}} \dfrac{E_{off}(R_{goff})}{E_{off}(R_{goff\_test})} K_{off\_Tvj} K_2 I_C(k) = K_{off} I_C(k) \\[3mm] E_{rec}(k) = \dfrac{U_s}{U_{test}} \dfrac{E_{rec}(R_{gon})}{E_{rec}(R_{gon\_test})} K_{rec\_Tvj} K_3 I_D(k) = K_{rec} I_D(k) \end{cases} \tag{4.66}$$

将式(4.63)～式(4.66)分别代入式(4.57)～式(4.60)中，第 k 个开关周期的损耗计算公式进一步表达为

$$P_{\text{sw\_spwm}}(k) = \begin{cases} \dfrac{1}{T_s}(K_{\text{on}} + K_{\text{off}})I_0\sin\left(\omega\dfrac{2k-1}{2}T_s\right), & \sin\left(\omega\dfrac{2k-1}{2}T_s\right) > 0 \\ 0, & \sin\left(\omega\dfrac{2k-1}{2}T_s\right) \leqslant 0 \end{cases} \tag{4.67}$$

$$P_{\text{con\_spwm}}(k) = \begin{cases} \dfrac{U_{\text{on}}}{2}I_0\sin\left(\omega\dfrac{2k-1}{2}T_s\right) - \left(\dfrac{MU_{\text{on}}}{2}I_0 - \dfrac{R_{\text{on}}}{2}I_0^2\right)\sin^2\left(\omega\dfrac{2k-1}{2}T_s\right) \\ -\dfrac{MR_{\text{on}}}{2}I_0^2\sin^3\left(\omega\dfrac{2k-1}{2}T_s\right), & \sin\left(\omega\dfrac{2k-1}{2}T_s\right) > 0 \\ 0, & \sin\left(\omega\dfrac{2k-1}{2}T_s\right) \leqslant 0 \end{cases} \tag{4.68}$$

$$P_{\text{rec\_spwm}}(k) = \begin{cases} \dfrac{1}{T_s}K_{\text{rec}}\left[-I_0\sin\left(\omega\dfrac{2k-1}{2}T_s\right)\right], & \sin\left(\omega\dfrac{2k-1}{2}T_s\right) \leqslant 0 \\ 0, & \sin\left(\omega\dfrac{2k-1}{2}T_s\right) > 0 \end{cases} \tag{4.69}$$

$$P_{\text{dcon\_spwm}}(k) =$$

$$\begin{cases} \dfrac{U_{\text{on\_D}}}{2}\left[-I_0\sin\left(\omega\dfrac{2k-1}{2}T_s\right)\right] + \left(\dfrac{MU_{\text{on\_D}}}{2}I_0 + \dfrac{R_{\text{on\_D}}}{2}I_0^2\right) \\ \cdot\sin^2\left(\omega\dfrac{2k-1}{2}T_s\right) - \dfrac{MR_{\text{on\_D}}}{2}I_0^2\sin^3\left(\omega\dfrac{2k-1}{2}T_s\right), & \sin\left(\omega\dfrac{2k-1}{2}T_s\right) \leqslant 0 \\ 0, & \sin\left(\omega\dfrac{2k-1}{2}T_s\right) > 0 \end{cases} \tag{4.70}$$

由于 T-SPWM 控制的单相 AC-DC 变换器调制波信号和载波信号均为周期信号，由式(4.67)～式(4.70)可知，IGBT-D 的损耗也是随正弦调制波变化的，所以，IGBT-D 的损耗可以通过计算一个调制周期 T_m 内的损耗确定，如式(4.71)～式(4.74)所示。IGBT-D 的总损耗即以下四类损耗的累加。

$$P_{\text{sw\_spwm}} = \frac{1}{N}\sum_{k=1}^{N} P_{\text{sw\_spwm}}(k) \qquad (4.71)$$

$$P_{\text{con\_spwm}} = \frac{1}{N}\sum_{k=1}^{N} P_{\text{con\_spwm}}(k) \qquad (4.72)$$

$$P_{\text{rec\_spwm}} = \frac{1}{N}\sum_{k=1}^{N} P_{\text{rec\_spwm}}(k) \qquad (4.73)$$

$$P_{\text{dcon\_spwm}} = \frac{1}{N}\sum_{k=1}^{N} P_{\text{dcon\_spwm}}(k) \qquad (4.74)$$

式中，$N = T_{\text{m}}/T_{\text{s}}$。

2) C-SPWM 控制损耗的计算

对于 C-SPWM 控制的单相 AC-DC 变换器，其开关周期是混沌变化的，T-SPWM 的 IGBT-D 损耗计算方法已经不再适用，需要对占空比、IGBT 电流、FWD 电流的表达式进行改进。

图 4.42 为 AC-DC 变换器的 C-SPWM 机理，正弦调制波与开关周期混沌变化的三角载波进行比较得到 IGBT-D 的控制信号。与计算 T-SPWM 的占空比类似，C-SPWM 控制下，在第 m 个开关周期的占空比 $d_{\text{cspwm}}(m)$ 表达如式(4.75)所示：

$$d_{\text{cspwm}}(m) = \frac{1 - M\sin(\omega\sigma(m))}{2} \qquad (4.75)$$

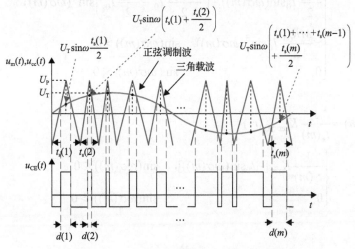

图 4.42　AC-DC 变换器的 C-SPWM 机理

式中，$\sigma(m)=\sum\limits_{i=1}^{m}t_s(i)-\dfrac{t_s(m)}{2}$ 为开关周期的中间时刻。

进一步，在第 m 个开关周期，C-SPWM 控制下 IGBT 集电极电流 I_C 可以写为式 (4.76)，FWD 的电流 I_D 可以写为式 (4.77)：

$$I_C(m)=\begin{cases}I_0\sin(\omega\sigma(m)), & \sin(\omega\sigma(m))>0 \\ 0, & \sin(\omega\sigma(m))\leqslant 0\end{cases} \tag{4.76}$$

$$I_D(m)=\begin{cases}-I_0\sin(\omega\sigma(m)), & \sin(\omega\sigma(m))\leqslant 0 \\ 0, & \sin(\omega\sigma(m))>0\end{cases} \tag{4.77}$$

基于式 (4.57)～式 (4.60) IGBT-D 损耗计算的基本表达式，在第 m 个开关周期，C-SPWM 控制的 IGBT-D 损耗计算表达式为

$$\begin{aligned}P_{sw\_cspwm}(m)&=\frac{1}{t_s(m)}(K_{on}+K_{off})I_C(m)\\&=\begin{cases}\frac{1}{t_s(m)}(K_{on}+K_{off})I_0\sin(\omega\sigma(m)), & \sin(\omega\sigma(m))>0\\ 0, & \sin(\omega\sigma(m))\leqslant 0\end{cases}\end{aligned} \tag{4.78}$$

$$\begin{aligned}P_{con\_cspwm}(m)&=U_{CE}(m)I_C(m)d_{cspwm}(m)\\&=\begin{cases}\frac{U_{on}}{2}I_0\sin(\omega\sigma(m))-\left(\frac{MU_{on}}{2}I_0-\frac{R_{on}}{2}I_0^2\right)\sin^2(\omega\sigma(m))\\ -\frac{MR_{on}}{2}I_0^2\sin^3(\omega\sigma(m)), & \sin(\omega\sigma(m))>0\\ 0, & \sin(\omega\sigma(m))\leqslant 0\end{cases}\end{aligned} \tag{4.79}$$

$$\begin{aligned}P_{rec\_cspwm}(m)&=\frac{1}{t_s(m)}K_{rec}I_D(m)\\&=\begin{cases}\frac{1}{t_s(m)}K_{rec}[-I_0\sin(\omega\sigma(m))], & \sin(\omega\sigma(m))\leqslant 0\\ 0, & \sin(\omega\sigma(m))>0\end{cases}\end{aligned} \tag{4.80}$$

$$P_{\text{dcon\_cspwm}}(m) = U_{\text{D}}(m)I_{\text{D}}(m)d_{\text{cspwm}}(m)$$

$$= \begin{cases} \dfrac{U_{\text{on\_D}}}{2}[-I_0\sin(\omega\sigma(m))] + \left(\dfrac{MU_{\text{on\_D}}}{2}I_0 + \dfrac{R_{\text{on\_D}}}{2}I_0^2\right)\sin^2(\omega\sigma(m)) \\ -\dfrac{MR_{\text{on\_D}}}{2}I_0^2\sin^3(\omega\sigma(m)), \quad \sin(\omega\sigma(m)) \leqslant 0 \\ 0, \qquad\qquad\qquad\qquad\qquad\quad \sin(\omega\sigma(m)) > 0 \end{cases}$$

$$\tag{4.81}$$

最终，将观测时间 t_0 内所有开关周期的损耗进行累加，得到 C-SPWM 控制的 AC-DC 变换器的 1 个 IGBT-D 的损耗，如式(4.82)~式(4.85)所示：

$$P_{\text{sw\_cspwm}} = \lim_{t_0 \to +\infty} \frac{\displaystyle\sum_{m=1}^{P} P_{\text{sw\_cspwm}}(m)t_{\text{s}}(m)}{t_0} \tag{4.82}$$

$$P_{\text{con\_cspwm}} = \lim_{t_0 \to +\infty} \frac{\displaystyle\sum_{m=1}^{P} P_{\text{con\_cspwm}}(m)t_{\text{s}}(m)}{t_0} \tag{4.83}$$

$$P_{\text{rec\_cspwm}} = \lim_{t_0 \to +\infty} \frac{\displaystyle\sum_{m=1}^{P} P_{\text{rec\_cspwm}}(m)t_{\text{s}}(m)}{t_0} \tag{4.84}$$

$$P_{\text{dcon\_cspwm}} = \lim_{t_0 \to +\infty} \frac{\displaystyle\sum_{m=1}^{P} P_{\text{dcon\_cspwm}}(m)t_{\text{s}}(m)}{t_0} \tag{4.85}$$

式中，P 为在 t_0 时间内的开关周期个数。

根据上述损耗计算公式，损耗和结温是相互影响的，当 IGBT-D 模块达到热平衡，即结温达到稳态时，根据此时的结温能够准确计算 IGBT-D 的损耗。基于结温反馈方法对 IGBT-D 稳态损耗进行估计。图 4.43 为 IGBT-D 热路电路模型。在稳态时，IGBT-D 的结温计算公式为

$$T_{\text{vj\_*}} = T_{\text{heatsink}} + P_*R_{\text{th\_*}} \tag{4.86}$$

式中，$T_{\text{vj\_*}}$ 为 IGBT 或 FWD 的结温；T_{heatsink} 为散热片温度；$R_{\text{th\_*}}$ 为 IGBT 或 FWD 的等效热阻。

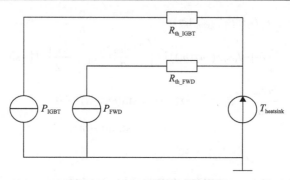

图 4.43 IGBT-D 热路电路模型

根据式(4.86)，结合损耗计算公式，以 IGBT-D 的结温和散热片温度均为室温为初始条件，基于循环迭代运算，计算当结温达到稳态的损耗。其中以调制波周期为迭代周期，具体计算流程如图 4.44 所示。根据此迭代方法，计算得到结温达到稳态时的损耗。

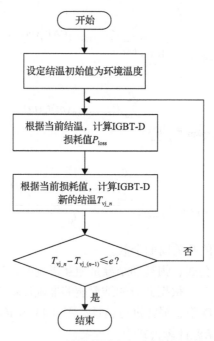

图 4.44 IGBT-D 结温达到稳态时的损耗计算流程图

3. T-SPWM 与 C-SPWM 的开关器件损耗对比分析

这里分析 T-SPWM 和 C-SPWM 控制的单相 AC-DC 变换器 IGBT-D 的损耗差异。在损耗计算中的参数如表 4.7 所示。

表 4.7　单相 AC-DC 变换器 IGBT-D 损耗计算参数

参数		数值
M		0.76
I_0/A		10
IGBT 工作电压 U_s/V		315
F_s/kHz		2~10
ΔF/kHz		0.2~1
IGBT 模块	型号	F435R12NS4
	K_1/(mJ/A)	0.15
	K_2/(mJ/A)	0.06
	K_3/(mJ/A)	0.11
	测试电压 U_{test}/V	600
	额定功率/kW	1

首先分析 IGBT 的开关损耗差异。利用 IGBT 开关损耗的计算方法对开关损耗进行计算，混沌调制信号同样采用 Logistic 映射。图 4.45 给出了基准开关频率分别为 2kHz、4kHz、6kHz、8kHz、10kHz 时，T-SPWM 和 C-SPWM 控制的 IGBT 开关损耗的计算结果。当开关频率较高时，IGBT 的开关损耗也较高。对比 C-SPWM 和 T-SPWM 控制的 IGBT 损耗，C-SPWM 的损耗稍低。

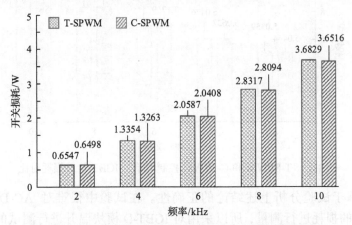

图 4.45　T-SPWM 和 C-SPWM 控制的 IGBT 开关损耗对比

下面分析 IGBT 的导通损耗差异。利用 IGBT 导通损耗的计算方法对开关损耗进行计算。图 4.46 给出了基准开关频率分别为 2kHz、4kHz、6kHz、8kHz、10kHz 时，T-SPWM 和 C-SPWM 控制的 IGBT 导通损耗的计算结果。由图可知，IGBT 导通损耗不受开关频率影响，C-SPWM 和 T-SPWM 控制的 IGBT 导通损耗基本相同。

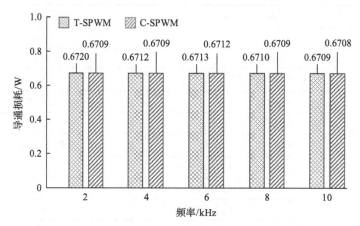

图 4.46　T-SPWM 和 C-SPWM 控制的 IGBT 导通损耗对比

对于 FWD 的反向恢复损耗和导通损耗,同样可以用上述 IGBT 的损耗计算方法进行分析,在这里不再赘述。基于计算的 IGBT 的开关损耗和导通损耗以及 FWD 的反相恢复损耗和导通损耗, IGBT-D 总损耗如图 4.47 所示。

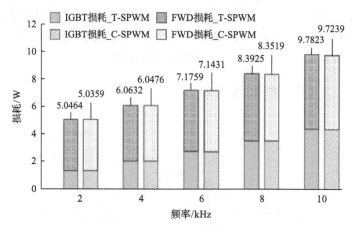

图 4.47　T-SPWM 和 C-SPWM 控制的单个 IGBT-D 总损耗对比

下面基于试验分析上述结论的正确性。在试验中很难对 AC-DC 变换器 IGBT 模块的损耗进行测量,所以采用对 IGBT-D 模块温升进行测试的方式,再根据式(4.87)的损耗、热阻和温升之间的关系计算得到损耗值:

$$\Delta T = P_{\text{loss}} R_{\text{th}} \tag{4.87}$$

式中, ΔT 为温升; P_{loss} 为 IGBT-D 的损耗; R_{th} 为 IGBT 的散热片到变换器工作环境的等效热阻。

　　根据试验参数，利用损耗计算方法，计算得到所用 IGBT 模块 F435R12NS4 的损耗，如图 4.48 所示。由于 IGBT-D 模块 F435R12NS4 中含有 4 支 IGBT 和 FWD，所以图 4.48 中的总损耗值为图 4.47 中损耗的 4 倍。图 4.48 给出了不同开关频率下的损耗值，以及 T-SPWM 和 C-SPWM 的损耗差值，T-SPWM 的损耗值要略大于 C-SPWM 的损耗值，且随着开关频率的提高，差值逐渐增大。

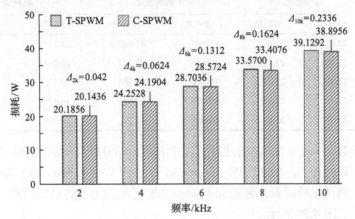

图 4.48　T-SPWM 和 C-SPWM 控制的 IGBT-D 模块总损耗对比

　　T-SPWM 和 C-SPWM 控制的 AC-DC 变换器 IGBT-D 模块温度测试结果如图 4.49 所示。图 4.49 中，温度测试时间为 40min，在初始阶段，IGBT-D 模块温度逐渐上升，在 15min 左右，温度逐渐稳定，达到热平衡。在温度稳定阶段，可以发现 T-SPWM 和 C-SPWM 控制的 IGBT-D 模块温度基本相同，在部分时间，T-SPWM 的温度稍高一些。

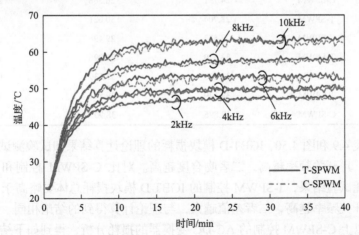

图 4.49　T-SPWM 和 C-SPWM 控制的 AC-DC 变换器 IGBT-D 模块温度测试结果

　　为清晰对比图 4.49 中 IGBT-D 模块温度测试结果，对图 4.49 中温度稳定部分的数值做平均处理，得到平均温度，整理后如表 4.8 所示。表 4.8 同时列出了测试过程中的环境温度及计算得到的温度升高值。对比温升值，T-SPWM 的 IGBT-D 模块温升要略大于 C-SPWM，与理论分析结论相同。

表 4.8　IGBT-D 模块稳态温度测试结果对比　　　　　　　　（单位：℃）

F_s	环境温度		IGBT 模块温度		温升值	
	T-SPWM	C-SPWM	T-SPWM	C-SPWM	T-SPWM	C-SPWM
2kHz	22.67	22.67	47.247	47.015	24.577	24.345
4kHz	22.95	22.67	49.845	49.566	26.895	26.896
6kHz	22.67	22.67	53.291	52.756	30.621	30.086
8kHz	22.95	22.95	57.626	57.116	34.676	34.116
10kHz	22.67	22.81	63.004	62.491	40.334	39.681

进一步对比 IGBT-D 模块的损耗值，利用式(4.87)计算得到 IGBT-D 模块的损耗，热阻计算值为 $R_{th}=1.02$℃/W。T-SPWM 和 C-SPWM 控制的 IGBT-D 模块计算损耗、试验测试损耗以及二者的误差如表 4.9 所示。为直观对比结果，将对比结果做折线图如图 4.50 所示。

表 4.9　IGBT-D 模块计算损耗和试验测试损耗对比

F_s	调制方式	计算损耗/W	试验测试损耗/W	相对误差/%
2kHz	T-SPWM	20.186	24.095	16.22
	C-SPWM	20.144	23.868	15.60
4kHz	T-SPWM	24.253	26.368	8.02
	C-SPWM	24.191	26.368	8.26
6kHz	T-SPWM	28.704	30.021	4.39
	C-SPWM	28.572	29.496	3.13
8kHz	T-SPWM	33.570	33.996	1.25
	C-SPWM	33.408	33.539	0.39
10kHz	T-SPWM	39.129	39.543	1.05
	C-SPWM	38.896	38.903	0.02

根据表 4.9 和图 4.50，IGBT-D 模块损耗的理论计算结果和试验测试结果能够良好吻合，且开关频率越高，二者吻合度越高。对比 C-SPWM 控制和 T-SPWM 控制的损耗试验结果，T-SPWM 控制的 IGBT-D 模块损耗总体要略高于 C-SPWM 控制，且开关频率越高，二者差值越大，与理论计算得到的结论相同。

根据以上 C-SPWM 控制的 AC-DC 变换器的损耗分析，得到如下结论：

(1)通过对比试验测试损耗和理论公式计算的损耗结果，二者能够吻合，误差很小，且当开关频率更高时，误差更小。

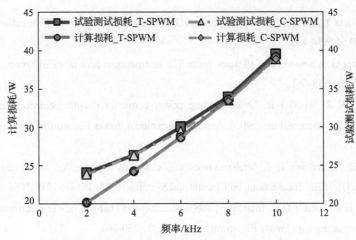

图 4.50　IGBT-D 模块计算损耗和试验测试损耗对比

(2)分析结果证明，当采用 Logistic 混沌映射时，T-SPWM 控制的 AC-DC 变换器 IGBT-D 的开关损耗和总损耗会略高于 C-SPWM 控制，开关频率越高，二者的损耗差异越大。

(3)C-SPWM 和 T-SPWM 控制的 AC-DC 变换器 IGBT-D 的损耗差异非常小，转化到温度分析，差异不超过 1℃，在多数应用场合中可以忽略其差异，即 C-SPWM 控制的 AC-DC 变换器无须特别考虑其损耗和温升设计，与 T-SPWM 控制设计相同即可。

参 考 文 献

[1] 王东生, 曹磊. 混沌、分形及其应用[M]. 合肥: 中国科学技术大学出版社, 1995.

[2] Poincaré H, Maitland F, Russell B. Science and Method[M]. London: Routledge Press, 1996.

[3] Lorenz E N. Deterministic nonperiodic flow[J]. Journal of the Atmospheric Sciences, 1963, 20: 130-141.

[4] Li T Y, Yorke J A. Period three implies chaos[J]. The American Mathematical Monthly, 1975, 82(10): 985-992.

[5] May R M. Simple mathematical models with very complicated dynamics[J]. Nature, 1976, 261(5560): 459-467.

[6] Feigenbaum M J. Quantitative universality for a class of nonlinear transformations[J]. Journal of Statistical Physics, 1978, 19(1): 25-52.

[7] Rodriguez-Vazquez A, Huertas J L, Rueda A, et al. Chaos from switched-capacitor circuits: discrete maps[J]. Proceedings of the IEEE, 1987, 75(8): 1090-1106.

[8] Chua L O, Komuro M, Matsumoto T. The double scroll family[J]. IEEE Transactions on Circuits and Systems, 1986, 33(11): 1072-1118.

[9] Chen G, Ueta T. Yet another chaotic attractor[J]. International Journal of Bifurcation and Chaos, 1999, 9(7): 1465-1466.

[10] Lü J, Chen G. A new chaotic attractor coined[J]. International Journal of Bifurcation and Chaos, 2002, 12(3): 659-661.

[11] Brockett W R, Wood J R. Understanding power converter chaotic behavior mechanisms in protective and abnormal modes[C]. Annual International Power Electronics Conference, Dallas, 1984: 1-15.

[12] Hamill D C, Jeffries D J. Subharmonics and chaos in a controlled switched-mode power converter[J]. IEEE Transactions on Circuits and Systems, 1988, 35(8): 1059-1061.

[13] Deane J H B, Hamill D C. Instability, subharmonics, and chaos in power electronic systems[J]. IEEE Transactions on Power Electronics, 1990, 5(3): 260-268.

[14] Tse C K. Flip bifurcation and chaos in three-state boost switching regulators[J]. IEEE Transactions on Circuits and Systems, 1994, 41(1): 16-23.

[15] Iu H H C, Tse C K. Bifurcation behavior in parallel-connected buck converters[J]. IEEE Transactions on Circuits and Systems I: Fundamental Theory and Applications, 2001, 48(2): 233-240.

[16] Chakrabarty K, Poddar G. Bifurcation behavior of the buck converter[J]. IEEE Transactions on Power Electronics, 1996, 11(3): 439-447.

[17] 张波, 曲颖. 电压反馈型 Boost 变换器 DCM 的精确离散映射及其分岔和混沌现象[J]. 电工技术学报, 2002, 17(3): 43-47.

[18] 戴栋, 马西奎, 李小峰. 一类具有两个边界的分段光滑系统中边界碰撞分岔现象及混沌[J]. 物理学报, 2003, 52(11): 2729-2736.

[19] 周宇飞, 陈军宁. 电流模式控制 Boost 变换器中的切分叉及阵发混沌现象[J]. 中国电机工程学报, 2005, 25(1): 26-29.

[20] Deane B H J, Hamill C D. Improvement of power supply EMC by chaos[J]. Electronics Letters, 1996, 32(12): 0451048.

[21] Li H, Liu Y, Lu J, et al. Suppressing EMI in power converters via chaotic SPWM control based on spectrum analysis approach[J]. IEEE Transactions on Industrial Electronics, 2014, 61(11): 6128-6137.

[22] 杨志昌, 李虹, 张波, 等. 基于多涡卷混沌吸引子的电力电子变换器混沌 PWM 控制研究[J]. 电源学报, 2017, 15(3): 64-70.

[23] 刘永迪. 基于双重傅里叶级数的光伏逆变器多周期及混沌 SPWM 频谱计算方法研究[D]. 北京: 北京交通大学, 2014.

[24] 杨志昌. 基于连续型混沌脉宽调制的电力电子变换器电磁频谱量化与性能分析方法研究[D]. 北京: 北京交通大学, 2020.

第5章　基于混沌脉宽调制的电磁干扰滤波器电力电子系统电磁干扰抑制方法

本章介绍基于 CPWM 的电磁干扰滤波器电力电子系统电磁干扰抑制方法。针对无源电磁干扰滤波器(PEF)体积大的问题，本章介绍将 CPWM 与无源滤波器设计相结合降低滤波器体积的思路，基于无源滤波器中电感和电容值与频谱幅值的关系分析 CPWM 减小电感和电容值的机理，并以共模滤波器为例对 CPWM 降低的频谱幅值与共模电感的变化进行量化分析，对 CPWM 降低共模电感在低频和高频变换器中的不同表现进行试验验证。针对有源电磁干扰滤波器(AEF)中运放增益大、带宽小引起的高频抑制效果变差的问题，本章介绍利用 CPWM 降低运放增益提高高频抑制效果的思路，分析 CPWM 降低频谱幅值从而降低运放增益的机理，并以一种反馈型电流检测电流补偿有源滤波器为例，对 CPWM 降低的频谱幅值与有源滤波器中运放的带宽变化进行量化分析。本章将 CPWM 与无源滤波器和有源滤波器的设计相结合，实现在不改变电路结构、不增加额外设备和不增加成本的前提下有效减小无源滤波器的体积、提高有源滤波器的高频抑制效果，为电磁干扰滤波器的优化设计提供新思路。

5.1　电磁干扰滤波器分类与设计方法

5.1.1　无源电磁干扰滤波器

传导电磁干扰分为共模电磁干扰(本章简称为 CM EMI)和差模电磁干扰(本章简称为 DM EMI)，CM EMI 噪声源产生的 CM 通路和 DM EMI 噪声源产生的 DM 通路如图 5.1 所示。对于 CM EMI 和 DM EMI 的测量是使用图 5.1 中的 LISN，通过 LISN 阻抗上的压降得到电磁干扰噪声，然后进行分离分别得到 CM EMI 和 DM EMI，根据测量的 CM EMI 和 DM EMI 分别设计 CM PEF 和 DM PEF[1]。

1. PEF 的分类

CM PEF 按照级数可以分为单级和多级两种结构，其中多级结构是以单级 CM PEF 为结构单元进行级联，因此了解单级 CM PEF 的结构和分类就可以对多级结构进行拓展推导。单级 CM PEF 的结构可以分为 *CL* 型、*LC* 型、π 型和 T 型[2]，如图 5.2 所示。根据 CM 的对称性对 CM PEF 进行等效，其结构可以等效为图 5.3

的结构，其主要结构由 CM 电感和 CM 电容构成，当 CM 电流流过 CM 电感时，磁芯中的磁通相互叠加，提供更大的阻抗，达到抑制 CM EMI 的作用。根据图 5.3，CM PEF 可等效为电感和电容构成的简单电路，基于等效电路能够方便地对 CM PEF 进行分析和设计。

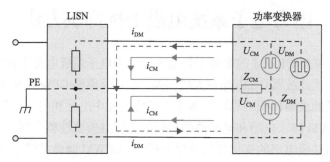

图 5.1　功率变换器的 CM EMI 和 DM EMI 噪声及其测量

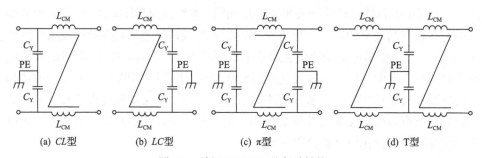

(a) CL型　　　(b) LC型　　　(c) π型　　　(d) T型

图 5.2　单级 CM PEF 的各种结构

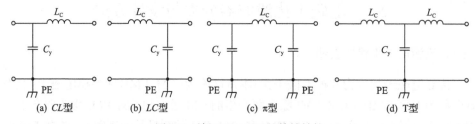

(a) CL型　　　(b) LC型　　　(c) π型　　　(d) T型

图 5.3　单级 CM PEF 的等效结构

　　CM PEF 直接串接在电路中使用，图 5.4(a)是 CM PEF 的典型接入方式，将 CM PEF 串接在电源和变换器之间，削弱变换器向外的传导电磁干扰。对此电路进行等效，电路中开关管视为干扰源，干扰源通过开关管对散热片的寄生电容经大地回流形成 CM EMI；图 5.4(b)为此电路的 CM EMI 等效电路，基于此等效电路可以分析 CM PEF 的功能。

　　图 5.4 只是以 LC 型的 CM PEF 为例说明 CM PEF 的安装，但是由于 CM PEF 的拓扑结构各异，使用场所也不尽相同，因此需要针对特定的应用场合对 CM PEF

进行分析选型, 以达到良好的 CM EMI 抑制效果。

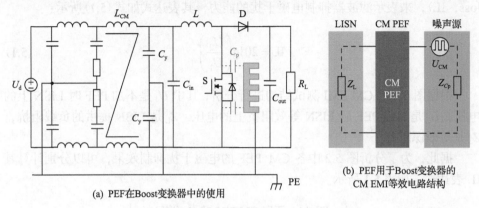

(a) PEF 在 Boost 变换器中的使用

(b) PEF 用于 Boost 变换器的 CM EMI 等效电路结构

图 5.4　CM PEF 的安装与等效 CM EMI 电路

对于 DM PEF, 其可以分为图 5.5 中的结构[3], 根据差模电流的流通路径以及 DM PEF 的对称性, 可以将 DM PEF 等效为图 5.6 的等效结构, 等效的电感电容组合结构有利于分析 DM PEF 的性能和特征。

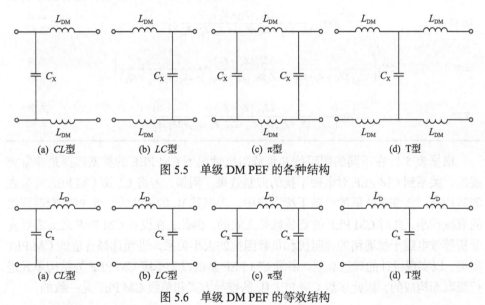

(a) CL 型　　(b) LC 型　　(c) π 型　　(d) T 型

图 5.5　单级 DM PEF 的各种结构

(a) CL 型　　(b) LC 型　　(c) π 型　　(d) T 型

图 5.6　单级 DM PEF 的等效结构

DM PEF 的使用方式与 CM PEF 是一致的, 都是串接在电路中, 其连接方式也与图 5.4 相同。

2. PEF 的关键指标

由于 PEF 的结构多样, 需要依据相关指标选择合适的 PEF, 而 PEF 最重要的指标是 PEF 对噪声的抑制效果，并由此定义电磁干扰滤波器的插入损耗(insertion loss，IL)，来表示滤波器抑制电磁干扰的能力，其表达式如式(5.1)所示：

$$IL = 20\lg\left(\frac{U_2}{U_1}\right) \tag{5.1}$$

根据图 5.4 的 CM EMI 测试结构进行分析，其中 U_1 是不加 PEF 时 LISN 上的电压，U_2 是加装 PEF 后 LISN 等效阻抗上的电压，Z_L 是 LISN 提供的负载阻抗，Z_S 是等效源阻抗。

据此，为了分析图 5.2 中各 CM PEF 的电磁干扰抑制效果，可以分别计算其 IL 表达式，如表 5.1 所示。

表 5.1　不同 CM PEF 的 IL 分析

类型	IL	适用范围
CL 型	$20\lg\left(\dfrac{2Z_{Cy}(Z_L+Z_S)}{2Z_{Cy}Z_L+(Z_L+Z_S)(2Z_{Cy}+Z_{Lc})}\right)$	Z_S 低 Z_L 高
LC 型	$20\lg\left(\dfrac{2Z_{Cy}(Z_L+Z_S)}{2Z_{Cy}(Z_L+Z_S+Z_{Lc})+Z_S(Z_L+Z_{Lc})}\right)$	Z_S 高 Z_L 低
π 型	$20\lg\left(\dfrac{4Z_{Cy}^2(Z_L+Z_S)}{Z_{Cy}^2(2Z_L+Z_S+4Z_{Lc})+Z_LZ_{Lc}(Z_S+2Z_{Cy})+2Z_{Cy}Z_S(Z_L+Z_{Lc})}\right)$	Z_S 高 Z_L 高
T 型	$20\lg\left(\dfrac{2Z_{Cy}(Z_L+Z_S)}{2Z_{Cy}(Z_L+Z_{Lc})+(Z_{Lc}+Z_S)(Z_L+Z_{Lc}+2Z_{Cy})}\right)$	Z_S 低 Z_L 低

根据表 5.1，在不同的源阻抗和负载阻抗情况下 CM PEF 的类型选择是非常重要的，关系到 CM PEF 对电磁干扰的抑制效果，例如，若将 CL 型 CM PEF 安装在源阻抗高、负载阻抗低的电磁干扰回路中，根据其 IL 的表达式，此 PEF 能够提供的衰减很小，此时 CM PEF 的安装就是无效的。因此，在设计 CM PEF 之前需要先分析等效电磁干扰通路的源阻抗和负载阻抗的大小关系，进而选择合适的 CM PEF 类型，以实现设计的理想衰减。多级 CM PEF 是由以上单级 CM PEF 为结构单元进行级联而构成的，因此多级 CM PEF IL 的推导方式和单级 CM PEF 是一致的。

3. PEF 的设计

PEF 的设计首先根据源阻抗和负载阻抗的特征选取图 5.2 中的 CM PEF 结构，然后对滤波器中的元件参数进行设计以达到抑制 CM EMI 的目的。CM PEF 中需要确定共模电感的感值和共模电容的容值。

CM PEF 依据原始的电磁干扰频谱进行设计，测量的 CM EMI 频谱如图 5.7

所示，需要满足的标准是 CISPR 32 中 B 类标准，超标的 CM EMI 就是其中虚线框标注的部分，即需要抑制的电磁干扰频谱。

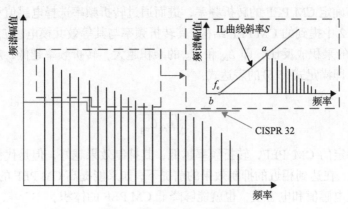

图 5.7　CM EMI 的测量频谱

按照之前选择的 CM PEF 的结构，可以得到其 IL 曲线，如图 5.7 所示，根据其 IL 曲线可以获得在滤波器转折频率 f_c 之后的 IL 变化情况，该曲线是按照 $S(\mathrm{dB/dec})$ 变化的，用此 IL 曲线从频率轴由左向右平移，直到 IL 曲线与超标的频谱第一次相切，记录切点 $a(f_a, M_a)$，如图 5.7 中右上角图所示。然后由切点反向延长 IL 曲线与频率轴交于 $b(f_c, 0)$ 点，利用式 (5.2) 计算出 f_c 的值，其中 S 是 IL 曲线的斜率：

$$f_c = f_a \cdot 10^{\frac{M_a}{S}} \tag{5.2}$$

根据已经选择 CM PEF 的结构可以得到其截止频率 $f_{\text{cut-off}}$，以 LC 型 CM EMI 结构为例，其他结构所用方法与此相同，可以得到其 $f_{\text{cut-off}}$ 表达式如式 (5.3) 所示。令计算出的转折频率 f_c 与截止频率 $f_{\text{cut-off}}$ 相等，得到共模电感和共模电容的关系如式 (5.4) 所示：

$$f_{\text{cut-off}} = \frac{1}{2\pi\sqrt{L_{\text{CM}} \cdot 2C_y}} \tag{5.3}$$

$$L_{\text{CM}}C_y = \frac{1}{8\pi^2 f_c^2} \tag{5.4}$$

确定共模电感或者共模电容其中一个值即可确定 CM PEF 的参数，但是实际上因为漏电流值的限制，共模电容的取值一般在几千皮法，取值过大会导致漏电流变大，产生安全问题，因此常常选择用 2200pF 的共模电容，经过计算得到共模电感值，即确定 CM PEF 的参数。在初步确定 CM PEF 参数后将设计好的滤波器接入电力电子变换器上，可以根据测量结果再对滤波器参数进行调整优化。

　　CM PEF 的设计需要得到原始电磁干扰频谱，还需要确定 CM PEF 的具体结构，才能够确定 CM PEF 的转折频率，进而通过转折频率选择电感值和电容值。对于在图 5.2 中提到的 CM PEF 结构，其转折频率与其等效共模电感 L_{eq} 和等效共模电容 C_{eq} 的乘积成反比，即 L_{eq} 和 C_{eq} 的乘积越大，转折频率越低，反之则转折频率越高，即满足式(5.5)的表达式：

$$f_c \propto \frac{1}{\sqrt{L_{eq}C_{eq}}} \tag{5.5}$$

　　对于特定的 CM PEF，转折频率越低，其抑制效果越好，但是代价是体积的增大。因此，在达到相近的抑制效果的前提下，如果能提高 CM PEF 的转折频率，就可以降低电感值和电容值，也就能够降低 CM PEF 的体积。

5.1.2　有源电磁干扰滤波器

1. AEF 的分类

　　AEF 使用时也是串接在电路中的，如图 5.8 所示，检测部分的电流互感器（current transformer，CT）串接在主电路中进行电磁干扰检测，检测的噪声经过 AEF 处理后生成补偿电流注入大地，实现噪声抑制。若把 LISN 的等效阻抗作为电磁

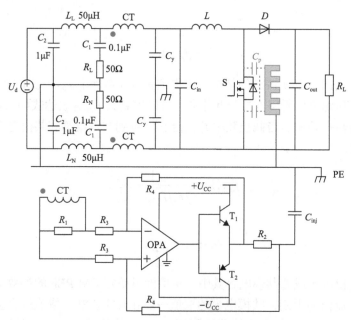

图 5.8　一种 FB-CSCC 型 AEF 在电路中的连接方式

OPA 指运算放大器

干扰噪声的负载，并将其称为负载侧，把变换器侧作为电磁干扰源，将其称为噪声源侧，则此 AEF 是从负载侧检测，在噪声源侧注入。因此，该 AEF 称为反馈型 AEF，又因为其检测的信号是电流，补偿也是电流，所以称为反馈电流检测电流补偿（feedback current sense current compensation，FB-CSCC）型 AEF。对该模型进行等效，等效出该类型 AEF 应用于电力电子变换器的模型，如图 5.9 所示。

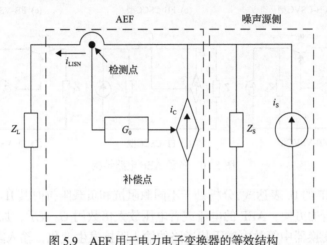

图 5.9　AEF 用于电力电子变换器的等效结构

图 5.8 以 FB-CSCC 型 AEF 为例介绍 AEF 在电力电子变换器中的使用，虽然不同的 AEF 在电路中的连接位置略有不同，但是都可以通过 AEF 在电路中采样位置和补偿位置的不同来进行分类。对 AEF 有如下分类：根据电磁干扰检测的位置是靠近噪声源侧还是负载侧可以分为前馈型和反馈型；根据检测的是电压信号还是电流信号，可以分为电压检测型和电流检测型；根据补偿的是电压信号还是电流信号可以分为电压补偿型和电流补偿型[4]。进一步根据上述分类方法进行组合，最后可以得到反馈电流检测电压补偿（feedback current sense voltage compensation，FB-CSVC）型 AEF、FB-CSCC 型 AEF、反馈电压检测电流补偿（feedback voltage sense current compensation，FB-VSCC）型 AEF、反馈电压检测电压补偿（feedback voltage sense voltage compensation，FB-VSVC）型 AEF、前馈电流检测电流补偿（feedforward current sense current compensation，FF-CSCC）型 AEF 和前馈电压检测电压补偿（feedforward voltage sense voltage compensation，FF-VSVC）型 AEF，电路结构如图 5.10 所示，噪声源侧用电流源并联阻抗的形式表现，负载侧用一个阻抗代替，据此只要给出 AEF 的结构就可以知道此 AEF 采样和补偿的位置，从而确定在电力电子变换器中如何安装使用。

2. AEF 的关键指标

与 PEF 的设计类似，为了区别各种 AEF 的特征和使用范围，需要分别计算

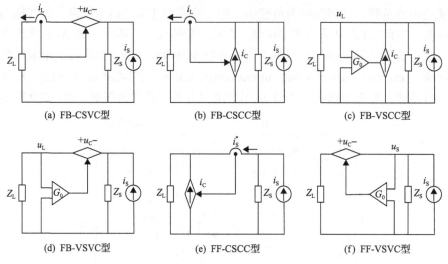

图 5.10　各种 AEF 电路结构

图 5.10 中 AEF 的 IL 表达式,分析处于不同源阻抗和负载阻抗时其 IL 的变化趋势。为了理论分析的方便,AEF 的电流或者电压放大倍数用 G_0 表示,加装 AEF 会导致电力电子变换器中等效电磁干扰通路的输入阻抗发生变化,输入阻抗如果减小会增大变换器不稳定的风险,因此在使用 AEF 之前需要评估 AEF 的使用范围,输入阻抗变化用 ΔZ_i 表示,其计算方法是计算加装 AEF 之前和之后的等效电磁干扰通路输入阻抗之差,最后整理的 IL 与 ΔZ_i 计算结果如表 5.2 所示。

表 5.2　各种 AEF 的 IL 计算和适用范围分析

类型	IL	ΔZ_i	最大 IL 条件
FB-CSVC	$20\lg\left(1+\dfrac{G_0}{Z_S+Z_L}\right)$	G_0	$G_0 \gg Z_S+Z_L$
FB-CSCC	$20\lg\left(1+\dfrac{G_0 Z_S}{Z_S+Z_L}\right)$	$G_0 Z_S$	$Z_S \gg Z_L$
FB-VSCC	$20\lg\left(1+\dfrac{G_0 Z_S Z_L}{Z_S+Z_L}\right)$	$-\dfrac{G_0 Z_S^2}{1+G_0 Z_S}$	$G_0 \gg \dfrac{1}{Z_S}+\dfrac{1}{Z_L}$
FB-VSVC	$20\lg\left(1+\dfrac{G_0 Z_L}{Z_S+Z_L}\right)$	$-\dfrac{G_0 Z_S}{1+G_0}$	$Z_S \ll Z_L$
FF-CSCC	$20\lg\left(\dfrac{1}{1-G_0}\left(1-\dfrac{G_0 Z_L}{Z_S+Z_L}\right)\right)$	$\dfrac{G_0 Z_S}{1-G_0}$	$Z_S \gg Z_L$
FF-VSVC	$20\lg\left(\dfrac{1}{1-G_0}\left(1-\dfrac{G_0 Z_S}{Z_S+Z_L}\right)\right)$	$-G_0 Z_S$	$Z_S \ll Z_L$

对于反馈型 AEF，其增益 G_0 越大则 IL 越大，电磁干扰抑制效果也就越好，而对于前馈型 AEF 则要求 G_0 接近 1，越接近 1 效果越好。在反馈型 AEF 中电压补偿型的加入会减小电路的输入阻抗，因此使用时应保证电路整体阻抗不会过小。对于 FF-CSVC 型 AEF，其达到最优抑制效果需要增益 G_0 足够大，对于 FB-CSCC 型 AEF 则需要满足源阻抗远大于负载阻抗。对于 FF-VSVC 型 AEF 也需要注意输入阻抗降低带来的风险，而对于 FF-CSCC 型 AEF，其适用情况是源阻抗要大于负载阻抗。

对于前馈型 AEF，其增益要求在 1 附近，当其增益小于 1 时对电磁干扰的抑制效果稍差，而当增益大于 1 则可能导致等效回路短路或过载，但是在 AEF 中由于涉及非线性元件，因此想准确控制其增益是比较困难的。与之相比，反馈电压检测型 AEF，其降低的输入阻抗是 Z_S，和 G_0 基本无关，另外考虑到电流检测型的增益，G_0 越大电磁干扰抑制效果越好。对于电流检测型 AEF，需要用 CT 对信号进行检测，电压检测型 AEF 则需要分压电路进行检测，对于电流补偿 AEF，需要一个 RC 支路补偿电流，电压补偿型 AEF 需要变压器进行补偿。因此，在选择 AEF 时不仅要考虑电路的特征，还要考虑 AEF 的体积。

综上所述，从运放增益的实现程度上分析，反馈型 AEF 要比前馈型 AEF 简单并且稳定，前馈型 AEF 受非线性以及各种干扰，很难精确地保证其增益略小于 1，使电路存在隐患；从结构上来看，电流补偿只需要使用电容和电阻就可以实现，因此可以保证小体积，虽然检测部分使用 CT 占有较大的体积，但是此 CT 可以进行复用作为一个 PEF。而电压补偿型 AEF，其补偿需要使用变压器，同时由于采样一般需要将原始电磁干扰信号缩小传递给运算放大器运放处理，因此在补偿过程中需要对电压进行放大，导致补偿变压器连接在主电路一侧拥有的匝数较多，使其体积较大，所以综合来看，FB-CSCC 型是最有潜力应用于工程实践中的 AEF 结构。

3. AEF 的设计

根据电磁干扰检测位置和补偿位置的关系，AEF 可以分为前馈型和反馈型，根据检测的是电压或者电流，补偿的是电压或者电流又可以进一步按照图 5.10 进行分类，各种类型 AEF 都包含噪声检测、噪声放大及噪声补偿环节。

电压检测和电流检测的作用是将噪声检测出来，并将信号进行缩小便于后级具有较低电压等级的运放处理，对共模电磁干扰信号的电压或者电流一般检测方法如图 5.11 所示[5]，经过采样的信号是原噪声信号的 $1/n$，电流采样时使用电流互感器、电压采样时使用电阻分压对电磁干扰信号进行检测，对信号的缩小在电磁干扰严重的变换器中是非常重要的。

如果想要补偿级补偿噪声的效果很好，那么运放就需要对信号进行放大，当

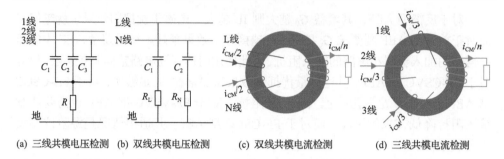

(a) 三线共模电压检测　(b) 双线共模电压检测　(c) 双线共模电流检测　(d) 三线共模电流检测

图 5.11　共模电磁干扰信号一般检测方法

然也可以在后级补偿部分进行信号放大,但是如果仅考虑使用补偿级进行放大会产生一些问题,例如,对于电流补偿型,一般通过电阻注入补偿电流,如果仅考虑使用补偿级进行电流放大,需要的电阻很小,约为百分之一欧姆或者更小,但同时这种电阻又需要能够承受几瓦的功率,首先选型不方便,而且体积可能会比较大,另外如此小阻值的电阻其精确度和阻值的稳定也是需要考虑的部分。而对电压补偿型 AEF 来说,一般使用变压器进行补偿,如果仅考虑通过变压器的变比进行调节,那么就需要 AEF 侧的变压器匝数小于另一侧的匝数,又因为变压器连接到主电路一侧是串接在电路中所以一般需要流过大电流,其绕组会较粗,会导致变压器体积较大。综上可知,仅通过使用补偿侧进行放大都是有缺陷的,因此运放必须要承担一部分的放大功能。

对于电压型运放,其增益带宽积(gain bandwidth product, GBP)是一个重要参数,它表示运放能够处理的信号频率范围,信号频率过高时运放处理后的信号就会失真。理论分析认为其增益 G 和带宽 WB 的关系如图 5.12 所示,认为两者乘积是不变的。图 5.12 可见,当增益由 G_2 变为 G_1 时,有效带宽 WB_2 变为 WB_1,有

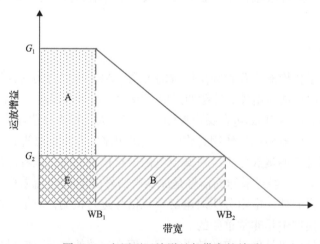

图 5.12　电压型运放增益与带宽的关系

效带宽降低，反映到 AEF 上就是其处理电磁干扰信号的频率会受到严重限制。例如，对处于 E 处的信号进行处理，增益 G_1 和 G_2 时都不会使其失真，但是当对处于 B 区域处的信号进行处理时，增益为 G_1 的运放会导致输出信号失真，使其高频段抑制效果达不到原先设计的要求，即抑制效果会变差。因此，运放增益带宽有限是 AEF 高频抑制效果差的主要原因，AEF 的高频抑制效果受运放的增益带宽积影响，特别是本节分析的 FB-CSCC 型 AEF，其需要尽可能大的反馈增益，导致这种情况更加恶劣。但又由于 FB-CSCC 结构相较于其他结构更稳定、体积更小，现在市面上售卖 AEF 的公司售卖的 AEF 结构主要是 FB-CSCC。

5.2　基于混沌脉宽调制的无源电磁干扰滤波器优化设计方法

5.2.1　无源电磁干扰滤波器的技术局限性

现有研究详细地分析了 PEF 的工作机理及影响其抑制效果的因素，PEF 也在工程中抑制电磁干扰起到了重要的作用。近年来随着第三代半导体器件 SiC 和 GaN 的使用，变换器的开关频率越来越高，变换器拥有更高的效率和更高的功率密度，但是其高频开关动作也带来了更加严重的电磁干扰问题。如何保证在有效抑制电磁干扰的前提下，减小加装 PEF 对变换器功率密度带来的影响具有挑战性。

使用 Si 器件和 GaN 器件的变换器 CM EMI 频谱比较，GaN 器件的变换器工作在几百千赫兹，比 Si 器件的工作频率高得多，因此其带来的电磁干扰问题也比 Si 器件严重得多，所加装的 PEF 相对变换器的体积来说，其电感和电容的体积会很大，这与电力电子变换器小体积的趋势是相悖的。

随着电力电子变换器功率的不断增加，其电磁干扰的超标情况也会更加严重，更大的电流使 PEF 的绕线变粗也会导致 PEF 的体积更大。为了解决 100kVA 的 SiC 光伏逆变器中的电磁干扰问题，设计一个两级 PEF，设计出的 PEF 如图 5.13 所示[6]，其中共模电感和差模电感的体积都很大，势必导致整个 PEF 在变换器中

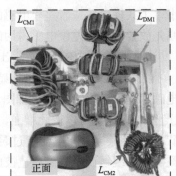
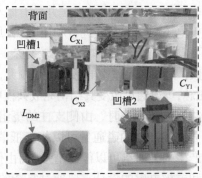

图 5.13　100kVA SiC 光伏逆变器中 PEF 各部件[6]

所占体积的比例很大, 以及 PEF 总的质量增加, 表 5.3 为 PEF 中各部分的质量, 总 PEF 的质量达到 3.544kg, 其中共模电感和差模电感占据了 PEF 80% 以上的质量。

表 5.3　100kVA SiC 光伏逆变器中 PEF 各部件质量分布

部件	质量/g	部件	质量/g
差模电感 L_{DM1}	1743	差模电容 $C_{X1}+C_{X2}$	191
差模电感 L_{DM2}	72	共模电容 C_{Y1}	37
共模电感 L_{CM1}	744	凹槽 1+凹槽 2	190
共模电感 L_{CM2}	303	电路板	264

　　PEF 的安装方法是串接在主电路中, 流过 PEF 的电流是主电路电流, 因此电感绕线的线径需要足够大, 另外当所需的电感值较大时需要绕制的匝数较多, 导致 PEF 中电感的体积很大。如果变换器体积较大, PEF 的体积占比很小, 那么这时安装 PEF 带来的体积增加是可以接受的。然而, 随着宽禁带半导体器件和集成技术的应用, 现在电力电子变换器需要的体积也越来越小, PEF 的体积占比会更大, 此时为了抑制电磁干扰带来的体积和质量的牺牲是不可接受的。由图 5.13 及表 5.3 可以看出, 变换器使用宽禁带半导体器件提高频率的同时, 产生的电磁干扰问题也越来越严重, 会增加使用的 PEF 的体积和质量。而且在变换器功率更大的情况下也会导致 PEF 中电感和电容的体积和质量都很大, PEF 体积过大给其应用带来的挑战逐渐凸显出来。

　　现有 PEF 体积优化研究主要是从 PEF 的结构和材料角度入手, 通过改变共模电感和差模电感的绕制或者放置方式可以将共模电感和差模电感进行集成从而减小 PEF 的体积; 也有研究通过改变磁芯的材料, 使用高磁导率材料减小需要绕制的匝数, 来减小 PEF 的体积。

　　如图 5.14(a)所示, 将差模电感放置在共模电感的环内, 通过磁通量的计算确定其绕制方式和绕制匝数, 其中共模电感使用高磁导率材料的磁芯, 共模电感使用低磁导率材料的磁芯, 这种方法并没有减小单个共模电感或者差模电感的体积, 只是将共模电感内环的空间进行利用, 省去原先放置于外侧差模电感占用的空间, 降低 PEF 的体积。但是这种方法比较复杂, 设计时需要通过磁通计算得出绕制的方法和匝数, 另外如果差模电感的体积较大, 可能无法恰好能置于共模电感内。针对 EE 型磁芯, 可以通过改变其结构完成共模电感和差模电感的集成[7]。如图 5.14(b)所示, 当共模电流流过时, 由侧支柱的绕组产生的磁通量可以彼此增强, 而由中支柱两部分绕组产生的磁通量可以相互抵消[8]。另外, 当差模电流流过时, 由中支柱绕组产生的磁通量可以彼此增强, 而由侧支柱的绕组产生的磁通量彼此抵消。共模电感和差模电感的设计需要通过复杂的磁通计算, 而且共模电感和差模电感

的计算是耦合在一起的，设计时需要进行综合考虑，另外这种集成方式只适用于
EE 型磁芯，对于工程中常用的环形磁芯无法进行设计。随着对各种高磁性材料的
研究更加深入，开始有学者使用高磁导率材料作为磁芯设计共模电感，通过使用
高磁导率材料在有限的体积内提供更大的电感值。使用非晶、纳米晶和镍合金作
为制作磁芯的材料可以提供比锰锌材料高得多的磁导率，PEF 的体积可以降低，但
是试验测试结果表明在 150kHz～2MHz，纳米晶的电磁干扰抑制效果要比锰锌磁芯
低，而且使用这些新型磁材势必增加 PEF 的成本。在最近的研究中有学者提出平面
电磁干扰滤波器的概念，并成功设计出平面电磁干扰滤波器。平面电磁干扰滤波器
的设计是基于磁材平面化技术，同时将绕线也进行扁平化处理，通过与环形电感相
似的设计方式进行参数设计，如图 5.14(c) 所示，设计单级共模平面电磁干扰滤波
器，其只利用磁材的平面化技术而绕组还保留原先的绕线方式[9]；对多级 PEF 进
行平面化设计，不仅将磁芯进行平面化，而且将电感绕线和电容也进行扁平化处理
后进行叠加，各元件通过连接实现 PEF 的功能，如图 5.14(d) 所示[10]。这种方法借
助磁芯平面化技术降低了 PEF 的体积，但是显然大大增加了 PEF 的制造难度和成
本，而且对于高度集成化的 PEF，元件的调整和更换也会变得非常烦琐。

(a) 环形磁芯共模电感和差模电感集成

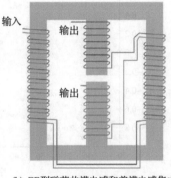

(b) EE型磁芯共模电感和差模电感集成

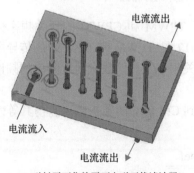

(c) 磁材平面化的平面电磁干扰滤波器

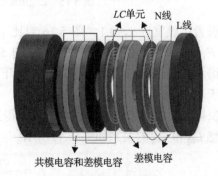

(d) 平面电磁干扰滤波器

图 5.14　PEF 体积降低方法[7-10]

5.2.2 结合混沌脉宽调制的无源电磁干扰滤波器设计

1. 混沌脉宽调制降低共模电感值的定量分析

CPWM 的原理和实现方式在第 4 章中进行了详细的介绍, 其关键就是从混沌映射或者混沌系统中采样出混沌序列, 不同的混沌映射或者系统产生的扩频效果不同, 即使相同映射, 不同采样频谱得到的序列扩频效果也有区别。本部分选取 Logistic 映射来产生混沌序列实现 CPWM。Logistic 映射的表达式如式 (5.6) 所示, 式中 α 是系数, x_0 是序列的初值, 确定系数 α 和初值 x_0, 就可以得到一簇序列, 通过 α 和 x_0 的筛选, 可以使序列进入混沌状态, 这里选取 $\alpha=4$、$x_0=0.3$, 此时序列在 0~1 具有遍历性, 再经过变换使得序列在 –1~1 具有遍历性, 将此序列作为混沌调制序列, 图 5.15 是该情况下混沌序列的分布。

$$x_{i+1} = \alpha \cdot x_i (1 - x_i), \quad i \in \mathbf{N} \tag{5.6}$$

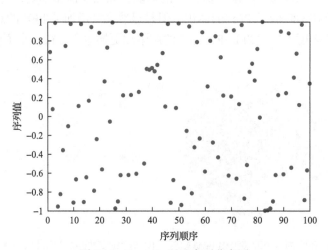

图 5.15　Logistic 混沌序列分布图

设置扩频宽度 $k_f=0.1$, 图 5.16 对比了 TPWM 和 CPWM 的开关频率分布, 其中 F_T 为 TPWM 控制的开关频率。图 5.17 是 TPWM 和 CPWM 的传导电磁干扰频谱示意图, 由于扩频的作用 CPWM 开关频率及其倍数次附近频率的频谱幅值要低于 TPWM。

根据之前的 CM PEF 结构分析可以得到 CM PEF 的转折频率 f_c 与其等效电路中电感 L_{eq} 和 C_{eq} 的关系如式 (5.7) 所示:

$$f_c = \frac{\text{coef}}{\sqrt{L_{eq} C_{eq}}} \tag{5.7}$$

式中, coef 是修正系数, 不同结构的 CM PEF 的 coef 取值不同。

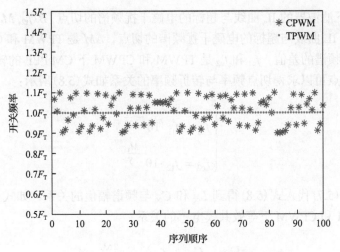

图 5.16　TPWM 和 CPWM 的开关频率比较

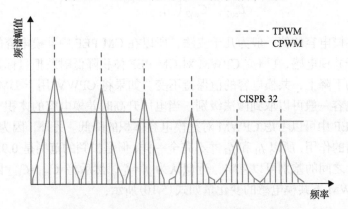

图 5.17　TPWM 和 CPWM 传导电磁干扰频谱

将 TPWM 和 CPWM 的电磁干扰频谱进行如图 5.18 所示的标注, 其中, $A(f_{t1}, M_{t1})$

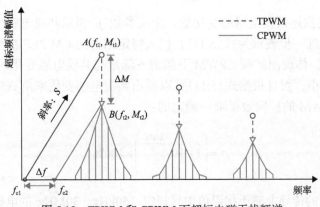

图 5.18　TPWM 和 CPWM 下超标电磁干扰频谱

是 TPWM 下滤波器的 IL 曲线与超标的电磁干扰频谱的切点，$B(f_{t2}, M_{t2})$ 是 CPWM 下滤波器的 IL 曲线与超标的电磁干扰频谱的切点，ΔM 是 TPWM 和 CPWM 下超标电磁干扰频谱的差值，f_{c1} 和 f_{c2} 是 TPWM 和 CPWM 下 CM PEF 的转折频率。

根据切点可以求得切点频率与转折频率的关系如式(5.8)所示：

$$\begin{cases} f_{c1} = f_{t1} \cdot 10^{-\frac{M_{t1}}{S}} \\ f_{c2} = f_{t2} \cdot 10^{-\frac{M_{t2}}{S}} \end{cases} \tag{5.8}$$

再将式(5.7)代入式(5.8)得到 L_{eq} 和 C_{eq} 与频谱幅值的关系，如式(5.9)所示，得到 TPWM 和 CPWM 下等效共模电感的关系：

$$\frac{L_{eq1}}{L_{eq2}} = \frac{C_{eq1}}{C_{eq2}} \left(\frac{f_{t2}}{f_{t1}} \right)^2 \cdot 10^{\frac{2\Delta M}{S}} \tag{5.9}$$

因为共模电容的值一般为几千皮法，所以在 CM PEF 中共模电容的体积占比要远远小于共模电感，在研究 CPWM 对 CM PEF 体积降低时就把目标聚焦在共模电感体积的下降上，共模电容的值保持不变。如果将 CPWM 用于 DM PEF 的优化，差模电容一般可以取到微法级别，当电压升高时差模电容的体积也很大，因此在 DM PEF 中可以考虑 CPWM 对差模电容体积的降低。另外，因为 CPWM 具有扩展频谱的作用，所以 f_{t1} 和 f_{t2} 并不完全一样，但是扩频的范围是 $0.9F_T \sim 1.1F_T$，所以这两者之间的差别可以忽略，近似认为 $f_{t1}=f_{t2}$，然后将 $C_{eq1}=C_{eq2}$ 回代进行整理得到 CPWM 下共模电感的变化量如式(5.10)所示：

$$\frac{L_{eq1} - L_{eq2}}{L_{eq1}} \times 100\% = \left(1 - 10^{-\frac{2\Delta M}{S}} \right) \times 100\% \tag{5.10}$$

为了方便描述共模电感的变化量，定义参数 ρ 表示共模电感变化率，所以式(5.10)可以进一步表示为式(5.11)，代入特定结构的 CM PEF 参数就可以得出其具体表达式，体现出扩频 CPWM 下频谱下降量与共模电感变化的关系，即 ΔM 越大，L_{eq2} 越小，而且根据式(5.11)可以看出共模电感变化率由 ΔM 唯一决定，也就是由 CPWM 的扩频效果唯一确定的：

$$\rho = \left(1 - 10^{-\frac{2\Delta M}{S}} \right) \times 100\% \tag{5.11}$$

一般工业的传导电磁干扰限值中只规定 150kHz～30MHz 的电磁干扰水平，

因此分析 CPWM 对共模电感的降低作用应该分析在 150kHz～30MHz 频段的 ΔM。随着开关频率的增加，CPWM 的电磁干扰抑制效果会更好，因为高开关频率可以轻松满足功率转换器的电气性能，可以具有更大的频率变化范围，当开关频率低于 5kHz 时，CPWM 的电磁干扰抑制效果不明显。因此 CPWM 用于高频功率变换器时在电磁干扰关注频段内会有较大的 ΔM，此时 CPWM 下的共模电感变化更明显，而在较低频率的电力电子变换器中应用时由于受 ΔM 的限制，共模电感的变化也会非常有限。

2. 基于相同磁芯利用率的共模电感体积的科学比较方法

前面已经分析了 CPWM 降低的频谱与 CM PEF 中共模电感值的变化关系，为了将 CPWM 的优化效果体现在 CM PEF 体积的降低上，还需要将共模电感值与磁环的尺寸建立起联系[11]。

本节分析是为了体现使用 CPWM 下 CM PEF 的体积相较于 TPWM 下的变化量，因此需要比较不同电感的尺寸。但是比较需要遵循一定的标准，最后体积的变化是共模电感量变化的客观反映。因为对磁芯来说有众多影响绕制电感值的因素，如磁材的磁导率 μ_r、内径 d_1、外径 d_2 和高度 h 等。如何综合考虑这些参数对不同共模电感设计以及对共模电感体积的影响并进行比较是非常重要的。例如，对一个 1mH 电感和一个 2mH 的电感，如果在比较时只考虑磁材内径 d_1 的区别，那么在设计这两个电感时，选择的磁材 μ、d_2 和 h 就必须要保持一致，这样的话这两种磁芯不是常见的，可能需要定制，这不仅提高了设计和比较的难度，更是增加了设计的成本，非常不利于在工程中实施。

为了对不同的共模电感进行设计，然后对其体积进行合理的比较，将共模电感值的变化体现在磁芯的尺寸上，在选择磁芯时选择磁导率接近的磁芯，消除因磁导率差异带来的影响。定义磁芯利用率 η 作为不同电感设计的一个标准，其表达式如式 (5.12) 所示：

$$\eta = \frac{L_2}{L_1} \times 100\% \tag{5.12}$$

式中，L_1 是磁芯所能绕制绕组的总长度；L_2 是绕制共模电感的绕组所占的长度。

如图 5.19 所示，显示在 TPWM 和 CPWM 下不同电感值的电感体积示意图，其中 d_0 是绕线的直径，θ 的作用是隔离两个绕组，这里设置 θ 为 40°，在设计 TPWM 和 CPWM 下不同电感值的共模电感时需要保证两磁芯的 η 是一致的，在此基础上进行磁芯的设计，从而对不同电感值的电感体积进行合理的比较。

根据 η，提出下面的磁芯选择方法，该方法可以利用 MATLAB 编写程序，输

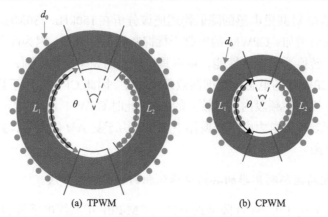

(a) TPWM　　　　　　　　(b) CPWM

图 5.19　TPWM 和 CPWM 下不同共模电感值的电感示意图

入参数可以筛选出合适的结果。如图 5.20 所示，首先在磁材销售官网上获取磁材尺寸的相关参数，将其输入编好的程序中，接着计算出有效磁路面积 A_e 和有效磁路长度 L_e，然后计算出该磁芯的电感系数 A_L。此时再输入需要设计的共模电感值就可以计算出需要绕制的匝数，再判断所选磁芯是否能绕制 N 匝，是否满足 L_1 和 L_2 的约束关系，如果满足就计算出该磁芯的 η，反之则返回计算下一组参数，最后筛选出所有符合要求的磁芯。

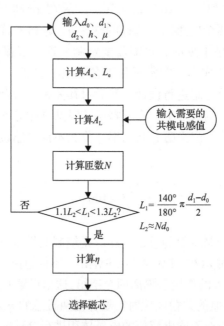

图 5.20　不同共模电感值的磁芯选择流程图

一些电感设计的基础公式没有在本书中呈现，值得注意的是，由于绕组间不可能是紧密接触的，才定义了 L_1 和 L_2 的关系。经过上面筛选出可用的磁芯，然后选择 η 接近的磁芯去设计不同共模电感值的共模电感，进而对其共模电感体积进行比较。使用以上设计流程的好处是可以将共模电感值的变化综合体现在磁芯的各个尺寸上，消除比较单个参数导致其余参数不方便购买或者需要定制的情况，提高使用的便利性，其次通过 η 这个标准，使得不同的共模电感值电感的磁芯具有相同的 η，保证体积的合理性。

5.2.3　在电力电子系统中的应用

5.2.2 节推导了 CPWM 降低的频谱幅值与 CM PEF 中共模电感变化量的关系，在确定了 CM PEF 的结构后，就可以确定其转折频率后的斜率 S，这样共模电感的变化量就和 CPWM 下的频谱幅值差 ΔM 一一对应。对于低频的功率变换器，其电磁干扰在几十次谐波后快速衰减，导致几十到几百次谐波也就是电磁干扰关注的 150kHz～30MHz 的频谱没有很明显的降低，此时共模电感的变化量就会很小。反之对于高频功率变换器，150kHz～30MHz 在其几十次谐波的范围内，因此 CPWM 可以起到很好的抑制作用，此时共模电感量变化就比较明显[12]。为了验证上面的理论分析，分别基于一个 100kHz、275W 的 Boost 变换器和一个 10kHz、2kW 的三相逆变器，分别在 TPWM 和 CPWM 下设计 CM PEF，并比较其体积变化情况。

1. 混沌脉宽调制的 Boost 变换器共模 PEF 体积优化

首先需要确定 CM PEF 的结构，图 5.21 是 Boost 变换器测量 CM EMI 的测试图，使用电流钳测量 CM EMI，直接用电流钳钳住正负输入线即可测量出共模噪声，电流钳的另一端接在电磁干扰接收机上，LISN 的作用为提供隔离、稳定阻抗同时保证共模通路对称。LISN 的等效阻抗可以视为负载阻抗 Z_L，根据图 5.21 中 LISN 的等效内部结构可以发现，在进行 CM EMI 测量时，在 150kHz～30MHz 由于电容 C_1 为 0.1μF，Z_L 可等效为 25Ω 的阻抗。对源阻抗的分析如下，Boost 变换器中电磁干扰的产生是由开关管的高速动作引起 u_{ds} 电压变化，然后对开关管与散热片之间的寄生电容进行充放电，再通过大地经 LISN 的等效电阻流回变换器。因此其源阻抗可以视为开关管与散热片之间的寄生电容 C_p，这个电容一般取值几十到几百皮法，在所关心的 150kHz～30MHz 频段内，其阻抗约为几百欧姆到几千欧姆，满足 5.1 节中介绍的负载阻抗低而源阻抗高的情况，所以选择 LC 型 CM PEF 是比较合适的。图 5.22 绘制了不同共模电感值情况下 LC 型 CM PEF 的 IL 曲线，在转折频率后按照 40dB/dec 衰减，因此确定 S 的值是 40dB/dec。

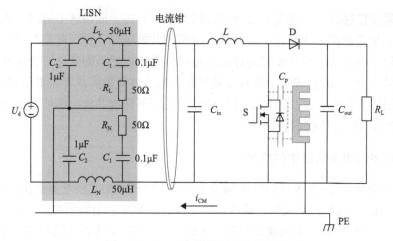

图 5.21　Boost 变换器 CM EMI 测量

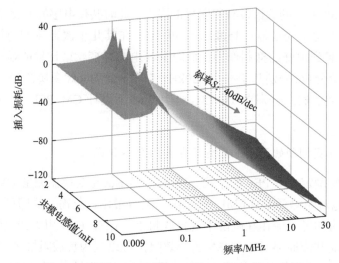

图 5.22　不同 CM 电感值 LC 型 CM PEF 的 IL 曲线

加装 LC 型 CM PEF 后的结构如图 5.23 所示，基于此结构进行试验。

基于 Boost 变换器进行试验，试验测量 TPWM 和 CPWM 下原始 CM EMI 的频谱；之后设计 CM PEF，调整共模电感使 TPWM 和 CPWM 下达到 CISPR 32 的标准，且两者抑制效果相近；再比较 TPWM 和 CPWM 下 CM PEF 的共模电感量、共模电感体积及 CM PEF 的体积。电流探头用来测量 LISN 侧的共模电流波形，对加装 CM PEF 前后的共模电流进行比较，从时域和频域两个角度分析 CM PEF 的作用。

首先测量出 TPWM 和 CPWM 下 Boost 变换器的原始 CM EMI，图 5.24 是不加 CM PEF 时 Boost 变换器的输出电压和共模电流的波形，TPWM 下输出电压的

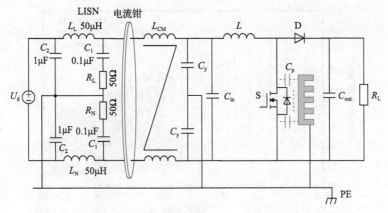

图 5.23　加装 LC 型 CM PEF 后的 Boost 变换器电磁干扰测试图

纹波是 1.8V，CPWM 下输出电压的纹波是 2.3V，都在输出电压的 3%以内，不会引起电气性能的降级。

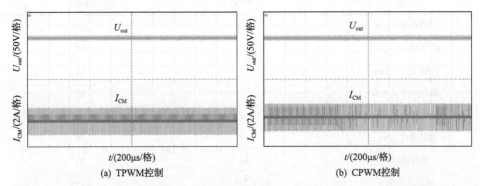

(a) TPWM控制　　　　　　　　　　(b) CPWM控制

图 5.24　不加 CM PEF 时 TPWM 和 CPWM 下 Boost 变换器输出电压和共模电流波形

图 5.25 是测量的 TPWM 和 CPWM 下 CM EMI 的频谱，可见 CPWM 下频谱在 200kHz 处要比 TPWM 低 11dB 左右，而且由于变换器的开关频率较高，在较高频率 CPWM 有比较好的电磁干扰抑制效果。

选择磁导率相近的磁芯，消除磁导率 μ_r 的影响，然后对 TPWM 的 CM PEF 进行设计，并以此磁芯的磁芯利用率 η 作为标准去设计 CPWM 的 CM PEF，保证 TPWM 和 CPWM 下 CM PEF 的 η 是相近的，然后测试调整共模电感的取值，直到两者达标且达到相近的抑制效果，最终得到 CM PEF 的参数如表 5.4 所示，可以计算出其电感变化量 ρ 是 75.2%，同时根据测试图 5.25 共模频谱幅值差可以计算出电感变化率 ρ 约为 71.8%，与最终确定的共模电感的变化量是比较相近的，证明理论推导的正确性。另外选择的磁芯的相对磁导率标注为 7000，最后经过测量其尺寸和单匝电感值可以计算出选择的两个磁芯的相对磁导率在 100kHz 附近约为 7100。

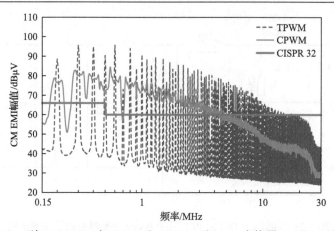

图 5.25　不加 CM PEF 时 TPWM 和 CPWM 下 Boost 变换器 CM EMI 的频谱

表 5.4　TPWM 和 CPWM 试验设计的 Boost 变换器 CM PEF 的参数

参数	TPWM	CPWM
共模电容 C_y/pF	2200	2200
共模电感 L_{CM}/mH	2.02	0.5
绕线直径 d_0/mm	1.5	1.5
磁芯内径 d_1/mm	23	22
磁芯外径 d_2/mm	36	22
磁芯高度 h/mm	15	14
绕制匝数 N	14	8
磁芯利用率 η	0.786	0.799
共模电感体积 V_1/cm³	21.503	7.854

如表 5.4 所示，两个共模电感的磁芯利用率 η 是非常接近的，因此磁芯的选取以及后续的比较都是合理的，V_1 代表共模电感的体积。然后把设计好的 CM PEF，如图 5.26 所示，分别加装在 TPWM 和 CPWM 的 Boost 变换器上测试 CM PEF 的作用。其中 W 表示 CM PEF 的宽，L 表示 CM PEF 的长，H 表示 CM PEF 的高。

将设计好的 CM PEF 分别加装到 TPWM 和 CPWM 的 Boost 变换器中测试加装后 CM EMI 的频谱，首先图 5.27 显示的是加装 CM PEF 后 Boost 变换器的输出电压和共模电流的波形，可见 Boost 变换器输出正常，表明 CM PEF 不影响变换器的正常工作。其次共模电流得到明显抑制，说明 CM PEF 起到了抑制 CM EMI 的作用，但是同时也能发现，加装 CM PEF 后 TPWM 下共模电流的幅值要更小，这是因为为了达到相近的抑制效果，TPWM 下使用的共模电感更大，对低于150kHz 频段的信号也起到相当的抑制作用，所以其时域波形上表现就是幅值要比

CPWM 下共模电流幅值低。

图 5.26　设计好的 Boost 变换器 CM PEF

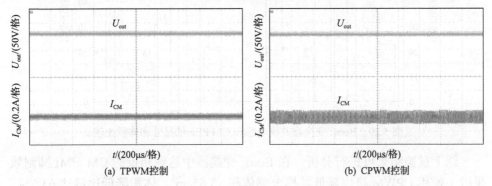

图 5.27　加装 CM PEF 后 TPWM 和 CPWM 下 Boost 变换器输出电压和共模电流波形

图 5.28 是测量的 TPWM 和 CPWM 下 CM EMI 的频谱，可见两者达到 CISPR 32 的标准，且抑制效果非常相近。

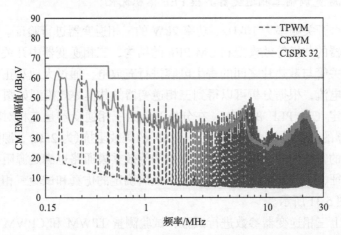

图 5.28　加装 CM PEF 后 TPWM 和 CPWM 下 Boost 变换器 CM EMI 频谱

为了更直观地体现 CPWM 下共模电感和 CM PEF 体积降低的情况,将 TPWM 和 CPWM 下 Boost 变换器 CM PEF 的参数作图比较, 如图 5.29 所示。并对共模电感的体积变化和 CM PEF 的体积变化进行计算, V_2 表示 CM PEF 的体积。

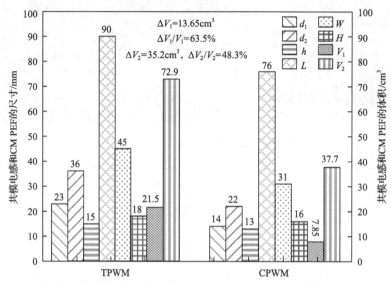

图 5.29　Boost 变换器共模电感和 CM PEF 的尺寸和体积比较

综上试验结果可进行分析, 在 Boost 变换器中达到相近的 CM EMI 抑制效果时, 使用 CPWM 可以降低共模电感体积 13.65cm³, 体积降低比例达 63.5%, 可以降低 CM PEF 体积 35.2cm³, 体积降低比例达 48.3%, 可见 CPWM 能在 Boost 变换器中起到很好地降低 CM PEF 体积的作用, 这也与理论分析结果是一致的。

2. 混沌脉宽调制三相逆变器共模 PEF 体积优化

基于一个开关频率为 10kHz、功率 2kW 的三相逆变器进行验证。首先需要确定三相逆变器的共模等效模型和 CM PEF 的结构, 三相逆变器中开关管两端变化的电压对开关管与散热片之间的寄生电容进行充放电, 通过大地和正负输入线回流形成共模电流, 根据分析可以得到三相逆变器的共模等效模型如图 5.30 所示。接着需要确定 CM PEF 的结构, 在分析时认为三相逆变器是三相对称的, 和对 Boost 变换器的分析类似, 负载阻抗是 LISN 的等效阻抗(为 25Ω), 源阻抗是开关管对散热片的寄生电容, 因此三相逆变器的等效共模通路也满足源阻抗高、负载阻抗低的特征, 可以选择 LC 型 CM PEF。最后确定的仿真和试验三相逆变器以及 LC 结构如图 5.31 所示。

基于以上三相逆变器参数进行试验, 试验测量 TPWM 和 CPWM 下原始 CM EMI 的频谱设计 CM PEF, 再调整共模电感使在 TPWM 和 CPWM 下达到 CISPR 32

的标准且两者抑制效果相近，然后比较 TPWM 和 CPWM 下 CM PEF 的共模电感量、共模电感体积及 CM PEF 的体积。电流探头用来测量共模频谱以及 LISN 侧的共模电流波形，对加装 CM PEF 前后的共模电流进行比较，从时域和频域两个角度分析 CM PEF 的作用。

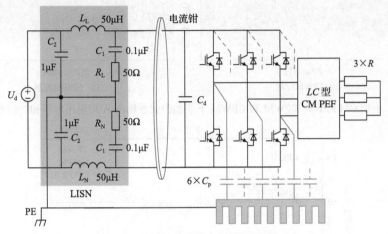

图 5.30　三相逆变器的共模等效模型

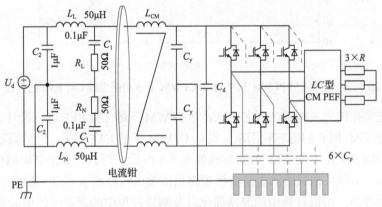

图 5.31　加装 LC 型 CM PEF 后的三相逆变器结构

测量 TPWM 和 CPWM 下三相逆变器的原始 CM EMI，图 5.32 是不加 CM PEF 时三相逆变器的 A 相输出电压 U_A 和共模电流 I_{CM} 的波形，可见 CPWM 不会引起电气性能的降级。

图 5.33 是测量出的 TPWM 和 CPWM 下 CM EMI 的频谱，可见 CPWM 下频谱在 170kHz 处要比 TPWM 低 4dBμV 左右，由于三相逆变器的开关频率较低，只有 10kHz，在较高频率时 CPWM 和 TPWM 的 CM EMI 频谱几乎没有差别。

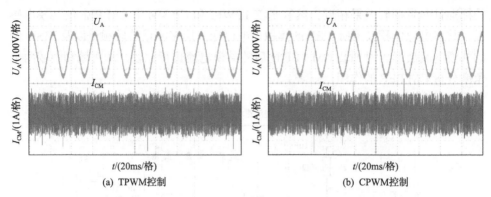

图 5.32　不加 CM PEF 时 TPWM 和 CPWM 下三相逆变器输出 A 相输出电压和共模电流波形

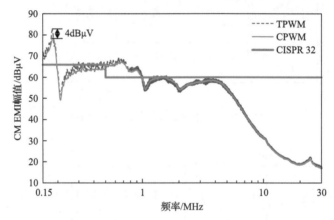

图 5.33　不加 CM PEF 时 TPWM 和 CPWM 下三相逆变器 CM EMI 的频谱

　　首先选择磁导率相近的磁芯，然后对 TPWM 下的 CM PEF 进行设计，再根据 TPWM 下 CM PEF 的磁芯利用率 η 设计 CPWM 下的 CM PEF，最后调整得到在 TPWM 和 CPWM 下的 CM PEF 参数如表 5.5 所示。可以计算出其电感变化量 ρ 是 25.3%，另外根据试验测量的共模频谱幅值差可以得到 ρ 约为 36.9%，因为两者的差距较小，所以计算中的忽略简化以及测量过程中的误差可能引起最后结果较大的不同，但是可以看出两者差别没有达到不可接受的程度，可以认为理论分析也是正确的。选择的磁芯的相对磁导率标注 7000，最后测量选择的两个磁芯的相对磁导率在 100kHz 附近为 7200。

　　如表 5.5 所示，两个共模电感的磁芯利用率 η 是非常接近的，因此磁芯的选取及后续的比较都是合理的，V_1 代表共模电感的体积。然后把设计好的 CM PEF，如图 5.34 所示，分别加装在 TPWM 和 CPWM 下的三相逆变器中测试 CM PEF 的作用。其中 W 表示 CM PEF 的宽，L 表示 CM PEF 的长，H 表示 CM PEF 的高。

表 5.5　TPWM 和 CPWM 试验设计的三相逆变器 CM PEF 的参数

参数	TPWM	CPWM
共模电容 C_y/pF	2200	2200
共模电感 L_{CM}/mH	0.91	0.68
绕线直径 d_0/mm	1.5	1.5
磁芯内径 d_1/mm	19	16
磁芯外径 d_2/mm	31	28
磁芯高度 h/mm	13	13
绕制匝数 N	10	8
磁芯利用率 η	0.702	0.678
共模电感体积 V_1/cm³	14.527	12.076

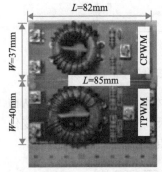

图 5.34　设计好的三相逆变器 CM PEF

图 5.35 是加装 CM PEF 后的三相逆变器的输出电压和共模电流波形，可见三相逆变器输出正常，表明 CM PEF 不影响变换器性能。其次共模电流得到明显抑制，说明 CM PEF 起到了作用，但是同时也能发现，TPWM 下共模电流的幅值要

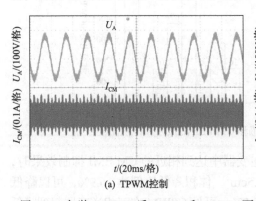

(a) TPWM控制

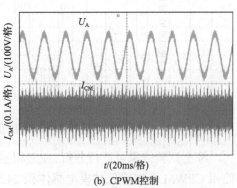

(b) CPWM控制

图 5.35　加装 CM PEF 后 TPWM 和 CPWM 下三相逆变器的 A 相输出电压和共模电流波形

更小，这是由于达到相近的抑制效果，TPWM 使用的共模电感稍大，对较低频率的信号也起到抑制作用，所以其时域波形上表现就是幅值要比 CPWM 的共模电流幅值稍低。

图 5.36 是加装 CM PEF 后测量得到的 TPWM 和 CPWM 下的 CM EMI 频谱，可见两者能达到 CISPR 32 的标准，且抑制效果非常相近。

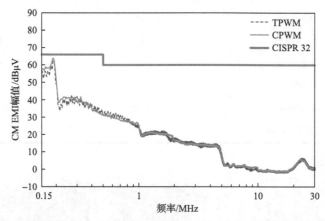

图 5.36　加装 CM PEF 后 TPWM 和 CPWM 下三相逆变器的 CM EMI 频谱

为了更直观地体现 CPWM 下共模电感和 CM PEF 体积降低的情况，将 TPWM 和 CPWM 下 CM PEF 的参数作图比较，如图 5.37 所示。并对共模电感体积变化和 CM PEF 体积变化进行计算，V_2 表示 CM PEF 的体积。

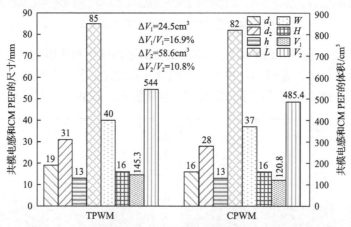

图 5.37　三相逆变器共模电感和 CM PEF 的尺寸和体积比较

综上试验结果可进行分析，在三相逆变器中达到相近的 CM EMI 抑制效果时，使用 CPWM 可以降低共模电感体积 24.5cm³，体积降低比例达 16.9%，可以降低 CM PEF 体积 58.6cm³，体积降低比例 10.8%，可见 CPWM 在三相逆变器起到降低

CM PEF 体积的作用是非常有限的，这也与理论分析和仿真的趋势是一致的。

下面分析随功率增大共模电感体积的变化情况。保证逆变器输入电压为 400V 恒定，因此功率的变化可以体现在输入电流的变化上，而根据共模电感设计过程，可知电流会影响绕线的线径，会使绕线线径变粗，相同绕制匝数需要的磁芯内径更大，这点需要考虑在内；另外随着功率的变化，其超标的 CM EMI 幅值也会逐渐增加，但是理论分析无法得到超标的电磁干扰幅值与功率的精确关系，因此在每个功率下都分析 TPWM 下共模电感为 0.4～5.5mH 时使用 CPWM 可以降低的共模电感的体积。在分析过程中线径和电流的关系参考的是美国规范 AWG 与 mm 对照标准，分别选取不同电流对应的绕线直径进行计算，对 6.5～105A 电流与导线的线径进行拟合如图 5.38 所示。据此在不同的电流下选择相应的绕线线径。

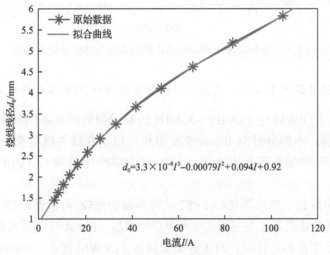

图 5.38　绕线线径与流过电流的关系拟合

选择磁芯的相对磁导率为 10000，材料尺寸参数来源于美磁官网，根据图 5.38 以及之前提到的共模电感设计方法流程图，最终得到图 5.39 在不同功率下共模电感体积与 TPWM 下共模电感值的关系。

随着功率的增加，共模电感体积不断增大，随着共模电感值的增加，共模电感体积也在不断增加，在较大功率情况下三相逆变器会拥有更大的共模电感值，另外 ρ 是一定的，因此共模电感值降低变大，体积的降低也会变大。例如，在图 5.39 中当功率为 25.1kW 时，TPWM 的共模电感值为 4mH，根据试验测试 ρ 约为 25.3%，CPWM 的共模电感值为 3mH 左右，从图 5.39 中可以得出此时共模电感的体积降低约为 50cm^3，而且如果使用的磁芯磁导率低，共模电感的体积变化也会更加明显。综上所述，如果考虑功率对共模电感体积的影响，CPWM 降低 CM

PEF 的体积在三相逆变器中还是比较可观的。

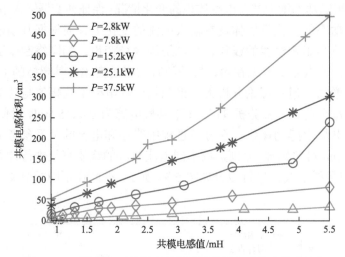

图 5.39　不同功率下共模电感体积随共模电感值变化的趋势

3. 混沌脉宽调制 Boost 变换器与三相逆变器共模 PEF 体积降低的比较

CPWM 与 TPWM 在 150kHz～30MHz 的频谱幅值差在不同频率的变换器中有很大的区别。本部分针对 Boost 变换器和三相逆变器共模电感和 CM PEF 的参数进行比较，更加直观具体地介绍 CPWM 对共模电感和 CM PEF 体积降低的作用。

图 5.40 中罗列了变换器和 CM PEF 关键参数的比较，可以看出 CPWM 在 Boost 变换器中起到的效果要比三相逆变器中更加明显。Boost 变换器可以看成高频小功率电力电子变换器的代表，对于这类变换器，CPWM 能在 150kHz～30MHz 频段提供较大的频谱幅值差，能提供较大的共模电感变化率，因此共模电感和 CM PEF 的体积会有较大的降低。三相逆变器是低频大功率电力电子变换器的代表，对于这类变换器，CPWM 能在 150kHz～30MHz 提供的频谱幅值差是很小的，这就导致共模电感的变化率很小，TPWM 和 CPWM 下共模电感和 CM PEF 的体积差别很小，但是随着功率的增加，共模电感和 CM PEF 的体积也会逐渐增大，因为共模电感变化率 ρ 不变，当共模电感增大时，共模电感和 CM PEF 的体积差也会增大，所以 CPWM 也能对三相逆变器中的共模电感体积降低起到较好的作用。以上所提到的方法适用于所有 PWM 变换器，由于 CM PEF 和 DM PEF 的设计流程是一致的，CPWM 降低共模电感和 CM PEF 体积的方法适用于所有 PEF，而且可以根据是电感还是电容在 PEF 的体积中起决定作用来决定利用 CPWM 去降低哪个部分的体积，起到更加有针对性的优化效果。

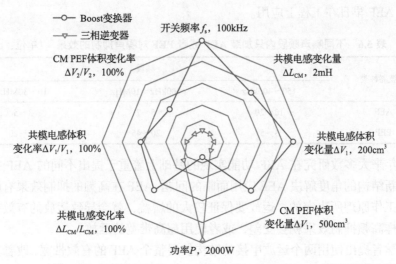

图 5.40　Boost 变换器和三相逆变器中 CPWM 对共模电感和 CM PEF 体积降低的效果比较

5.3　基于混沌脉宽调制的有源电磁干扰滤波器优化设计方法

5.3.1　有源电磁干扰滤波器的技术局限性

AEF 的发展要比 PEF 缓慢，到目前为止 AEF 在工程上还没有广泛应用，但是 AEF 的研究给电磁干扰滤波器小型化提供了良好的思路，因此对 AEF 的研究是非常有必要的。

从研究 AEF 的文献来看，AEF 主要存在以下问题[13]：

(1) 检测环节，保证检测信号不失真有难度；

(2) 放大环节，运放增益大导致其有效带宽小，而且易导致系统不稳定；

(3) 运放和功率放大器等有源器件使 AEF 的成本要远远高于 PEF。

其中严重制约 AEF 应用的是问题(2)和问题(3)，因为检测环节可以通过设计手段去减小失真，另外因为 AEF 的成本问题是使用运放固有的矛盾，所以将 AEF 面临的问题聚焦在问题(2)上。AEF 的抑制效果在高频部分是很有限的，一般为了在全频段进行噪声抑制都需要加装 PEF。

另外，有文献中也使用了类似的方法，加装 PEF 去提高 AEF 的高频抑制效果，只加装 AEF 或者只加装 PEF 的噪声抑制效果总结如表 5.6 所示[14]，AEF 在低频部分的抑制效果较好，但是在高频部分非常有限，PEF 在高频依旧保证较大的衰减。

运放高频抑制效果有限主要是由运放的增益大引起的，而且超标的电磁干扰越大，所需要的增益就越大，其高频抑制效果就越有限，缓解或者解决这个问题有利于 AEF 早日在工程上应用。

表 5.6　不同噪声频段内只加装 AEF 或者 PEF 对噪声抑制的效果　（单位：dB）

滤波器种类	频段		
	150～400kHz	400kHz～10MHz	10～30MHz
AEF	10～20	5～7	3～5
PEF	3～5	20～45	15～20

近年来大多数研究在 AEF 功能实现的基础上着重于提出不同的 AEF 拓扑，从提出新结构的角度解决 AEF 应用面临的问题。AEF 在高频的抑制效果有限主要是由其工作原理所决定的，运放要保证较大的增益，就会导致运放的有效带宽降低，这样高频抑制效果就会变差，或者使用超高带宽的运放。

有学者提出使用两个运放串接的结构扩展整个 AEF 的有效带宽，改善其高频抑制效果。其中运放 1 的输出作为运放 2 的输入从而提高 AEF 的整体带宽，运放 1 使用窄带宽的运放，运放 2 使用宽带宽的运放，根据文献中的推导结果，在增益变大的情况下，AEF 的带宽只与运放 2 的带宽有关，在高频部分使用两个运放的 AEF 要比使用一个运放的 AEF 抑制效果好 5～10dB。其劣势也是十分明显的，使用两个运放，AEF 整体的成本也会极大增加，而且在滤波器设计过程中，反馈电阻选取不当会导致系统不稳定。

也有文献提出将一个 PEF 置于 AEF 前端，如图 5.41 所示，将共模电感和电流检测的电流互感器进行复用，通过 PEF 和 AEF 的组合增强高频电磁干扰的抑制能力。但是这种组合的本质是利用 PEF 去抑制高频电磁干扰，并没有对 AEF 本身进行改变。

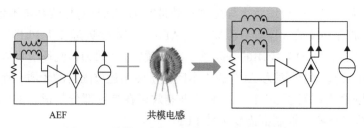

AEF　　　　　　共模电感

图 5.41　共模电感复用提高 AEF 高频抑制效果

综上所述，对于 AEF 带宽的优化问题，现在的研究主要是通过多引入额外的运放或复用共模电感提高 AEF 整体的高频抑制效果，运放的增加导致成本的增加，加装 PEF 又没有解决 AEF 本身的问题。因此，如何能找到一种不改变电磁干扰滤波器结构、不增加成本同时能解决电磁干扰滤波器存在的问题是非常必要的。

5.3.2　结合混沌脉宽调制的有源电磁干扰滤波器设计

1. 混沌脉宽调制提高 AEF 高频抑制效果的理论分析

前面分析了 AEF 高频抑制效果差的重要原因是运放的增益带宽积有限，因此如果想提高 AEF 的高频抑制效果，需要在达到相近抑制效果的前提下降低所需运放的增益，本节基于 FB-CSCC 型 AEF 使用 CPWM 以提高 AEF 高频抑制效果[15]。

FB-CSCC 型 AEF 模型如图 5.42 所示。CM EMI 经过电流互感器被检测出来并变为原来的 $1/n$，接着经过运放的放大作用在 R_2 上形成电压，接着三极管工作提供补偿电流进行注入，完成共模电流的抵消。

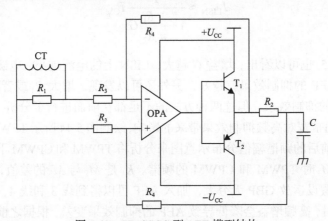

图 5.42　FB-CSCC 型 AEF 模型结构

为了完成相关的推导，把图 5.42 的结构进行等效，可以得到图 5.43 的共模等效通路，I_{LISN} 表示 LISN 上的电流，I_{CM} 表示总共模电流，I_{inj} 表示补偿电流，G_0 表示 AEF 的总体增益，可以得到总共模电流 I_{CM}，补偿电流 I_{inj} 和 LISN 上电流 I_{LISN} 的关系如式(5.13)所示。

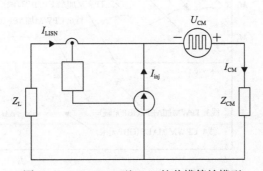

图 5.43　FB-CSCC 型 AEF 的共模等效模型

$$\begin{cases} I_{\text{inj}} = G_0 I_{\text{LISN}} \\ I_{\text{CM}} = I_{\text{inj}} + I_{\text{LISN}} \end{cases} \tag{5.13}$$

G_0 可以进一步表示为

$$G_0 = \frac{R_1}{nR_2} G \tag{5.14}$$

式中，G 为运放的增益。

将式(5.13)代入式(5.14)可以得到总共模电流、LISN 上电流与运放增益的关系如式(5.15)所示：

$$I_{\text{LISN}} \approx \frac{1}{1 + \frac{1}{n}\frac{R_1}{R_2}G} I_{\text{CM}} \tag{5.15}$$

由式(5.15)也可以看出，增益 G 越大，LISN 上的电流越小，电磁干扰频谱幅值就越低，AEF 的抑制效果就越好，另外还可以发现，增大 R_1 或者减小 R_2 都可以提高 AEF 的抑制效果，但这两种方法的不足都在前面进行了分析。

为了说明带宽对高频抑制效果带来的影响，绘制图 5.44 所示 TPWM 和 CPWM 下加装 AEF 前后的频谱幅值分布示意图来分析将 TPWM 和 CPWM 下的频谱抑制到同一水平 M_3 时 TPWM 和 CPWM 的频谱。K_1 是 M_1 与 M_3 的差值，K_2 是 M_2 与 M_3 的差值。假设运放 GBP 无穷大，加入 AEF 可以得到线 3 和线 4，当考虑运放 GBP 的影响时，高频增益会降低导致 AEF 的抑制效果变差，根据之前的分析由于 K_1 大于 K_2，所以 TPWM 下的运放增益 G_1 大于 CPWM 下运放的增益 G_2，WB$_2$ 比 WB$_1$ 大，即高频 CPWM 下的 AEF 降低效果变差的幅度小，会得到线 5 和线 6。

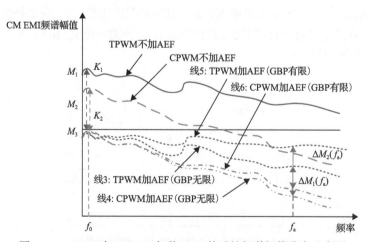

图 5.44　TPWM 与 CPWM 加装 AEF 前后的频谱幅值分布示意图

当不考虑运放带宽的影响时，TPWM 和 CPWM 抑制电磁干扰到相同情况时在高频处两者的幅值差为 $\Delta M_1(f_a)$；当考虑运放带宽的限制时，TPWM 和 CPWM 在高频处两者的幅值差应为 $\Delta M_2(f_a)$。由于 TPWM 下运放增益大，其带宽小，高频抑制效果减弱，而 CPWM 下的运放增益小，其带宽较宽，高频抑制效果保持较好，导致高频部分 $\Delta M_1(f_a)<\Delta M_2(f_a)$，说明在考虑运放带宽时，CPWM 可以使用较小的增益在低频部分与 TPWM 达到相近的抑制效果，而且高频部分的抑制效果比 TPWM 下的更好。

下面进行更详细的理论推导，I_{CM_T} 和 I_{CM_C} 是不加 AEF 时 TPWM 和 CPWM 下 LISN 上的电流，I_{T_LISN} 和 I_{C_LISN} 是加装 AEF 后 TPWM 和 CPWM 下 LISN 上的电流，先假设加装不同增益的 AEF 后 TPWM 和 CPWM 下的共模噪声都被抑制到相近的水平 M_3，因此有以下推导。

首先对上述电流进行快速傅里叶变换，可以得到

$$\begin{cases} 20\lg\left(F\left(I_{CM\_T}\right)\right)=M_1 \\ 20\lg\left(F\left(I_{CM\_C}\right)\right)=M_2 \\ 20\lg\left(F\left(I_{C\_LISN}\right)\right)=M_3 \\ 20\lg\left(F\left(I_{T\_LISN}\right)\right)=M_3 \end{cases}, \quad f=f_0 \tag{5.16}$$

然后将式(5.15)代入式(5.16)可以得到 TPWM 和 CPWM 下 AEF 中运放的增益关系如式(5.17)所示，G_T 是 TPWM 下运放的增益，G_C 是 CPWM 下运放的增益：

$$G_C=\frac{nR_2}{R_1}\left(10^{-\frac{M_1-M_2}{20}}-1\right)+10^{-\frac{M_1-M_2}{20}}G_T \tag{5.17}$$

因为 $M_1<M_2$，所以可以得到 $G_C<G_T$，也就是表明在 f_0 处达到相近的抑制效果时，在 CPWM 下使用的运放增益比 TPWM 下的运放增益要小，并且与两者的频谱幅值差有关，频谱幅值差越大增益的差别就越大，根据之前 PEF 部分的分析可知，因为频谱幅值差只与混沌序列有关，所以当混沌序列确定后 TPWM 和 CPWM 下运放的增益关系也就大致确定了。另外，TPWM 下的带宽 WB_T 是小于 CPWM 下的带宽 WB_C 的，根据图 5.12 也可以进行分析，在 E 区域 TPWM 和 CPWM 抑制效果相近，而在 B 区域，CPWM 下 AEF 仍能保持增益，也就是保持与 E 区域相近的抑制效果，但是 TPWM 下 AEF 的增益下降，导致其抑制效果下降，因此使用 CPWM 不仅可以使用较小的运放增益达到与 TPWM 下使用较大运放增益相近的抑制效果，而且在高频部分的抑制效果会更好。

2. 反馈电流检测电流补偿型 AEF 的设计及功能验证

首先是对电流互感器的设计和选型，在设计时需要考虑的是检测信号不会失真，电流互感器的结构如图 5.45(a) 所示，其结构可以等效为一个变压器模型，其中 R_1 和 L_1 是原边侧的寄生电阻和漏感，R_2 和 L_2 是副边侧的寄生电阻和漏感，L_p 是励磁电感，R_L 是负载电阻，如图 5.45(b) 所示。

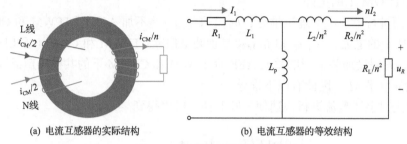

(a) 电流互感器的实际结构　　　　　　　(b) 电流互感器的等效结构

图 5.45　电流互感器的结构

要想分析电流互感器在什么情况下会导致采样信号失真，只需要求出副边电流折算到原边的电流 I_2 与原边电流 I_1 的关系，如式 (5.18) 所示：

$$I_2 = \frac{j\omega L_p}{j\omega L_p + \dfrac{R_2 + j\omega L_2 + R_L}{n^2}} \frac{I_1}{n} \tag{5.18}$$

因为 R_2 和 L_2 折算到原边可以忽略不计，所以想要 I_2 和 I_1 成比例，需要保证满足式 (5.19) 的关系：

$$\frac{R_L}{n^2} \ll |j\omega L_p| \tag{5.19}$$

在式 (5.19) 中，R_L 就是 AEF 中的 R_1，所以可以看出若 R_1 较大，则式 (5.19) 不容易满足，而且 n 的取值也不能太小，文献中一般选择几十到 100；另外，L_p 的值需要大一些，又因为原边只有一匝，为了保证其小体积，磁导率就要较高，综合以上并参考其他文献，最终选择参数如表 5.7 所示，折算后的负载阻抗是 4mΩ，

表 5.7　电流互感器的参数

参数	数值
变比 n	50
负载电阻 R_1/Ω	10
磁芯相对磁导率 μ	10000
励磁电感 L_p (f=100kHz)/μH	9.242

原边励磁感抗在 100kHz 附近是 5.81Ω，满足式 (5.19) 给出的要求，可以认为检测部分的设计引起的失真很小。

其次是对运放、推挽以及注入支路的设计。对于运放部分的设计，主要需要考虑其供电电压和增益带宽积，为了后面验证 TPWM 和 CPWM 不同增益达到相近的抑制效果，考虑到 TPWM 和 CPWM 下的增益差别会较大，因此选择增益带宽积为 50MHz 的运放，另外考虑到其供电与推挽部分复用，供电电压需要选择 ±15V 或者更高的电压，还需要选择较高的压摆率、更小的静态偏置电流等。综上所述，选择的运放型号为 AD847。首先需要对补偿支路 R 和 C 进行设计，再确定推挽补偿的电流范围进而进行选择，由式 (5.14) 可以看出，当 R_1 确定时 R_2 越小越好，但是之前也介绍过电阻过小的缺陷，而且仿真过程中也发现，随着 R_2 的变小，AD847 输出的电压会在很小的范围就饱和，无法进行正常放大，最后经过调试选择 R_2 的值为 2.5Ω。另外，对于注入电容 C 的选择，C 一方面起到隔离作用，另一方面起到重构共模电压的作用，此电容选择要保证能完成一个周期的充放电过程，而且对关注频段内的噪声影响较小，因此最后选择 600nF 的电容。进而可以选择推挽支路的输出电流应大于 3A，保证补偿效果较好，而且在确定供电电压后需要对各部分耐压等级进行选择，最重要的是对推挽支路中三极管的开通和关断时间进行选择，要保证在主电路频率下推挽支路能够正常开通和关闭，因此最终选择的三极管型号为 ZXTC2045E6TA。

FB-CSCC 型 AEF 的原理是通过检测噪声电流，然后对噪声进行放大和注入，根据图 5.42 中的结构，R_2 上的电压与流过 R_1 的电流同相位，然后此电流对电容 C_{inj} 进行充放电，重新建立起共模电压，此时 C_{inj} 会相当于一个电流源，因此在测试单个 FB-CSCC 型 AEF 功能时可以将 C_{inj} 去除，检测输入电压和 R_2 上的电压是否满足关系即可。表 5.8 是 FB-CSCC 型 AEF 的主要参数，搭建的单个 FB-CSCC 型 AEF 的平台如图 5.46 所示，在测试时用信号发生器代替电流互感器作为输入源，然后测量 R_2 上的电压信号进行分析，输入信号为幅值 300mV、占空比 50% 的方波脉冲。图 5.47 为测试得到的结果，可见 R_2 上的电压是输入电压的 5 倍，和理论分

表 5.8　FB-CSCC 型 AEF 的主要参数

参数	数值
输入电压 u_{in}/mV	300
输入信号频率 f/kHz	100
R_3/kΩ	1
R_4/kΩ	5
R_2/Ω	2.5
输入电压占空比 D	0.5

析是一致的, 因此可以得到此 FB-CSCC 型 AEF 设计是有效的。

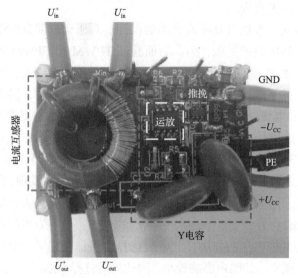

图 5.46　单个 FB-CSCC 型 AEF 测试平台

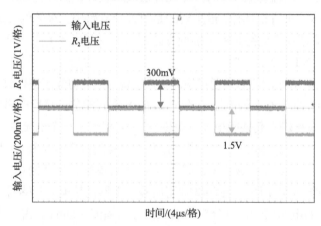

图 5.47　测试单独 FB-CSCC 型 AEF 输入和 R_2 上电压的波形

5.3.3　在电力电子系统中的应用

本节在 Boost 变换器上加入 AEF, 调整 AEF 中运放的增益使 TPWM 和 CPWM 下在低频部分达到相近的抑制效果, 然后比较在高频部分的抑制效果。Boost 变换器加 AEF 结构如图 5.48 所示。

CM EMI 用电流钳测量 L 线和 N 线上电流得到, 将 CPWM 下 AEF 运放增益设置为 5, 测量 CM EMI 的频谱, 然后调整 TPWM 下 AEF 的运放增益直至在较低频率处两者频谱幅值相近, 再比较分析高频部分的频谱区别。

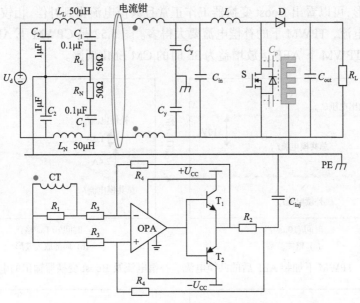

图 5.48　Boost 变换器加 AEF 结构

对 TPWM 和 CPWM 下原始 CM EMI 频谱进行测量，结果如图 5.49 所示。

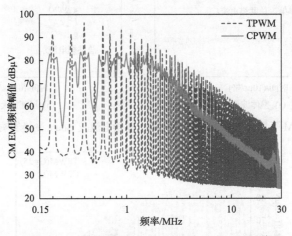

图 5.49　TPWM 和 CPWM 下原始 CM EMI 频谱

由图 5.49 可以看出，在较低频段时 TPWM 和 CPWM 的幅值差为 10dBμV 左右，在高频段时 CPWM 的幅值要比 TPWM 下低 15~20dBμV。

测量 TPWM 下 AEF 中运放增益为 35 和 CPWM 下 AFE 中运放增益为 5 的情况，分别绘制其频谱。图 5.50 是 TPWM 下加装 AEF 后的共模电流、补偿电流及 Boost 变换器输出的电压波形，可以看出 Boost 变换器工作正常且共模电流得到补偿。图 5.51 是 CPWM 下加装 AEF 后的共模电流、补偿电流及 Boost 变换器输出的电压波形,可以看出 Boost 变换器工作正常且共模电流得到补偿。相较于 CPWM 下的补偿电流,TPWM 下的补偿电流要大得多。图 5.52 是 CPWM 下 AEF 运放增益为 5 和 TPWM 下 AEF 运放增益为 35 时的 CM EMI 频谱。

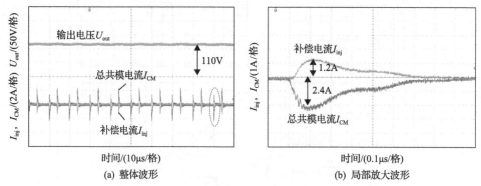

图 5.50 TPWM 下加装 AEF 后的共模电流、补偿电流及 Boost 变换器输出的电压波形

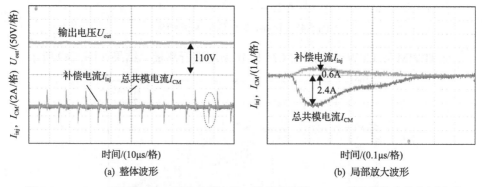

图 5.51 CPWM 下加装 AEF 后的共模电流、补偿电流及 Boost 变换器输出的电压波形

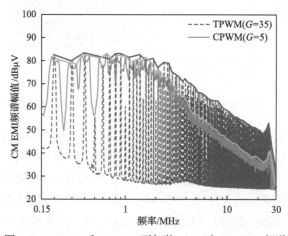

图 5.52 TPWM 和 CPWM 下加装 AEF 时 CM EMI 频谱

　　由图 5.52 可以看出,在较低频段,TPWM 下 AEF 运放增益为 35 时的 CM EMI 频谱和 CPWM 下 AEF 运放增益为 5 时的 CM EMI 频谱幅值相近。

　　图 5.53 是 TPWM 不加 AEF 的 CM EMI 频谱与 TPWM 下加装 AEF 运放增益为 35 的 CM EMI 频谱。图 5.54 是 CPWM 不加 AEF 的 CM EMI 频谱与 CPWM 下加装 AEF 运放增益为 5 的 CM EMI 频谱。根据图 5.53 可以看出,TPWM 下加装 AEF 在低频部分可以抑制大约 11dBμV 的幅值,但是在高频部分其抑制效果有明显的降低,体现出运放增益带宽积的局限带来的问题。反观在 CPWM 下,因为其运放增益只有 5,所以其有效带宽较大,从图 5.54 可以看出在较高频段的 AEF 依旧能保持和较低频段相近的抑制效果。

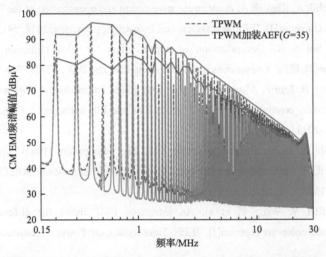

图 5.53　TPWM 下不加 AEF 与加装 AEF 的 CM EMI 频谱比较

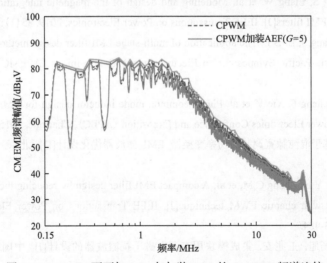

图 5.54　CPWM 下不加 AEF 与加装 AEF 的 CM EMI 频谱比较

通过对测试结果的分析可得下面的结论：

(1)在较低频率部分，CPWM 下可以使用较小的 AEF 运放增益达到与 TPWM 下使用较大的 AEF 运放增益相近的抑制效果；

(2)在较高频率部分，CPWM 能够保证更好的高频抑制效果。

参 考 文 献

[1] Ji Q, Ruan X, Ye Z. The worst conducted EMI spectrum of critical conduction mode boost PFC converter[J]. IEEE Transactions on Power Electronics, 2014, 30(3): 1230-1241.

[2] 贾科林, 王京梅, 毕闯, 等. EMI 滤波器的设计及仿真[J]. 安全与电磁兼容, 2007, (3): 68-71.

[3] Singh A, Mallik A, Khaligh A. A comprehensive design and optimization of the DM EMI filter in a boost PFC converter[J]. IEEE Transactions on Industry Applications, 2018, 54(3): 2023-2031.

[4] Son Y C, Sul S K. Generalization of active filters for EMI reduction and harmonics compensation[J]. IEEE Transactions on Industry Applications, 2006, 42(2): 545-551.

[5] Narayanasamy B, Luo F. A survey of active EMI filters for conducted EMI noise reduction in power electronic converters[J]. IEEE Transactions on Electromagnetic Compatibility, 2019, 61(6): 2040-2049.

[6] Zhang Y, Shi Y, Li H. Differential mode EMI filter design for 100kW SiC filter-less PV inverter[C]. IEEE Applied Power Electronics Conference and Exposition (APEC), New Orleans, 2020: 1521-1525.

[7] Lai R, Maillet Y, Wang F, et al. An integrated EMI choke for differential-mode and common-mode noise suppression[J]. IEEE Transactions on Power Electronics, 2009, 25(3): 539-544.

[8] Liu Y, Jiang S, Liang W, et al. Modeling and design of the magnetic integration of single-and multi-stage EMI filters[J]. IEEE Transactions on Power Electronics, 2019, 35(1): 276-288.

[9] Zheng S, Wang S, Li B L. The application of multi-stage EMI filter design method in planar EMI filter[C]. Asia-Pacific Symposium on Electromagnetic Compatibility (APEMC), Taipei, 2015: 140-143.

[10] Zhang Y, Zheng F, Xie Y, et al. Planar common mode inductor design for EMI filter[C]. IEEE Applied Power Electronics Conference and Exposition (APEC), Charlotte, 2015: 2195-2199.

[11] 丁宇行. 基于混沌脉宽调制的功率变换器 EMI 滤波器优化设计[D]. 北京: 北京交通大学, 2021.

[12] Li H, Ding Y H, Zhang C M, et al. A compact EMI filter design by reducing the common-mode inductance with chaotic PWM technique[J]. IEEE Transactions on Power Electronics, 2021, 37(1): 473-484.

[13] 陈文洁, 杨旭, 王兆安. 集成模块用有源电磁干扰滤波器的设计[J]. 中国电机工程学报, 2005, (24): 55-59.

[14] Chen W, Xu Y, Wang Z. An active EMI filtering technique for improving passive filter low-frequency performance[J]. IEEE Transactions on Electromagnetic Compatibility, 2006, 48(1): 172-177.

[15] 李虹, 张冲默, 丁宇行, 等. 基于混沌脉宽调制的有源 EMI 滤波器高频抑制效果优化设计方法研究[J]. 中国电机工程学报, 2022, (13): 4642-4651.

第6章 基于有源驱动技术的电力电子系统电磁干扰主动抑制方法

本章介绍基于有源驱动技术的电力电子系统电磁干扰主动抑制方法。针对宽禁带半导体器件快速开关过程导致的尖峰和振荡引起的电磁干扰问题，提出基于有源驱动技术的电磁干扰主动抑制方法；介绍宽禁带半导体器件带来的电力电子系统电磁干扰的新问题；分析宽禁带半导体器件开关过程电压、电流尖峰和振荡的抑制机理，介绍基于电压注入型和电流注入型有源驱动电路的电磁干扰主动抑制方法；分析桥式变换器串扰的形成机理，给出串扰峰值的精确量化方法，并介绍基于多电平有源驱动技术的串扰抑制方法。

6.1 宽禁带半导体器件电磁干扰新问题

6.1.1 宽禁带半导体器件的特点与发展

功率半导体器件是电力电子技术发展过程中至关重要的一部分，在电能变换场合中展现着不可替代的作用。在过去的 60 年中，第一代半导体 Si 器件被广泛应用于电力电子功率器件中，但是由于材料特性的限制，Si 器件已经逐渐达到理论极限，无法满足电力电子领域对半导体器件更高性能的要求，成为电力电子技术发展的瓶颈。20 世纪 90 年代，以 GaAs 和 InP 为代表的第二代半导体材料开始崭露头角，但是由于受到材料禁带宽度的限制，GaAs 和 InP 器件更适合应用在高频通信领域。近年来以 GaN 和 SiC 为代表的第三代宽禁带半导体材料由于其优异的材料特性，成为未来电力电子器件的主要发展方向。GaN、SiC 材料与 Si 材料的特性对比如图 6.1 所示[1]。

图 6.1 中 GaN 和 SiC 材料具有更高的电场强度和禁带宽度，这使器件能够承受更高的电压；更高的热导率和熔点使器件能够承受更高的温度；更高的饱和电子漂移速率使器件能够承受更高的频率。GaN 和 SiC 器件耐高压、耐高温和高频的特性使电力电子装置能够向高频、高效和高功率密度的方向发展[2,3]。

2001 年，随着 Infineon 公司推出首个商业化 SiC 肖特基二极管，SiC 功率器件逐渐商业化。目前，SiC 器件发展较为成熟，商业化的 SiC 器件种类繁多，包括 SiC MOSFET、SiC IGBT、SiC 结型场效应晶体管(junction field-effect transistor, JFET)和 SiC 功率模块等。

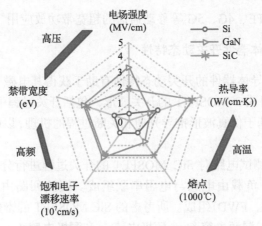

图 6.1　GaN、SiC 材料与 Si 材料的特性对比

　　由于材料特性和结构的特殊性，GaN 器件起步相比 SiC 器件要晚很多，目前已经实现商业化的功率器件主要是 GaN 高电子迁移率晶体管（high electron mobility transistor, HEMT）。GaN HEMT 可分为耗尽型和增强型两种，耗尽型 GaN HEMT 由于自发极化效应形成二维电子气，为常通器件，需要加负压关断，在电力电子装置中并不常用。增强型 GaN HEMT 又分为 E-mode 和 Cascode-mode 两种，E-mode 的结构特点与耗尽型 CaN HEMT 基本相同，只是采用凹槽栅、p-GaN 栅和氟离子注入等方法使阈值电压大于零，使 GaN HEMT 为常闭型器件；Cascode-mode 是将耗尽型 GaN HEMT 与低压 Si MOSFET 串联，GaN HEMT 的栅极与 Si MOSFET 的源极相连，所以 Si MOSFET 的 U_{ds_Si} 等于 GaN HEMT 的 U_{gs_GaN}，从而提供必要的负偏压以实现 Cascode-mode GaN HEMT 的关断，如图 6.2 所示。

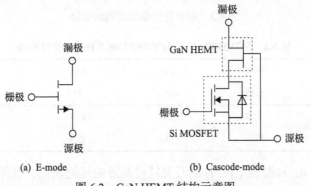

(a) E-mode　　　　　　　　　(b) Cascode-mode

图 6.2　GaN HEMT 结构示意图

　　目前商业化的增强型 GaN HEMT 主要包括单体器件、单体器件与驱动器、半桥模块三种类型，国内外大约有 8 家厂商可以提供 GaN 功率器件。国内目前能够提供 GaN 器件的厂商只有苏州能讯高能半导体有限公司，但是都是射频类型的

GaN 器件，适合 LTE、4G、5G 等移动通信的超宽带功放应用。

6.1.2　宽禁带半导体器件开关动态特性

分析宽禁带半导体器件的开关动态特性有助于获得其电磁干扰特性。本节基于 PSpice 仿真得到 SiC MOSFET 的开关波形，包括开关过程中的漏源电压 u_{ds}、漏极电流 i_d，进而基于仿真波形推导开通和关断过程的机理，以明确 SiC MOSFET 的瞬态性能。

基于图 6.3 的测试电路对 SiC MOSFET 的开关过程进行分析，其中 U_{dc} 是恒定的输入电压源，负载由电感与电阻串联组成。续流回路由 SiC 续流二极管 （freewheeling diode，FWD）组成。所考虑的 SiC MOSFET 的寄生元件为栅源电容 C_{gs}、栅漏电容 C_{gd}、漏源电容 C_{ds}、源极电感 L_s 和漏极电感 L_d。仿真所采用的 SiC MOSFET 模型为罗姆公司的 SCT3120AL，并采用英飞凌公司的 Si MOSFET IPW65R150CFDA 进行对比，两者的关键参数如表 6.1 所示。

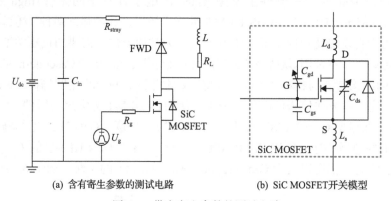

(a) 含有寄生参数的测试电路　　　　　　(b) SiC MOSFET开关模型

图 6.3　带有寄生参数的测试电路

表 6.1　SCT3120AL 与 IPW65R150CFDA 的关键参数

SCT3120AL	参数	u_{ds}/V	i_d/A	$R_{ds(on)}$/mΩ
	数值	650	21	120
IPW65R150CFDA	参数	U_{ds}/V	I_d/A	R_g/mΩ
	数值	650	22.4	150

漏源电压 u_{ds} 和漏极电流 i_d 的开关特性是影响开关损耗、器件应力的主要指标。图 6.4 为基于 PSpice 仿真所得到的 SiC MOSFET 与 Si MOSFET 关断过程中漏源电压 u_{ds} 的波形和开通过程中漏极电流 i_d 的波形。基于波形对比，SiC MOSFET 的关断过程和开通过程均比 Si MOSFET 速度快，可以减小开关损耗，使电力电子设备工作在较高的开关频率，但同时关断过程漏源电压 u_{ds}、开通过程漏极电流 i_d

的尖峰和振荡均比相同电压等级下的 Si MOSFET 严重。尖峰和振荡不仅会使系统的硬件成本增加，而且会恶化系统的电磁干扰，因此对尖峰和振荡的抑制是十分有必要的。

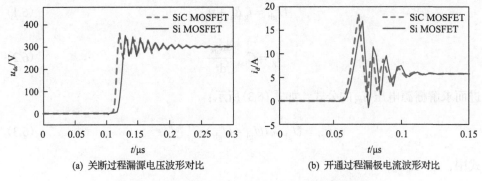

(a) 关断过程漏源电压波形对比 　　　(b) 开通过程漏极电流波形对比

图 6.4　SiC MOSFET 与 Si MOSFET 开关波形对比

了解 SiC MOSFET 开关过程的机理是抑制尖峰和振荡的前提，以图 6.3 所示的测试电路对开关过程的机理进行分析。为简化分析，用恒定的电流源 I_{dd} 代替负载部分，驱动芯片的负向偏置电压为 U_{gl}，用以驱动 SiC MOSFET 的高电位为 U_{gh}，并假设 PWM 信号的上升时间和下降时间为零。图 6.5 为其开通和关断过程的示意图[4]。

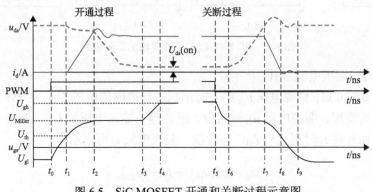

图 6.5　SiC MOSFET 开通和关断过程示意图

1. SiC MOSFET 开通过程的理论分析

根据漏源电压 u_{ds} 和漏极电流 i_d 的开关行为，SiC MOSFET 导通过程可分为四个阶段，图 6.6 为各个阶段的等效电路图。

阶段 1：导通延迟（$t_0 \sim t_1$）。

如图 6.5 所示，在 t_0 时刻，驱动电压经驱动电阻 R_g 施加至栅极，输入电容

C_{iss}($C_{\text{iss}}=C_{\text{gs}}+C_{\text{gd}}$) 被充电, 栅源电压从 U_{gl} 开始上升并在 t_1 时刻达到导通阈值电压 U_{th}。由于该阶段不影响漏极电流, 源极电感 L_s 对栅源电压没有影响。由图 6.6 (a) 中模态 1 的等效电路, 栅源电压 u_{gs} 和驱动电流 i_{g} 如式 (6.1) 和式 (6.2) 所示:

$$U_{\text{gh}} = i_{\text{g}}R_{\text{g}} + u_{\text{gs}} \tag{6.1}$$

$$i_{\text{g}} = C_{\text{iss}}\frac{\mathrm{d}u_{\text{gs}}}{\mathrm{d}t} \tag{6.2}$$

进而求解栅源电压 u_{gs} 的公式, 如式 (6.3) 所示:

$$u_{\text{gs}} = U_{\text{gh}} + (U_{\text{gl}} - U_{\text{gh}})\mathrm{e}^{-(t-t_0)/\tau_{\text{iss}}} \tag{6.3}$$

式中, $\tau_{\text{iss}}=R_{\text{g}}C_{\text{iss}}$。

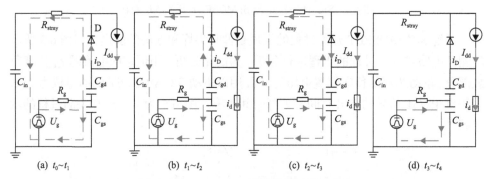

图 6.6　SiC MOSFET 导通阶段的等效电路

阶段 2: 漏极电流上升 ($t_1 \sim t_2$)。

由图 6.5 可知, 栅源电压 u_{gs} 在 t_1 时刻超过导通阈值电压 U_{th}, 由于 FWD 仍然起着续流的作用, 漏源电压 u_{ds} 被钳位, 近似等于输入电压源 U_{dc}, 漏极电流 i_{d} 从零开始增加并在 t_2 时刻达到 I_{dd}。此阶段, 漏极电流 i_{d} 可表示为

$$i_{\text{d}} = g_{\text{fs}}[u_{\text{gs}}(t-t_1) - U_{\text{th}}] \tag{6.4}$$

式中, g_{fs} 为 SiC MOSFET 的跨导。一旦漏极电流 i_{d} 达到 I_{dd}, 二极管电流将反转其极性并开始反向恢复过程。设二极管反向恢复电流从零上升到反向恢复电流的最大值 $i_{\text{rr,max}}$ 然后恢复到零, 所用的反向恢复时间为 t_{rr}, 由二极管反向恢复过程可求得反向恢复时间 t_{rr} 和最大反向峰值电流 $i_{\text{rr,max}}$, 如式 (6.5) 和式 (6.6) 所示:

$$t_{\text{rr}} = \sqrt{\frac{2Q_{\text{rr}}(S+1)}{\mathrm{d}i_{\text{d}}\,/\,\mathrm{d}t\,|_{i_{\text{d}}=I_{\text{dd}}}}} \tag{6.5}$$

$$i_{\text{rr,max}} = \sqrt{\frac{2Q_{\text{rr}}\text{d}i_{\text{d}}\,/\,\text{d}t\,|_{i_{\text{d}}=I_{\text{dd}}}}{S+1}} \tag{6.6}$$

式中，Q_{rr} 为续流二极管的反向恢复电荷；S 为反向恢复时间因子。漏极电流 i_{d} 也将在反向恢复电流达到最大值时取得最大值 $i_{\text{d,peak}}$，如式(6.7)所示：

$$i_{\text{d,peak}} = I_{\text{dd}} + i_{\text{rr,max}} \tag{6.7}$$

基于式(6.5)~式(6.7)，可知二极管反向恢复电流的最大值便是漏极电流 i_{d} 的尖峰幅值，且与漏极电流 i_{d} 的变化率成正相关。

另外，当 $\text{d}i_{\text{d}}\,/\,\text{d}t$ 作用在电路上的寄生电感时，会导致漏源电压 u_{ds} 有一定的减小，如式(6.8)所示：

$$u_{\text{ds}} = U_{\text{DD}} - (L_{\text{s}} + L_{\text{d}})\frac{\text{d}i_{\text{d}}}{\text{d}t} \tag{6.8}$$

阶段 3：漏源电压下降(t_2~t_3)。

此阶段，FWD 将开始与 SiC MOSFET 共同承受直流源电压 U_{dc}，漏极电压 u_{ds} 开始下降，FWD 逐渐承担全部直流源电压 U_{dc}，且此阶段漏源电压 u_{ds} 下降过程如式(6.9)所示。由于此阶段 SiC MOSFET 处于米勒平台阶段，栅源电压 u_{gs} 维持不变，由式(6.9)可知，驱动电流 i_{g} 不变，因而漏源电压 u_{ds} 的上升速度主要由驱动电阻 R_{g} 决定：

$$\begin{cases} i_{\text{g}} = \dfrac{U_{\text{gh}} - u_{\text{gs}}}{R_{\text{g}}} \\[3mm] \dfrac{\text{d}u_{\text{ds}}}{\text{d}t} = \dfrac{i_{\text{g}}}{C_{\text{gd}}} = \dfrac{U_{\text{gh}} - u_{\text{gs}}}{R_{\text{g}}C_{\text{gd}}} \end{cases} \tag{6.9}$$

阶段 4：导通阶段(t_3~t_4)。

此阶段，SiC MOSFET 完全导通，漏极电流 i_{d} 等于恒流源电流 I_{dd}，且漏源电压 u_{ds} 是由漏极电流 i_{d} 作用在导通电阻上形成的。驱动电压经驱动电阻继续对栅源极进行充电，栅源电压 u_{gs} 按指数形式继续上升，栅源极的电压、电流的行为公式和导通延时阶段相同。

2. SiC MOSFET 关断过程的理论分析

与导通过程类似，SiC MOSFET 关断过程也可以分为四个阶段，图 6.7 为关断过程四个阶段的等效电路。

阶段 1：关断延时(t_5~t_6)。

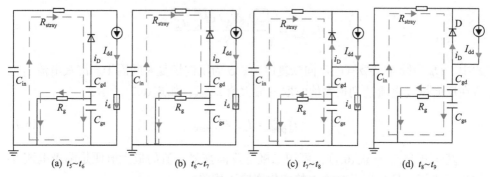

(a) $t_5 \sim t_6$　　　　　　(b) $t_6 \sim t_7$　　　　　　(c) $t_7 \sim t_8$　　　　　　(d) $t_8 \sim t_9$

图 6.7　SiC MOSFET 关断阶段的等效电路

　　此阶段，PWM 信号由高电平瞬间降至低电平，栅源电压 u_{gs} 经图 6.7(a) 中的驱动回路进行放电，降至米勒平台电压。这个过程漏极电流 i_d 不受影响，源极电感 L_s 不会影响栅源电压 u_{gs}，且栅源电压 u_{gs} 和驱动电流 i_g 如式 (6.10) 和式 (6.11)所示：

$$U_{gl} = i_g R_g + u_{gs} \tag{6.10}$$

$$i_g = C_{iss} \frac{du_{gs}}{dt} \tag{6.11}$$

进而求解栅源电压 u_{gs} 如式 (6.12) 所示：

$$u_{gs} = U_{gl} + (U_{gh} - U_{gl}) e^{-t/\tau_{iss}} \tag{6.12}$$

式中，$\tau_{iss} = R_g C_{iss}$。

　　阶段 2：漏源电压上升($t_6 \sim t_7$)。

　　此阶段，栅源电压 u_{gs} 维持不变，漏源电压 u_{ds} 逐渐上升至输入电压 U_{dc}，且由式 (6.13) 可知，漏源电压 u_{ds} 的上升速度依然主要由驱动电阻 R_g 决定：

$$\begin{cases} i_g = \dfrac{u_{gs} - U_{gl}}{R_g} \\[3mm] \dfrac{du_{ds}}{dt} = \dfrac{i_g}{C_{gd}} = \dfrac{u_{gs} - U_{gl}}{R_g C_{gd}} \end{cases} \tag{6.13}$$

　　阶段 3：漏极电流下降($t_7 \sim t_8$)。

　　此阶段，漏源电压 u_{ds} 上升至直流源电压 U_{dc} 时，栅源电压从米勒电压进行下降至导通阈值电压，同时漏极电流 i_d 从恒流源 I_{dd} 处下降至零。由于漏极电流 i_d 较快的变化率，会在线路寄生电感上感应出较大的电压降。这个电压降叠加到漏源电压上，使得漏源电压 u_{ds} 形成尖峰。根据基尔霍夫电压定律，在功率回路中列写回路方程，漏源电压 u_{ds} 可用式 (6.14) 进行描述：

$$u_{ds} = U_{dc} - (L_d + L_s)\frac{di_d}{dt} + U_{FWD} \tag{6.14}$$

进而，漏源电压 u_{ds} 的尖峰幅值如式 (6.15) 所示：

$$u_{ds} - U_{dd} = -(L_d + L_s)\frac{di_d}{dt} + U_{FWD} \tag{6.15}$$

由式 (6.15) 可知，漏源电压 u_{ds} 的尖峰主要由较快的电流变化率在寄生电感上形成的电压导致。

阶段 4：关断阶段 ($t_8 \sim t_9$)。

当恒流源 I_{dd} 完全流过 FWD 时，栅源电压 u_{gs} 逐渐减小至零，SiC MOSFET 完全关断。最终，漏源电压 u_{ds} 尖峰和振荡会被功率电路中的阻尼抑制，使得 SiC MOSFET 的沟道电流完全降至零。但是，衰减振荡的漏源电压 u_{ds} 作用在输出电容 C_{oss} 上，会产生相应的电流，进而影响漏极电流 i_d。此阶段，漏源电压 u_{ds} 和漏极电流 i_d 如式 (6.16) 和式 (6.17) 所示：

$$u_{ds} = U_{dc} + U_{os}e^{-\alpha(t-t_8)}\cos(\omega(t-t_8)) \tag{6.16}$$

$$i_d = C_{oss}\frac{du_{ds}}{dt} \tag{6.17}$$

式中，$\alpha = R_{stray}/[2(L_d + L_s)]$，$\omega = \sqrt{1/[C_{oss}(L_d + L_s)] - \alpha^2}$。

损耗是评价开关特性的重要指标。根据开关过程的理论分析，SiC MOSFET 的关断瞬态是导通瞬态的反向对称过程。用于描述开关行为的等式在开关过程分析中已经确定了，因此可以通过将它们集成在一个完整的开关瞬态中来计算开关损耗，如式 (6.18) 所示：

$$P_{sw} = f\int i_d u_{ds} dt \tag{6.18}$$

由式 (6.18) 可知，开关过程中的瞬态行为决定开关损耗。而开关瞬态的行为在很大程度上受寄生参数的影响。理想的漏源电压和漏极电流应当是没有尖峰和振荡的，而基于开关过程的理论分析可知，漏极电流的尖峰主要由反向恢复的 FWD 导致，漏源电压的尖峰和振荡主要由寄生漏极电感 L_d 和源极电感 L_s 导致。因此，定义理想条件为不考虑 FWD 的反向恢复电流，以及寄生漏极电感 L_d 和源极电感 L_s，非理想条件是考虑这些因素对开关过程的影响。图 6.8 为理想条件下和非理想条件下 SiC MOSFET 的开关轨迹。图 6.8 表明，考虑 FWD 的反向恢复电流及寄生漏极电感 L_d 和源极电感 L_s 会显著影响器件应力和开关损耗,其中开关损耗对应着曲线所包围的面积,应力对应着开关尖峰的幅值。

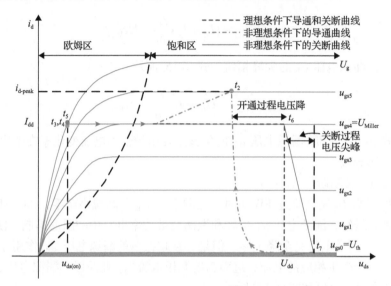

图 6.8　理想条件与非理想条件下 SiC MOSFET 的开关轨迹分析

6.1.3　宽禁带半导体器件电磁干扰特性分析

相比于 Si 器件,宽禁带半导体器件具有更快的开关速度和更高的开关频率,开关过程具有更为严重的振荡,因此宽禁带半导体器件会导致更为严重的电磁干扰噪声[5]。图 6.9 为应用 Si 器件和 SiC 器件的共模电磁干扰发射测量结果的对

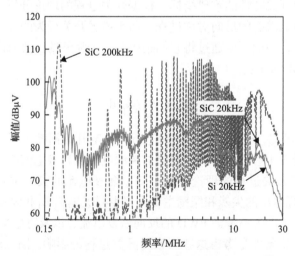

图 6.9　Si 器件和 SiC 器件的共模电磁干扰对比[6]

比。Si 器件开关频率在 20kHz 和 SiC 器件开关频率在 20kHz 处频谱之间的差异在 14MHz 以下几乎看不出来。当开关频率在 14MHz 以上时，SiC 器件比 Si 器件发出大几分贝微伏的噪声；而当在 30MHz 频段时，SiC 器件比 Si 器件发出高约 5dBμV 的噪声。同时由图 6.9 中 SiC 器件在 200kHz 开关频率时的共模传导发射，在几乎整个频率范围内，工作于 200kHz 的 SiC 器件比 Si 器件的噪声幅值高 20dBμV 左右。图 6.10 为 GaN HEMT 和 Si MOSFET 器件的共模电磁干扰的测试结果。同样，当 GaN HEMT 开关频率达到 200kHz 时，噪声幅值相比于 Si 器件增加 20dBμV[6]。

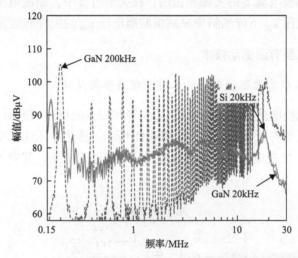

图 6.10　GaN HEMT 器件和 Si MOSFET 器件的共模电磁干扰对比[6]

6.2　基于有源驱动技术的高频电磁干扰抑制方法

6.2.1　电压、电流尖峰和振荡抑制机理

由开关特性的理论分析可知，在开通过程中，FWD 的反向恢复电流使得 SiC MOSFET 的漏极电流 i_d 出现尖峰。根据上述分析，二极管反向恢复电流的峰值与 di_d/dt 正相关。因此，抑制开通过程的 di_d/dt 能够有效抑制电流的尖峰，进而减小振荡的幅值。

在关断过程中，较快的 di_d/dt 在漏极电感和源极电感上形成的压降以及 FWD 的正向导通压降组成漏源电压 u_{ds} 的尖峰。FWD 的正向导通压降相对较小，且是不可控因素，因此电压尖峰的抑制在于如何减小寄生电感上的压降。一方面，可以通过优化电路的 PCB 布局尽可能降低寄生电感来减小尖峰和振荡；另一方面，对于一个特定的电路，在寄生电感已经无法优化的条件下，控制关断过程的

di_d / dt 成为抑制关断过程电压尖峰和振荡的关键因素。

开通和关断过程中，漏极电流 i_d 上升和下降阶段的 SiC MOSFET 均处于饱和状态，此阶段的 di_d / dt 如式(6.19)所示，并可知 di_d/dt 主要取决于栅源电压的斜率 du_{gs} / dt：

$$\frac{di_d}{dt} = g_{fs}\frac{du_{gs}}{dt} \tag{6.19}$$

因此，在开通过程中，漏极电流 i_d 的上升阶段可以通过抑制栅源电压 u_{gs} 上升的斜率来减小漏极电流 i_d 的尖峰和振荡；在关断过程中，漏极电流 i_d 的下降阶段通过抑制栅源电压 u_{gs} 下降的斜率来减缓漏源电压 u_{ds} 的尖峰和振荡。

6.2.2　电压注入型有源驱动技术

1. 电压注入型有源驱动电路的工作原理与参数设计

根据抑制漏极电流 i_d 和漏源电压 u_{ds} 尖峰和振荡的机理，提出用于抑制尖峰和振荡的电压注入型有源驱动电路，如图 6.11 所示。所述电压注入型有源驱动电路包括三部分[7,8]：推挽电路、电压下拉电路和电压注入电路，其中各个部分的功能如下所述。

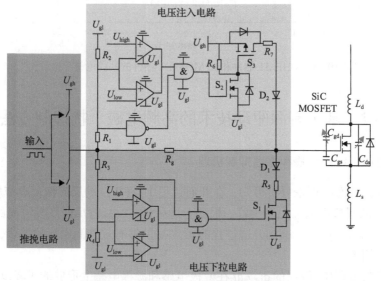

图 6.11　电压注入型有源驱动电路结构

(1)推挽电路：产生驱动脉冲以实现 SiC MOSFET 的正常导通和关断，并采用隔离驱动器用于实现此功能。

(2)电压下拉电路：在 SiC MOSFET 漏极电流 i_d 的上升阶段减慢栅源电压 u_{gs}

的上升速度，进而抑制漏极电流 i_d 的尖峰和振荡。

　　(3)电压注入电路：在 SiC MOSFET 漏极电流 i_d 的下降阶段减慢栅源电压 u_{gs} 的下降速度，进而抑制漏源电压 u_{ds} 的尖峰和振荡。

　　其中，隔离驱动器采用 SILICON LABS 的 Si8235。下面详细介绍电压下拉电路和电压注入电路的工作原理。

　　图 6.11 中的电压下拉电路，由两个电压比较器组成的窗口比较器的功能是产生开关 S_1 的控制信号，将驱动电压的瞬时值经电阻 R_1 和 R_2 分压后与窗口比较器的参考电压进行比较，进而生成控制信号。如图 6.12 所示，基于开通和关断过程的对称性，应使所设计的下拉电路只在开通过程中漏极电流 i_d 的上升阶段起作用，逻辑门将窗口比较器产生的控制信号与经电阻 R_1 和 R_2 分压后的驱动电压信号进行"与"操作，据此，便可以实现开关 S_1 只在漏极电流 i_d 的上升瞬间导通，进而通过接地来减慢 du_{gs}/dt，使得漏极电流 i_d 的尖峰和振荡被抑制。

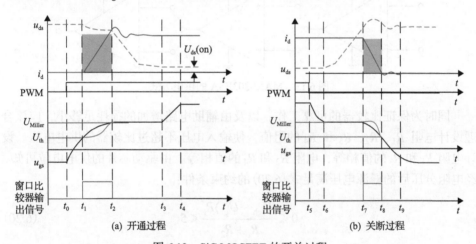

图 6.12　SiC MOSFET 的开关过程

　　电压注入电路的控制信号的生成与电压下拉电路的控制信号产生的原理相同。同时，为使所设计的电压注入电路只在关断过程中漏极电流 i_d 的下降阶段工作，逻辑非门将经电阻 R_3 和 R_4 分压后的驱动电压反向，并将反向后的驱动电压与窗口比较器产生的控制信号相"与"，从而只在关断过程漏极电流 i_d 的下降阶段，窗口比较器生成控制信号，使开关 S_2 导通。在电压源 U_{gh} 的作用下，电阻 R_2 两端因有电流流过形成电压降，并作用在 S_3 的栅源极，进而使开关 S_3 导通。因此，电压源 U_{gh} 将通过开关 S_3、电阻 R_3、二极管 D_2 注入 SiC MOSFET 的栅极，来降低下降的栅源电压斜率 du_{gs}/dt。根据电压尖峰的抑制机理，漏源电压 u_{ds} 的尖峰和振荡便可以被抑制。

　　所述电压注入型有源驱动电路能够有效作用的关键是能在特定的时间将电压

注入 SiC MOSFET 的栅极,为保证所设计的有源驱动电路具有足够快的响应速度,本节对模拟芯片型号的选择以及硬件电路的参数设计进行理论分析,给出电压注入型有源驱动电路实现的参考。

SiC MOSFET 的驱动电平通常采用负压驱动。数据手册中推荐的低电位 U_{gl} 为–5V,高电位 U_{gh} 为18V。同时考虑到电路的响应时间,这要求所采用的电压比较器具备以下两个特点:①较低的延时时间;②具有正压和负压输入的功能。基于以上两点要求,可采用美信公司的超快速电压比较器 MAX9203ESA。MAX9203ESA 的供电方式具有图 6.13 中的三种方式,为了保证电路的可靠性,应避免比较器的负值输入电压,这里采用 0~5V 的供电,并以 U_{gl} 作为参考地,0V 作为高电压对 MAX9203ESA 进行供电,便可以实现比较器正压的输入,其延时时间为7ns。

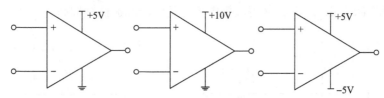

图 6.13　MAX9203ESA 的供电方式

同时为保证比较器的可靠工作,以及由辅助电路增加的损耗足够小,应该合理设计电阻 R_1、R_2、R_3 和 R_4 的阻值,使输入电压不超过比较器的供电电压。设计电阻 R_1 和 R_3 的值相等,电阻 R_2 和 R_4 的值相等。由驱动芯片的供电电位可知,经电阻分压后的栅源电压满足式(6.20)的约束条件:

$$0 \leqslant \frac{(U_{gh} - U_{gl})R_1}{R_1 + R_2} \leqslant 5 \tag{6.20}$$

为尽量降低驱动侧的损耗,电阻 R_1 和 R_2 的阻值应该尽可能取大,考虑到电阻本身的寄生电容和电感会随着阻值的增大而增大,试验电路中 R_2 采用的阻值为20kΩ,R_1 采用的阻值为82kΩ。

根据电压、电流尖峰和振荡的抑制机理,所设计的电压注入型有源驱动电路需要在开通和关断阶段漏极电流 i_d 动作时起作用。因此,窗口比较器的参考电压应该被特定设置。结合图 6.11 和图 6.12,U_{low} 的值应设为导通阈值电压 U_{th},U_{high} 的值应设为米勒平台对应的栅源电压值 U_{Miller}。考虑到实际模拟电路的延迟特性,U_{high} 应比 U_{Miller} 高一些,而 U_{low} 应比 U_{th} 低一点。使用的 SiC MOSFET 型号为CMF20120D,其导通阈值电压 U_{th} 为 2.5V。U_{Miller} 可以经过式(6.21)求得:

$$U_{Miller} = \frac{I_d}{g_{fs}} + U_{th} \tag{6.21}$$

I_d 为 SiC MOSFET 稳定导通时的漏极电流，此处使用允许 SiC MOSFET 连续导通的最大漏极电流，可从数据手册中获得，为 33A。g_{fs} 为 SiC MOSFET 的跨导，为温度、栅源电压 u_{gs} 和漏极电流的函数，采用的是 25℃时的平均值，也可以通过数据手册中获得为 7.3S，进而所求取的 U_{Miller} 的值为 7.0205V。

另外，由于栅源电压经电阻被缩小，参考电压的值应该经相同的比例进行缩小，同时考虑到硬件电路的设计，U_{low} 和 U_{high} 可以通过式(6.22)求得：

$$\begin{cases} U_{low} = \dfrac{(U_{th} - U_{gl})\, R_2}{R_1 + R_2} \\ U_{high} = \dfrac{(U_{Miller} - U_{gl})\, R_2}{R_1 + R_2} \end{cases} \tag{6.22}$$

设置负向偏置电压 U_{gl} 为-5V，将所求的 U_{th}、U_{Miller} 以及电阻 R_1 和 R_2 的阻值代入式(6.22)中，所求 U_{low} 为 1.5V、U_{high} 为 1.9V。

逻辑控制电路采用 74HC 高速系列逻辑门，其中非门采用 74HC04，与门为74HC08。开关管 S_1、S_2 和 S_3 是英飞凌公司制造的高速小功率管 N 沟道 MOSFET BSS214N 和 P 沟道 MOSFET BSS315P，其响应时间均为 5ns，且驱动功率小，不需要附加额外的驱动，其供电方式与 MAX9203ESA 相同，由于逻辑门的供电与比较器 MAX9203ESA 的参考地相同，比较器的输出电压相对逻辑门是正值，这样可以避免驱动电平的负压对逻辑电路的影响。

同时，在关断过程中漏极电流 i_d 的下降阶段，所注入的电压应该低于导通阈值电压，使 SiC MOSFET 不会进行二次开通，图 6.11 的电阻 R_3 起限制注入电压大小的作用，因此电阻 R_3 阻值的设计十分关键。由图 6.11 可以知道，忽略二极管 D_2 和开关管的导通压降，在关断过程中栅极所注入电压为 $(U_{gh}R_g)/(R_6+R_g)$。在阈值电压下，注入的电压越大，栅源电压的下降斜率越缓慢，抑制效果越好，因此所注入的电压应该低于并尽量接近阈值电压。而在开通过程电流下降阶段，应该保证 S_1 中流过的电流在其额定值以下，此时电阻 R_5 的阻值起限流的作用，但是 R_5 的阻值不能太大，否则起不到抑制电流尖峰和振荡的效果。

2. 电压注入型有源驱动电路电磁干扰抑制分析

本节通过试验验证所述电压注入型有源驱动电路的性能，并对电压注入型有源驱动电路作用下 SiC MOSFET 的开关损耗、速度和电磁干扰进行综合评估。

图 6.14 为常规驱动和所述电压注入型有源驱动电路在驱动电阻 R_g 为 6.8Ω时，开关波形的对比。通过图 6.14 中的波形对比可以看出，在相同的驱动电阻下，相对常规驱动电路，所述电压注入型有源驱动电路将导通过程中漏极电流 i_d 的尖峰峰值从 17.5A 减小到 11.1A，振荡几乎完全被抑制；关断过程中漏源电压 u_{ds} 的尖

峰峰值从 415V 减小到 341V，振荡被完全消除。因此，所述电压注入型有源驱动电路可以有效地改善 SiC MOSFET 的瞬态性能。

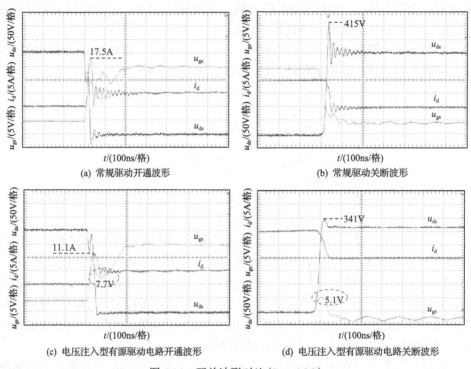

(a) 常规驱动开通波形　　　　　　　　　　(b) 常规驱动关断波形

(c) 电压注入型有源驱动电路开通波形　　　(d) 电压注入型有源驱动电路关断波形

图 6.14　开关波形对比 $(R_g = 6.8\Omega)$

另外，增大常规驱动中的驱动电阻至 33Ω，使漏源电压的尖峰幅值尽可能被抑制，试验波形如图 6.15 所示。从中可以看出，与 33Ω 的常规驱动电路相比，所述电压注入型有源驱动电路，开关波形的尖峰及振荡等瞬态性能仍然相对较好。

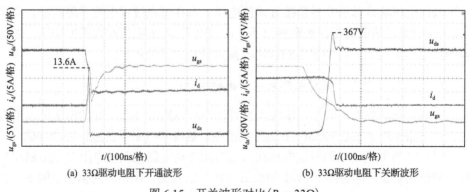

(a) 33Ω驱动电阻下开通波形　　　　　　　(b) 33Ω驱动电阻下关断波形

图 6.15　开关波形对比 $(R_g = 33\Omega)$

另外，漏源电压 u_{ds} 的尖峰和振荡是高频电磁干扰的源头，为验证所述电压注入型有源驱动电路可以有效地抑制高频下的电磁干扰，将常规驱动与有源驱动电路作用下的试验波形漏源电压 u_{ds} 的频谱进行对比，如图 6.16 所示。通过波形对比展现所述电压注入型有源驱动电路能够有效抑制 10～30MHz 频谱的幅值，并且由振荡引起的频谱峰值降低了 12.9dBμV。

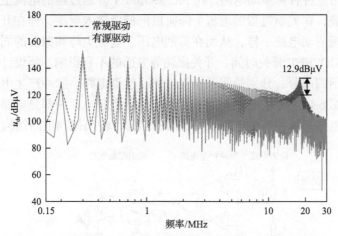

图 6.16　常规驱动和有源驱动电路试验波形漏源电压频谱对比

　　根据尖峰振荡的抑制原理，电压注入型有源驱动电路将减少开关时间，增加开关损耗。对所述电压注入型有源驱动电路下的开关损耗应相对于增加驱动电阻进行评估。表 6.2 和表 6.3 为比较电压注入型有源驱动电路在驱动电阻 R_g 为 6.8Ω，常规驱动电路在驱动电阻 R_g 为 6.8Ω、33Ω 下的开关损耗和开关时间。结果表明，在相同的驱动电阻下，电压注入型有源驱动电路将牺牲一定的开关损耗和开关时间。但是，与增加驱动电阻 R_g 使得电压的尖峰抑制效果几乎相同时，电压注入型有源驱动电路对开关损耗和开关时间的影响很小。

表 6.2　开关损耗对比　　　　　　　　　　　　　（单位：W）

参数	常规驱动驱动电阻(6.8Ω)	常规驱动驱动电阻(33Ω)	电压注入型有源驱动电路驱动电阻(6.8Ω)
开通损耗	2.9198	4.4257	5.2048
关断损耗	5.1469	9.3796	7.2363
总损耗	8.0667	13.8053	12.4411

表 6.3　开关时间对比　　　　　　　　　　　　　（单位：ns）

参数	常规驱动驱动电阻(6.8Ω)	常规驱动驱动电阻(33Ω)	电压注入型有源驱动电路驱动电阻(6.8Ω)
开通时间	29	50	46
关断时间	20	53	37

6.2.3　电流注入型有源驱动技术

1. 电流注入型有源驱动电路的工作原理与参数设计

本节介绍一种有源驱动电路，在 SiC MOSFET 开通过程的电流上升阶段抽取部分驱动电流，在关断过程的电流下降阶段向栅极注入电流，而在开关过程的其他阶段和常规驱动电路一样，从而在抑制电压、电流尖峰和振荡的同时又能尽量减少对 SiC MOSFET 开关时间、开关损耗等方面的不利影响。所设计的有源驱动电路主要包括四部分，分别是驱动推挽电路、检测电路、脉冲产生电路和输出控制电路，如图 6.17 所示，开通电路和关断电路各自独立，两部分电路的驱动推挽电路、检测电路和脉冲产生电路采用相同的结构，输出控制电路结构不同[9,10]。

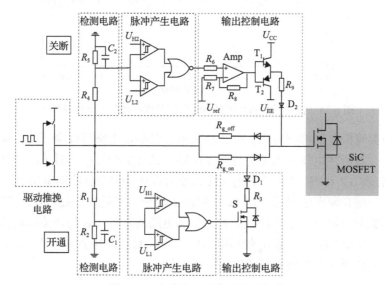

图 6.17　电流注入型有源驱动电路

下面对图 6.17 中各部分电路进行详细的说明。

（1）驱动推挽电路：用来产生驱动电压，可采用商用驱动芯片，如型号为 IXDN609SI 的驱动芯片。

（2）检测电路：开通和关断过程的检测电路采用相同的结构，用来检测驱动电压，包括两个串联的分压电阻和一个电容，图 6.17 中 $R_1=R_4=10\text{k}\Omega$、$R_2=R_5=3.9\text{k}\Omega$、$C_1=10\text{pF}$、$C_2=22\text{pF}$。

（3）脉冲产生电路：开通和关断过程的脉冲产生电路的结构相同，用来接收检测电路输出的电压信号并产生脉冲，控制后级电路。脉冲产生电路采用窗口比较器，U_H、U_L 分别为窗口比较器的上限电压和下限电压。U_H、U_L 的选取决定了脉冲能否在预期的阶段产生及作用时间的长短，时间太短达不到预期的抑制效果，时间太长会影响器件的开通和关断时间。由对开关过程的分析可知，理想情况下，开通阶段的作用时间应为 $t_1 \sim t_2$，关断阶段的作用时间应为 $t_7 \sim t_8$，如图 6.12 所示。但是考虑到电路存在时延，选取的 U_H、U_L 应保证脉冲在理想作用阶段之前产生。脉冲产生电路采用型号为 MAX9203 的比较器，选取 $U_{L1}=U_{L2}=1V$、$U_{H1}=U_{H2}=3V$。

(4)输出控制电路：开通电路和关断电路的输出控制电路采用不同的结构。开通电路的输出控制电路包括 MOSFET、二极管和电阻，当脉冲产生电路输出脉冲时，MOSFET 开通，抽取驱动电流；关断电路的输出控制电路包含两级，前级采用比例放大电路，用来放大脉冲产生电路输出的脉冲，后级电路采用推挽结构，用来向栅极注入电流。需要注意的是，为防止误导通，SiC MOSFET 通常为负压关断，驱动芯片在其关断时提供 −5V 电压，而前级脉冲产生电路输出的脉冲为通常为 0～5V，如果直接将其放大输出，会将负压抬高，威胁到器件的安全运行，所以在比例放大器的反相端接 U_{ref}，此时比例放大器的输入输出关系为

$$u_o = \left(1 + \frac{R_8}{R_7}\right) u_{pulse} - \frac{R_8}{R_7} U_{ref} \tag{6.23}$$

式中，u_{pulse} 为产生脉冲的电压。开通电路中的放大电路采用型号为 THS3061 的放大器实现，选取 $R_6=4.99k\Omega$、$R_7=4.99k\Omega$、$R_8=18.2k\Omega$、$U_{ref}=1V$，输出控制电路中选取 $R_3=4.7\Omega$；关断电路中，选取 $R_9=6.3\Omega$。

表 6.4 为汇总电流注入型有源驱动电路的参数。相较于现有的有源驱动方案，电流注入型有源驱动方案结构简单，易于实现，且成本较低。对于不同的型号，不同特性的 SiC MOSFET 只需要对采样电路和脉冲产生电路的上下限电压进行调整，具有一定的普适性。

表 6.4　电流注入型有源驱动电路参数汇总

电路结构	芯片型号	电路参数
驱动推挽电路	IXDN609SI	—
检测电路	—	$R_1=R_4=10k\Omega$、$R_2=R_5=3.9k\Omega$、$C_1=10pF$、$C_2=22pF$
脉冲产生电路	MAX9203	$U_{L1}=U_{L2}=1V$、$U_{H1}=U_{H2}=3V$
输出控制电路	THS3061	$R_6=4.99k\Omega$、$R_7=4.99k\Omega$、$R_8=18.2k\Omega$、$U_{ref}=1V$、$R_3=4.7\Omega$、$R_9=6.3\Omega$

2. 电流注入型有源驱动电路电磁干扰抑制分析

对有源驱动进行验证，选用 Cree 公司型号为 CMF20120D 的 SiC MOSFET 和型号为 C3D20060 的 SiC 二极管，在直流 400V 下进行试验，选取的驱动电阻为 20Ω，试验电路参数如表 6.5 所示。试验分别在常规驱动 $R_g=20\Omega$、有源驱动 $R_g=20\Omega$、常规驱动 $R_g=100\Omega$、常规驱动 $R_g=20\Omega$（采用 RCD 吸收电路）时四种试验条件下进

行，如表 6.6 所示，RCD 吸收电路采用图 6.18 结构。增加驱动电阻到 100Ω 和采用 RCD 吸收电路作为对照组用来进一步说明电流注入型有源驱动电路的优势，试验结果如图 6.19 和图 6.20 所示。

表 6.5　试验电路参数

参数	数值
直流母线电压 U_{dc}/V	400
负载电感 L_{load}/μH	330
负载电阻 R_{load}/Ω	20
驱动电阻 R_{g}/Ω	20
开关频率 f_{s}/kHz	100

表 6.6　试验工况说明

试验条件	驱动方式	驱动电阻/Ω	RCD 吸收电路
I	电流注入型有源驱动	20	无
II	常规驱动	20	无
III	常规驱动	100	无
IV	常规驱动	20	有

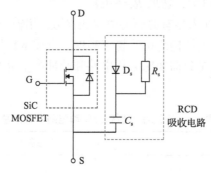

图 6.18　RCD 吸收电路

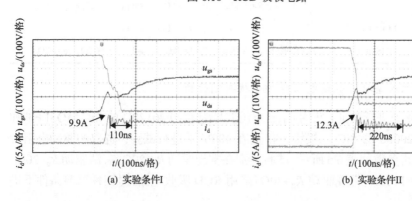

(a) 实验条件I　　　　　　　　　　　(b) 实验条件II

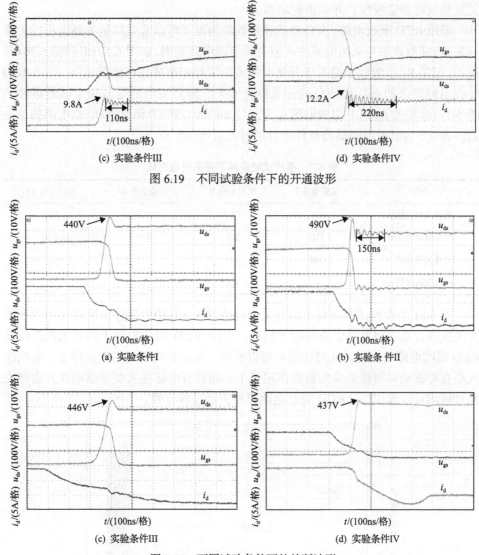

图 6.19　不同试验条件下的开通波形

图 6.20　不同试验条件下的关断波形

从试验结果可以看到，采用电流注入型有源驱动与采用相同驱动电阻的常规驱动相比，开通过程漏极电流 i_d 尖峰由 12.3A 降低为 9.9A，振荡得到明显抑制，如图 6.19(a) 所示；关断过程漏源电压 u_{ds} 尖峰由 490V 降低为 440V，振荡完全消除，如图 6.20(b) 和 (a) 所示。

试验中发现，采用增加驱动电阻的手段，在本试验平台条件下，驱动电阻增加到 100Ω 时，对于开关过程电压、电流尖峰和振荡的抑制才能与电流注入型有源驱动电路相当，如图 6.19(c) 和图 6.20(c) 所示。但是在此驱动电阻条件下，开关过程变得非常缓慢,开关损耗增加。

　　采用 RCD 吸收电路,在合理选择参数的情况下可以有效抑制关断电压的尖峰和振荡,抑制效果与采用电流注入型有源驱动电路相当,如图 6.19(d)和图 6.20(d)所示,但是 RCD 吸收电路对于开通时电流的尖峰和振荡没有抑制效果,而且 RCD 吸收电路带来的损耗会使总的开关损耗增大。需要说明的是,限于试验条件,图 6.19(d)和图 6.20(d)中的电流 i_d 为流过 SiC MOSFET 和 RCD 吸收电路的总电流。表 6.7 为以上不同试验条件下开关过程对比的汇总。

表 6.7　不同试验条件下开关过程对比

参数	试验条件 I	试验条件 II	试验条件 III	试验条件 IV
电流尖峰幅值/A	9.9	12.3	9.8	12.2
电流振荡时间/ns	110	220	110	220
电压尖峰幅值/V	440	490	446	437
电压振荡时间/ns	0	150	0	0

　　图 6.21 为四种试验条件下的开关损耗的对比,其中电流注入型有源驱动下的开关损耗计及有源驱动电路的附加损耗,采用 RCD 吸收电路下的开关损耗计及 RCD 吸收电路的损耗。从对比结果可以看到,在抑制效果相当的条件下,电流注入型有源驱动对损耗带来的负面作用更小,而且有电流注入型源驱动在开通和关断过程均可以起作用,RCD 吸收电路只对关断过程有效。

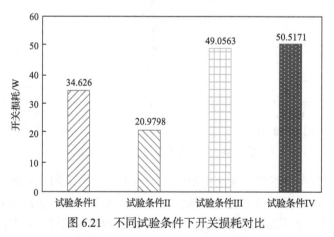

图 6.21　不同试验条件下开关损耗对比

　　SiC MOSFET 开关过程电压、电流的尖峰和振荡是电力电子变换器高频电磁干扰的重要源头,所以抑制电压、电流的尖峰和振荡是从源头上主动抑制电力电子变换器电磁干扰的一种手段。对常规驱动和电流注入型有源驱动(驱动电阻均为 20Ω)时 SiC MOSFET 漏源电压 u_{ds} 的频谱进行分析,频谱如图 6.22 所示。从频谱图可以看到，常规驱动下由于电压、电流的振荡在 30MHz 附近产生尖峰，尖峰出现的位置与振荡频率一致，采用电流注入型有源驱动电路之后尖峰幅值明显降低。

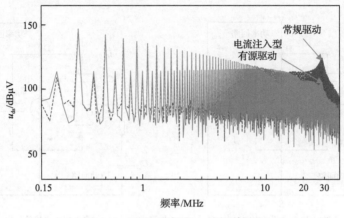

图 6.22　不同驱动下 u_{ds} 的频谱对比

6.3　基于有源驱动技术的桥式变换器串扰抑制方法

6.3.1　串扰形成机理

建立如图 6.23 所示的双脉冲仿真平台用以分析串扰的形成机理。其中，上管 S_1 工作在开/关状态，下管 S_2 设置为关断状态，并用于观察串扰。使用的 SiC MOSFET 的型号为 IMZ120R045M1（1200V/52A）。

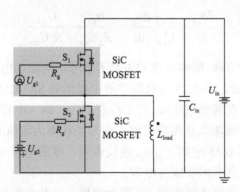

图 6.23　SiC MOSFET 串扰分析的仿真电路

图 6.24 是 S_2 的等效电路，用于分析串扰的形成机理，并规定驱动电阻 R_g、栅漏电容 C_{gd}、栅源电容 C_{gs} 电压的参考方向。根据基尔霍夫电压定律，驱动回路的方程可以用式 (6.24) 和式 (6.25) 表示：

$$U_{g2} = -R_g\left(C_{gd}\frac{du_{gd}}{dt} - C_{gs}\frac{du_{gs}}{dt}\right) + u_{gs}$$

$$(6.24)$$

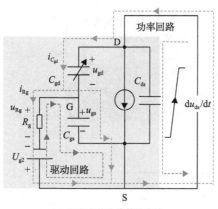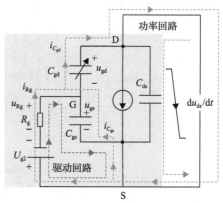

(a) 正向串扰尖峰等效电路　　　　(b) 负向串扰尖峰等效电路

图 6.24　用于串扰分析的 S_2 等效电路

$$u_{ds} = u_{gd} + u_{gs} \tag{6.25}$$

式中，U_{g2} 为 S_2 的负向偏置电压；R_g 为驱动电阻；u_{gd} 和 u_{gs} 如图 6.24 所示。输入电容 C_{iss}、栅源电容 C_{gs} 和栅漏电容 C_{gd} 的关系如式(6.26)所示：

$$C_{iss} = C_{gs} + C_{gd} \tag{6.26}$$

则基于式(6.24)～式(6.26)，可以得到串扰的微分方程，如式(6.27)所示：

$$\frac{du_{gs}}{dt} = \frac{C_{gd}}{C_{iss}}\frac{du_{ds}}{dt} - \frac{u_{gs}}{R_gC_{iss}} + \frac{U_{g2}}{R_gC_{iss}} \tag{6.27}$$

　　根据串扰的微分方程,影响串扰的主要因素分别为驱动电阻 R_g、输入电容 C_{iss}、栅漏电容 C_{gd} 和 du_{ds}/dt。图 6.25 为数据手册中提供的 SiC MOSFET 结电容特性曲线。值得注意的是，在漏源电压 u_{ds} 的工作范围内，输入电容 C_{iss} 可被视为常数。另外，由于在电路中使用集总参数模型，在开关频率为定值的条件下，驱动电阻 R_g 可以视为常数。图 6.25 中的 C_{gd}-u_{ds} 曲线表明，栅漏电容 C_{gd} 随漏源电压 u_{ds} 的增加而急剧降低，是典型的非线性电容。

　　在一些文献中不仅将栅漏电容 C_{gd} 视为常量，并表示为 $C_{gd\text{-typical}}$，而且开通和关断过程中漏源电压 u_{ds} 也被线性化，如图 6.26 所示。其中，T_m 是 u_{ds} 达到最大值 U_m 的时刻，因此漏源电压 u_{ds} 的斜率可以表示为 U_m/T_m。基于栅漏电容的典型值 $C_{gd\text{-typical}}$ 和漏源电压 u_{ds} 的线性斜率 U_m/T_m，栅源电压 u_{gs} 的时域表达式为式(6.28)，其是一个可解的方程：

$$u_{\text{gs\_typical}} = R_{\text{g}}C_{\text{gd-typical}}\frac{U_{\text{m}}}{T_{\text{m}}} + \left(U_{\text{g2}} - R_{\text{g}}C_{\text{gd-typical}}\frac{U_{\text{m}}}{T_{\text{m}}}\right)e^{\frac{-t}{R_{\text{g}}C_{\text{iss}}}} \tag{6.28}$$

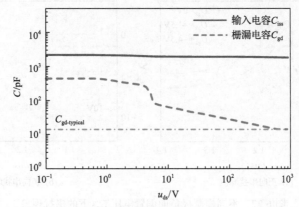

图 6.25 　SiC MOSFET 数据手册提供的 C_{iss} 和 C_{gd} 的特性曲线

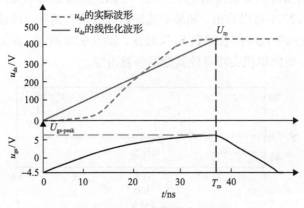

图 6.26 　正向串扰形成示意图

其中，由 SiC MOSFET IMZ120R045M1 的数据手册可以获取 C_{gd} 的典型值，为 13pF。但是，根据图 6.25，在 u_{ds} 的工作范围内，C_{gd} 的最大值约为 490pF，这是典型值 $C_{\text{gd-typical}}$ 的 37.7 倍。因此，不能忽略由 C_{gd} 的非线性引起的计算误差。虽然式 (6.28) 中的 U_{m} 可以根据试验参数设置获得，但是未提供求取 T_{m} 的方法。因此，式 (6.28) 不能在预测串扰的峰值中发挥作用。下面将给出 T_{m} 的求解方法以及一种考虑栅漏电容 C_{gd} 非线性进而精确求解串扰峰值的方法，并将在所述串扰峰值求解方法的部分进行介绍。

另外，根据式 (6.28)，串扰峰值受到所采用的栅源极负向偏置电压的显著影响。通常，为避免串扰现象，实际中使用的负向偏置电压为–4V 或–5V。为了显示栅源极负向偏置电压对串扰的影响，基于图 6.23 的电路仿真使用不同栅源极负

向偏置电压 U_{g2} 的串扰峰值。其中，直流链路电容 C_{in} 设置为 470μF，输入电压 U_{dc} 为 800V 时，栅源极串扰峰值如图 6.27 所示。

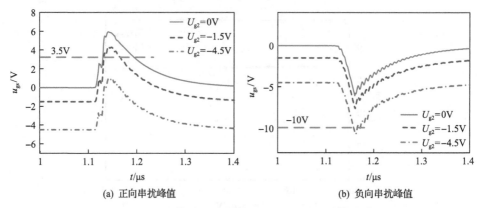

(a) 正向串扰峰值　　　　　　　　　(b) 负向串扰峰值

图 6.27　不同栅源极负向偏置电压 U_{g2} 下的串扰现象

IMZ120R045M1 的导通阈值电压为 3.5V，因此栅源极可承受的最大负向电压为-10V。从图 6.27 中可以看出，如果不施加栅源极负向偏置电压或栅源极负向偏置电压很小，正向串扰峰值会导致 S_2 误触发，如图 6.28 所示。而如果栅源极负向偏置电压太低，负向串扰尖峰将使其栅源极被击穿。

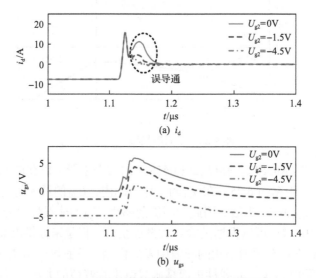

(a) i_d

(b) u_{gs}

图 6.28　正向串扰峰值导致 S_2 的误导通现象

根据以上分析，传统的串扰峰值计算方法使用常量 $C_{gd\text{-typical}}$ 进行计算，所计算的串扰峰值误差太大，无法用于串扰峰值的计算，因此应首先分析非线性 C_{gd} 对串扰的影响。同时，为了防止上管 SiC MOSFET 和下管 SiC MOSFET 之间的直通，偏置电压 U_{g2} 采用–4.5V 对串扰峰值进行分析和试验验证。图 6.29 中为显示使用非线性 C_{gd} 和 $C_{gd\text{-typical}}$ 仿真的串扰现象。其中，直流链路电容 C_{in} 设置为470μF，输入电压 U_{dc} 为 800V。

根据图 6.29，可以得出以下结论：

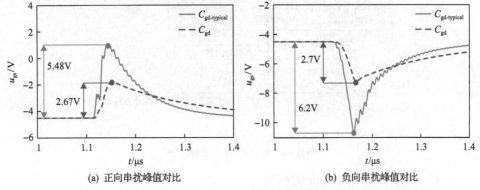

(a) 正向串扰峰值对比　　　　　　　　　(b) 负向串扰峰值对比

图 6.29　使用典型值 C_{gd} 和使用非线性 C_{gd} 之间的正负向串扰峰值比较

(1)非线性栅漏电容 C_{gd} 引起的正向串扰峰值是栅漏电容 C_{gd} 典型值的 2.1 倍，非线性栅漏电容 C_{gd} 引起的负向串扰峰值是栅漏电容 C_{gd} 典型值的 2.3 倍。

(2)栅漏电容 C_{gd} 的非线性对正向和负向串扰峰值有很大的影响。通过使用栅漏电容 C_{gd} 典型值求取的正向和负向串扰峰值显著小于使用非线性电容 C_{gd} 所求取的正向和负向串扰峰值。

为了解决由于忽略栅漏电容 C_{gd} 的非线性而导致的上述问题，下面介绍一种通用方法用于精确求解串扰的峰值。

6.3.2　串扰峰值精确量化方法

1. 基于栅漏电容的非线性精确串扰峰值计算方法

微分方程(6.27)是求解串扰峰值的通用公式，因此串扰峰值计算的关键是如何在微分方程中考虑栅漏电容 C_{gd} 的非线性特征。

建立驱动电阻 R_g、栅漏电容 C_{gd}、输入电容 C_{iss}、du_{ds}/dt 的精确数学模型是该方法的重要步骤。由于驱动电阻 R_g、输入电容 C_{iss} 可以视为常数，可以将它们直接代入微分方程(6.27)。另外，du_{ds}/dt 本身为时间的函数，需要首先在提出的方法中对其进行时域建模，然后代入微分方程(6.27)。因此，上述方法的正确性和准确性取决于如何通过时域函数描述栅漏电容 C_{gd} 的非线性。根据图 6.25，非线性栅漏电容 C_{gd} 可描述为漏源电压 u_{ds} 的函数，进而可以转化为时域表达式。基于以上分析，提出的通用方法可以详细分为两步，如图 6.30 所示[11]。

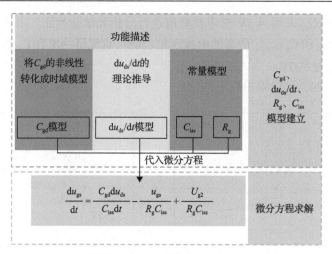

图 6.30　串扰峰值的求解步骤

1) C_{iss}、R_g、C_{gd} 和 du_{ds}/dt 的模型

上述部分已经说明了驱动电阻 R_g 和输入电容 C_{iss} 可以作为常量进行求解微分方程(6.27)。详细地，输入电容 C_{iss} 可在 SiC MOSFET 的数据手册中获得，驱动电阻 R_g 来自于试验的设定和 SiC MOSFET 的内部电阻,且内部电阻仍可从数据手册中获得。

(1) C_{gd} 的非线性模型。

根据 SiC MOSFET 的物理结构，栅漏电容 C_{gd} 由氧化层电容 C_{oxd} 和耗尽层电容 C_{gdj} 组成，如图 6.31 所示。其中，氧化层电容 C_{oxd} 不随金属氧化物层两端电压的变化而变化，是一个定值；相反，耗尽层的宽度随外部电压而变化，这使得耗尽层电容 C_{gdj} 的电容是漏源电压 u_{ds} 的函数。基于栅漏电容 C_{gd} 的特性，这里使用

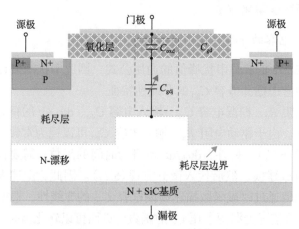

图 6.31　SiC MOSFET 的剖面图

指数函数来描述 C_{gd} 的非线性，如式(6.29)所示：

$$C_{gd} = f(u_{ds}) = p_1 + p_2 \exp(-p_3 u_{ds}^{P_4}) + p_5 \exp(-p_6 u_{ds}^{P_7}) \tag{6.29}$$

式中，$p_1 \sim p_7$ 为常数。式(6.29)中有三部分：第一部分是一个常数项，用于表示氧化层电容 C_{oxd}；第二部分和第三部分用于描述耗尽层电容 C_{gdj} 的特性，即电容随着 u_{ds} 的增加而减小。通过调整式(6.29)中的系数 $p_1 \sim p_7$，可以准确地描述不同类型 SiC MOSFET 中的栅漏电容 C_{gd}。

　　针对 $C_{gd}\text{-}u_{ds}$ 的拟合多项式中的系数 $p_1 \sim p_7$，采用 GetData Graph Digitizer (GetData)和 First Optimization(1stOpt)软件来计算这些系数。GetData 是可以从图片中获取原始数据(x, y)的图像数字化软件，而 1stOpt 是数学优化分析程序。如图 6.32 所示，通过用 GetData 获得的 $C_{gd}\text{-}u_{ds}$ 数据和 $C_{gd}\text{-}u_{ds}$ 的拟合多项式输入软件 1stOpt，进行拟合，便可以获得式(6.29)中的系数 $p_1 \sim p_7$。在图 6.32 中，R^2 表示确定系数，求解方法如式(6.30)所示，它用于表征基于式(6.29)拟合的曲线与从数据手册中获得的曲线之间的误差：

$$R^2 = 1 - \frac{\sum(C_{gd\text{-}i} - \hat{C}_{gd\text{-}i})^2}{\sum(C_{gd\text{-}i} - \overline{C}_{gd})^2} \tag{6.30}$$

式中，$C_{gd\text{-}i}$ 为从 $C_{gd}\text{-}u_{ds}$ 曲线获得的 C_{gd} 数据；$\overline{C}_{gd}$ 为 $C_{gd\text{-}i}$ 的平均值；$\hat{C}_{gd\text{-}i}$ 为用式(6.29)计算的数据。另外，R^2 的范围为[0, 1]，且 R^2 越大，拟合误差越小。当 R^2 大于 0.95 时，认为拟合曲线是可接受的。

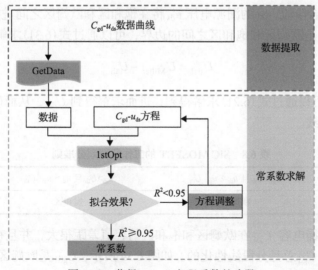

图 6.32　获得 $C_{gd}\text{-}u_{ds}$ 方程系数的步骤

由于式 (6.29) 是关于漏源电压 u_{ds} 的函数，要获得式 (6.29) 的最终时域表达式，首先应获得漏源电压 u_{ds} 的时域表达式。如图 6.26 所示，漏源电压 u_{ds} 始终被线性化以简化分析。但是，漏源电压 u_{ds} 的线性化使栅漏电容 C_{gd} 以相同的速率充电或放电，而没有考虑在导通或关断过程中漏源电压 u_{ds} 的变化，进一步导致串扰峰值的计算值与试验值不符。

为了获得更为准确的串扰峰值，将漏源电压 u_{ds} 分段线性化，如图 6.33 所示。

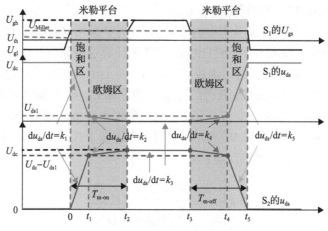

图 6.33　漏源电压的简化分析波形

如图 6.23 和图 6.33 所示，由于 S_1 的漏源电压与 S_2 的漏源电压之和为输入电压 U_{dc}，且 S_2 的漏源电压 u_{ds} 随着 S_1 漏源电压 u_{ds} 进行调整。此外，S_1 的漏源电压 u_{ds} 上升或下降仅在米勒平台阶段发生。根据表 6.8 所示欧姆区和饱和区划分的准则，在米勒平台阶段，S_1 的漏源电压 u_{ds} 将在饱和区和欧姆区之间进行转换，且图 6.33 中的 U_{ds1} 是欧姆区和饱和区之间的边界，可以通过式 (6.31) 求解：

$$U_{ds1} = U_{Miller} - U_{th} \tag{6.31}$$

式中，U_{Miller} 可以通过式 (6.21) 求解得到，进而求解得到 U_{ds1}，从而确定欧姆区和饱和区的分界线。

表 6.8　SiC MOSFET 的工作区域划分准则

条件	$u_{gs}>U_{th}$ 且 $u_{ds} \leqslant u_{gs}-U_{th}$	$u_{gs}>U_{th}$ 且 $u_{ds} > u_{gs}-U_{th}$	$u_{gs}<U_{th}$
工作区域	欧姆区	饱和区	截止区

另外，栅漏电容 C_{gd} 在欧姆区和饱和区的容值差距很大，并且在求解 du_{ds}/dt 时，栅漏电容 C_{gd} 总是分段线性化的。如图 6.34 所示，C_{gd1} 是欧姆区的等效电容，C_{gd2} 是饱和区的等效电容。而且，C_{gd1} 和 C_{gd2} 的求解方法是根据面积等效原理获

得的。C_{gd}-u_{ds} 特性曲线将提供在 SiC MOSFET 的数据手册中，因此可以通过 GetData 提取 C_{gd}-u_{ds} 曲线的数据。然后，计算出欧姆区和饱和区的面积，分别为 A_1 和 A_2。进而可以通过式 (6.32) 求解 C_{gd1} 和 C_{gd2}：

$$\begin{cases} C_{gd1} = \dfrac{A_1}{U_{ds1}}, & u_{ds} < U_{ds1} \\[3mm] C_{gd2} = \dfrac{A_2}{U_{dc} - U_{ds1}}, & U_{ds1} \leqslant u_{ds} \leqslant U_{dc} \end{cases} \tag{6.32}$$

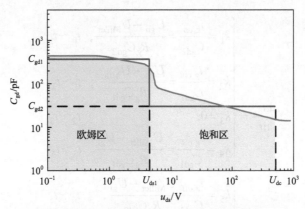

图 6.34　求解 C_{gd1} 和 C_{gd2} 方法的示意图

同时，在米勒平台阶段漏源电压 u_{ds} 上升或下降的过程中，驱动电流 i_g 可用式 (6.33) 求解：

$$\begin{cases} i_{g,on} = \dfrac{U_{gh} - U_{Miller}}{R_g} \\[3mm] i_{g,off} = \dfrac{U_{Miller} - U_{gl}}{R_g} \end{cases} \tag{6.33}$$

式中，U_{gh} 为 U_{g1} 的高电平；U_{gl} 为 U_{g1} 的低电平。它们是基于试验的已知参数。

另外，该阶段的驱动电流 i_g 是由 $\mathrm{d}u_{gd}/\mathrm{d}t$ 作用在栅漏电容 C_{gd} 上形成的，也可以由式 (6.34) 进行求解：

$$i_g = C_{gd}\mathrm{d}u_{gd}/\mathrm{d}t = C_{gd}\mathrm{d}(u_{ds} - U_{Miller})/\mathrm{d}t = C_{gd}\mathrm{d}u_{ds}/\mathrm{d}t \tag{6.34}$$

因此，$\mathrm{d}u_{ds}/\mathrm{d}t$ 可以通过式 (6.35) 来求解：

$$\frac{\mathrm{d}u_{ds}}{\mathrm{d}t} = \frac{i_g}{C_{gd}} \tag{6.35}$$

基于式(6.35)，可知 du_{ds}/dt 仅由驱动电流 i_g 和栅漏电容 C_{gd} 决定。如上所述，饱和区和欧姆区中栅漏电容 C_{gd} 的值不同，开通和关断过程中的驱动电流 i_g 也不同。因此，上升或下降过程中 S_1 的 u_{ds} 可以线性化为两条直线，如图 6.33 所示。其中，k_1 是 S_1 工作在开通过程饱和区中漏源电压 u_{ds} 的斜率；k_2 是 S_1 工作在开通过程欧姆区中漏源电压 u_{ds} 的斜率；k_3 是 S_1 在稳定导通过程中漏源电压 u_{ds} 的斜率；k_4 是 S_1 工作在关断过程欧姆区中漏源电压 u_{ds} 的斜率；k_5 是 S_1 工作在关断过程饱和区中漏源电压 u_{ds} 的斜率。根据图 6.33 和式(6.32)～式(6.35)，k_1、k_2、k_3、k_4 和 k_5 可以通过式(6.36)求解：

$$\frac{du_{ds}}{dt} = \begin{cases} k_1 = \dfrac{i_{g,on}}{C_{gd2}} = \dfrac{U_{gh} - U_{Miller}}{R_g C_{gd2}}, & t_0 \sim t_1 \\[2mm] k_2 = \dfrac{i_{g,on}}{C_{gd1}} = \dfrac{U_{gh} - U_{Miller}}{R_g C_{gd1}}, & t_1 \sim t_2 \\[2mm] k_3 = 0, & t_2 \sim t_3 \\[2mm] k_4 = \dfrac{i_{g,off}}{C_{gd1}} = \dfrac{U_{Miller} - U_{gl}}{R_g C_{gd1}}, & t_3 \sim t_4 \\[2mm] k_5 = \dfrac{i_{g,off}}{C_{gd2}}\dfrac{U_{Miller} - U_{gl}}{R_g C_{gd2}}, & t_4 \sim t_5 \end{cases} \tag{6.36}$$

进而，根据图 6.33，周期 $t_0 \sim t_5$ 中 S_2 的漏源电压 u_{ds} 的时域公式如式(6.37)所示：

$$u_{ds} = \begin{cases} k_1 t, & t_0 \sim t_1 \\ U_{dc} - U_{ds1} + k_2(t - t_1), & t_1 \sim t_2 \\ U_{dc}, & t_2 \sim t_3 \\ U_{dc} - k_3(t - t_3), & t_3 \sim t_4 \\ U_{dc} - U_{ds1} - k_4(t - t_4), & t_4 \sim t_5 \end{cases} \tag{6.37}$$

因此，通过将式(6.37)代入式(6.29)中，最终可以得到非线性 C_{gd} 的时域公式，如式(6.38)所示：

$$C_{gd} = \begin{cases} p_1 + p_2\exp(-p_3(k_1 t)^{p_4}) + p_5\exp(-p_6(k_1 t)^{p_7}), & t_0 \sim t_1 \\ p_1 + p_2\exp(-p_3[U_{dc} - U_{ds1} + k_2(t - t_1)]^{p_4}) + p_5\exp(-p_6[U_{dc} - U_{ds1} + k_2(t - t_1)]^{p_7}), & t_1 \sim t_2 \\ p_1 + p_2\exp(-p_3 U_{dc}^{p_4}) + p_5\exp(-p_6 U_{dc}^{p_7}), & t_2 \sim t_3 \\ p_1 + p_2\exp(-p_3[U_{dc} - k_3(t - t_3)]^{p_4}) + p_5\exp(-p_6[U_{dc} - k_3(t - t_3)]^{p_7}), & t_3 \sim t_4 \\ p_1 + p_2\exp(-p_3[U_{dc} - V_{ds1} - k_4(t - t_4)]^{p_4}) + p_5\exp(-p_6[U_{dc} - U_{ds1} - k_4(t - t_4)]^{p_7}), & t_4 \sim t_5 \end{cases}$$

$$\tag{6.38}$$

由于串扰是由 S_2 的 du_{ds}/dt 在栅漏电容 C_{gd} 上的作用引起的，并且在 $t_2 \sim t_3$ 时间段内 du_{ds}/dt 为 0，不会影响串扰，因此要确定的时间间隔为 $t_0 \sim t_1$、$t_1 \sim t_2$、$t_3 \sim t_4$ 和 $t_4 \sim t_5$。如图 6.33 所示，根据求解的 k_1、k_2、k_3、k_4、k_5 和漏源电压 u_{ds} 在每个时间间隔中的变化量，时间间隔 $t_0 \sim t_1$、$t_1 \sim t_2$、$t_3 \sim t_4$ 和 $t_4 \sim t_5$ 可通过式(6.39)求解：

$$
\begin{cases}
t_1 - t_0 = \dfrac{U_{dc} - U_{ds1}}{k_1} \\[2mm]
t_2 - t_1 = \dfrac{U_{ds1}}{k_2} \\[2mm]
t_4 - t_3 = \dfrac{U_{ds1}}{k_4} \\[2mm]
t_5 - t_4 = \dfrac{U_{dc} - U_{ds1}}{k_5}
\end{cases}
\tag{6.39}
$$

将漏源电压 u_{ds} 每个时间段函数的起点设置为零，并求解对应时间段的串扰值。值得注意的是，时刻 t_1 求解出的串扰值为时间段 $t_1 \sim t_2$ 串扰的初始值，且 $t_1 \sim t_2$ 时间段串扰的最大值便为正向串扰峰值。负向串扰峰值的求解过程是相同的。时刻 t_4 求解出的串扰值是在 $t_4 \sim t_5$ 时间段串扰的初始值，并且 $t_4 \sim t_5$ 时间段串扰的最小值便是负向串扰峰值。

根据图 6.33，式(6.28)中的 T_m 可以由式(6.40)进行求解：

$$
\begin{cases}
T_{\text{m-on}} = t_2 - t_0 = \dfrac{U_{dc} - U_{ds1}}{k_1} + \dfrac{U_{ds1}}{k_2} \\[3mm]
T_{\text{m-off}} = t_5 - t_3 = \dfrac{U_{ds1}}{k_4} + \dfrac{U_{dc} - U_{ds1}}{k_5}
\end{cases}
\tag{6.40}
$$

基于式(6.28)，可以得到不考虑栅漏电容 C_{gd} 的非线性所求解的串扰峰值，并将其与所述方法求解的串扰峰值进行比较。

(2) du_{ds}/dt 的数学模型。

由于 du_{ds}/dt 是漏源电压 u_{ds} 的导数，可以由式(6.37)轻松获得，如式(6.41)所示：

$$
\frac{du_{ds}}{dt} =
\begin{cases}
k_1, & t_0 \sim t_1 \\
k_2, & t_1 \sim t_2 \\
k_3, & t_2 \sim t_3 \\
-k_4, & t_3 \sim t_4 \\
-k_5, & t_4 \sim t_5
\end{cases}
\tag{6.41}
$$

2)求解串扰的微分方程

目前为止，微分方程(6.27)可以在时域中完全表达。Ode45 是 MATLAB 提供的用于常微分方程的数值求解器。基于该软件，可以准确计算出串扰峰值。

2. 串扰峰值的理论计算

基于前面所述方法可以对串扰峰值进行预估计算。根据图 6.32 中的步骤，用于计算串扰峰值所需要的式(6.29)中的系数如表 6.9 所示，图 6.35 为 C_{gd}-u_{ds} 所建模型与数据手册中提供的曲线对比，对比结果表明所建模型的正确性。

表 6.9　IMZ120R045M1 C_{gd}-u_{ds} 的参数

参数	p_1	p_2	p_3	p_4	p_5	p_6	p_7
数值	14.2125	109.0154	0.345938	0.40988	334.385	0.03128	2.294307

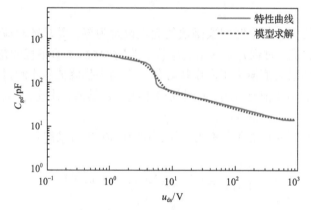

图 6.35　方程拟合与数据手册中的 C_{gd}-u_{ds} 的曲线比较

依据试验设定和数据手册中可以获取的用于计算串扰峰值的数据如表 6.10 所示，其中 C_{ext} 为栅源极并联的电容，在所述方法计算中应该考虑为输入电容 C_{iss} 值的一部分。

表 6.10　计算串扰峰值的参数

参数	I_d/A	g_{fs}/S	U_{th}/V	U_{g1}/V	U_{gh}/V	U_{g2}/V	R_{g1}/Ω	R_{g2}/Ω	C_{iss}/pF	C_{ext}/pF
数值	52	11.1	4.5	−4.5	18	−4.5	14	14	1900	680

基于表 6.10 中的数据，U_{Miller} 的值可以根据式(6.21)求取，U_{ds1} 可以根据式(6.31)求取。且 U_{Miller} 和 U_{ds1} 的值如表 6.11 所示。

为了获得 C_{gd1} 和 C_{gd2}，应首先获得图 6.33 中在不同输入电压 U_{dc} 下栅漏电容在欧姆区和饱和区的作用面积 A_1 和 A_2，并且在不同输入电压 U_{dc} 下的面积是相同的。根据 C_{gd}-u_{ds} 曲线的数据，可以通过 MATLAB 编程求解不同输入电压 U_{dc} 下栅漏电容在欧姆区和饱和区的作用面积 A_1 和 A_2。以 100V 为步长，输入电压 U_{dc} 从 200V 增加到 800V，相应的 A_1 和 A_2 如表 6.12 所示。

表 6.11　U_{Miller} 和 U_{ds1}

参数	U_{Miller}/V	U_{ds1}/V
数值	9.1847	4.6847

表 6.12　在不同输入电压 U_{dc} 下求取的 A_1 和 A_2 值　（单位：pF·V）

参数	A_1	$A_2(U_{dc}=200V)$	$A_2(U_{dc}=300V)$	$A_2(U_{dc}=400V)$
数值	1.5578×10^3	5.8351×10^3	7.6554×10^3	9.3191×10^3

参数	$A_2(U_{dc}=500V)$	$A_2(U_{dc}=600V)$	$A_2(U_{dc}=700V)$	$A_2(U_{dc}=800V)$
数值	10.900×10^3	12.432×10^3	13.933×10^3	15.414×10^3

基于以上数据，C_{gd1} 和 C_{gd2} 的值可以通过式(6.32)求解。同时，由式(6.32)可知，不同电压等级下的 C_{gd1} 的值是相同的，C_{gd2} 的值是不同的，所求取的各个电压等级下 C_{gd1} 和 C_{gd2} 的值如表 6.13 所示。

表 6.13　在不同输入电压 U_{dc} 下求取的 C_{gd1} 和 C_{gd2} 值　（单位：pF）

参数	C_{gd1}	$C_{gd2}(U_{dc}=200V)$	$C_{gd2}(U_{dc}=300V)$	$C_{gd2}(U_{dc}=400V)$
数值	332.52	29.875	25.923	23.574

参数	$C_{gd2}(U_{dc}=500V)$	$C_{gd2}(U_{dc}=600V)$	$C_{gd2}(U_{dc}=700V)$	$C_{gd2}(U_{dc}=800V)$
数值	22.006	20.883	20.039	17.519

基于以上数据，通过式(6.36)求取 U_{dc} 在各个电压等级下，u_{ds} 的斜率 k_1、k_2、k_4 和 k_5 的值如表 6.14 所示。

表 6.14　U_{dc} 在不同电压等级下求取的 k_1、k_2、k_4 和 k_5

斜率	U_{dc}						
	200V	300V	400V	500V	600V	700V	800V
k_1	21.07×10^9	24.29×10^9	26.71×10^9	28.61×10^9	30.15×10^9	31.42×10^9	32.48×10^9
k_2	1.893×10^9	1.893×10^9	1.893×10^9	1.893×10^9	1.893×10^9	1.893×10^9	1.893×10^9
k_4	2.939×10^9	2.939×10^9	2.939×10^9	2.939×10^9	2.939×10^9	2.939×10^9	2.939×10^9
k_5	32.71×10^9	37.70×10^9	41.46×10^9	44.41×10^9	46.80×10^9	48.77×10^9	50.04×10^9

至此，基于所求数据，栅漏电容 C_{gd} 的非线性时域公式、漏源电压 u_{ds} 的时域公式以及 du_{ds}/dt 均可求得，驱动电阻 R_g 和输入容 C_{iss} 为常数，将它们代入求解串

扰的微分方程(6.27)，便可以求解得到串扰峰值，所求各个电压等级下正向和负向串扰峰值如表 6.15 所示。

表 6.15　所述方法求取正向和负向串扰峰值　　　　　（单位：V）

峰值	U_{dc}						
	200V	300V	400V	500V	600V	700V	800V
正向峰值	−2.0734	−1.6173	−1.236	−0.901	−0.5992	−0.323	0.094
负向峰值	−7.233	−7.8371	−8.361	−8.856	−9.3502	−9.776	−10.246

3. 串扰峰值量化方法的试验验证

图 6.36 是通过将示波器中数据保存为 "csv" 格式，并利用 MATLAB 进行绘制的输入电压 U_{dc} 为 200V、500V、800V 时 P_{peak1}、P_{peak2}、N_{peak1}、N_{peak2} 的试验波形。表 6.16 和表 6.17 为显示更多输入电压 U_{dc} 时的串扰峰值。峰值与仿真结果一致，并且趋势相同。表现为 P_{peak1}、P_{peak2}、N_{peak1}、N_{peak2} 的串扰峰值随着输入电压的增加而增加，由于电路的布局仍会增加实际电路中源极电感 L_s 的值，与仿真相比，第二个尖峰的幅值相对于第一个尖峰的幅值增加得更大。

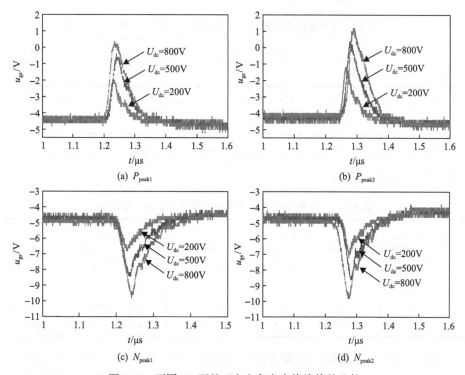

图 6.36　不同 U_{dc} 下的正向和负向串扰峰值的比较

表 6.16　正向串扰峰值 P_{peak1} 和 P_{peak2}

峰值	U_{dc}						
	200V	300V	400V	500V	600V	700V	800V
P_{peak1}	−2	−1.4	−1	−0.4	−0.2	0.2	0.4
P_{peak2}	−1.2	−0.4	0	0.4	0.6	1	1.2

表 6.17　负向串扰峰值 N_{peak1} 和 N_{peak2}

峰值	U_{dc}						
	200V	300V	400V	500V	600V	700V	800V
N_{peak1}	−6.8	−7.6	−8	−8.4	−9	−9.4	−9.8
N_{peak2}	−7.2	−7.6	−8.2	−8.6	−9.2	−9.6	−9.8

图 6.37 为试验中 P_{peak2} 和 N_{peak2} 的峰值与所述方法和常规方法计算的串扰峰值的比较。通过波形对比可以看出，所述方法计算出来的串扰峰值相对不考虑栅漏电容非线性所计算出来的串扰峰值和试验值更为接近，同时注意到，P_{peak2} 的峰值始终比所计算出来的串扰峰值大 0.8V，这是因为源极电感 L_s 在实际电路中会更大，且 0.8V 的幅值远小于串扰的幅值，在可接受的范围内。

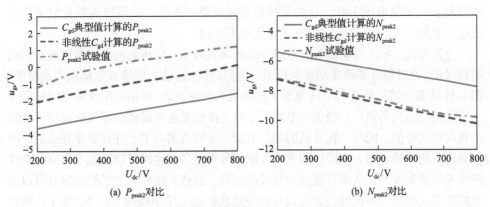

(a) P_{peak2}对比　　　　　　(b) N_{peak2}对比

图 6.37　仿真串扰峰值与理论计算峰值对比

6.3.3　基于多电平有源驱动的串扰抑制方法

本节通过总结零压驱动和负压驱动下的串扰特性，进而归纳出能够有效抑制桥式电路中串扰的理想驱动信号，为有源驱动电路的提出提供指导。以半桥电路为例，得到如图 6.38 所示 SiC MOSFET 在零压驱动和负压驱动下，S_1 的动作对 S_2 的栅源电压造成的影响。可以知道，零压驱动虽然规避了较大的负向串扰峰值带来栅源极被击穿的问题，但是增加了桥臂直通现象的概率：一方面，短暂的桥臂直通会产生巨大的电流，使得器件被热击穿的风险增加；另一方面，巨大的电流作用在导通电阻上，会产生较大的导通损耗，降低电力电子变换器的效率。负压驱动虽然规避了正向串扰峰值带来的可靠性问题，但是 SiC MOSFET 的栅源极长期承受着较大的负压尖峰，这会缩短其使用寿命。

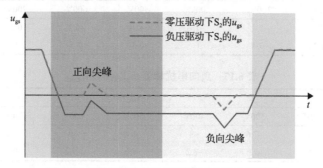

图 6.38　零压驱动与负压驱动下串扰的示意图

　　为了避免零压驱动和负压驱动电路的缺点，一个良好的串扰抑制驱动电路应该满足以下标准：①在导通瞬间能够提供足够的驱动电压，从而保证足够的驱动电流，加速导通过程；在关断瞬间能够提供可靠的关断电压，保证关断过程的可靠性；在稳定导通期间，保持正常的驱动电压，来维持最小导通损耗。②可以有效抑制正向串扰电压尖峰，以防止桥臂直通现象的发生。③可以有效抑制负向串扰电压尖峰，使得栅源电压始终在安全范围之内。

　　分析可知，零压驱动能够有效减小负向串扰峰值，负压驱动电路能够减小正向串扰峰值。通过整合零压驱动和负压驱动电路的优点，使之能够有效抑制串扰峰值。图 6.39 为整合零压驱动和负压驱动下栅源极的理想波形，在正向串扰发生时将栅源电压保持在适当的负压；当负向串扰发生时，将栅源电压调整至零压从而尽可能减小负向串扰峰值。同时，在开通瞬间，增加一个较高的电平，并在稳定导通后，回归到正常的导通电压，为即将到来的关断信号做准备。这样可以实现 SiC MOSFET 的快速导通和关断，从而有效减少开关的损耗。显然，这种多电平驱动信号可以有效抑制正向和负向串扰峰值并可以尽可能地在桥式电路中展现 SiC MOSFET 的高频优势。另外，由于关断过程驱动电压的抬升是在负压与零压之间进行转换，不会

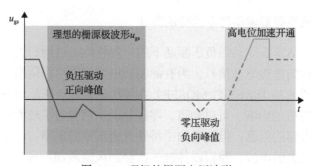

图 6.39　理想的栅源电压波形

导致所驱动的 SiC MOSFET 误导通，能够保证 SiC MOSFET 可靠稳定地工作。

另外，多电平有源驱动电路仅仅改变了栅源电压的波形来规避正向串扰峰值和负向串扰峰值，但对串扰峰值的幅值并没有抑制作用，为了进一步抑制栅源电压的正向串扰峰值和负向串扰峰值，根据串扰抑制措施的研究，在正向串扰发生时，应该在栅源极并联电容来减小驱动回路的阻抗，则正向串扰峰值将会被抑制。由于串扰发生在续流阶段，此时在栅源极并联电容并不会影响 SiC MOSFET 开通和关断的速度。

在所设立的标准基础之上，提出多电平有源驱动电路以实现串扰的抑制，并与常规驱动进行对比。由于理想的栅源电压波形是基于零压驱动和负压驱动得到的，掌握零压驱动和负压驱动的拓扑结构和工作方式是提出多电平有源驱动电路拓扑结构的基础知识。

图 6.40 为常规驱动电路的拓扑结构并将其应用在半桥电路中的示意图，以及工作在零压驱动和负压驱动的供电方式。常规驱动电路主要由三部分组成：一个隔离的 SiC MOSFET 驱动器，用于信号放大和信号隔离；一个隔离的 DC-DC 电源转换器，用于提供栅极驱动功率；相应的驱动电阻，以限制最大驱动电流并调整开关速度。传统的驱动电路利用推挽结构中上下管的导通与关断实现两电平的输出，而理想驱动电路的输出波形为四电平，因而可以考虑将两个推挽结构的驱动进行组合来实现所设计的驱动波形。

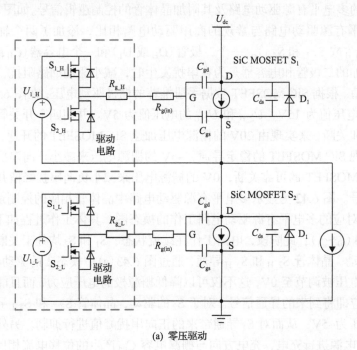

(a) 零压驱动

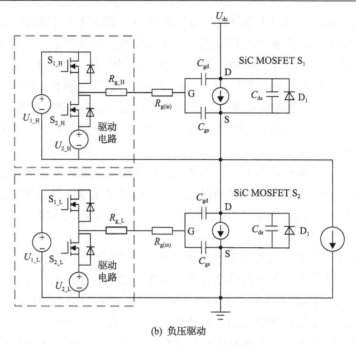

(b) 负压驱动

图 6.40　应用在半桥电路中的零压驱动与负压驱动的电路拓扑结构

基于以上分析，以及有源驱动电路的设计标准和串扰的抑制措施，提出用于抑制串扰的多电平有源驱动电路及其附加晶体管的控制逻辑信号。如图 6.41 所示，所述多电平有源驱动电路与常规的商用驱动电路相比，添加了两个辅助晶体管（S_{3_H} 和 S_{4_H} 或 S_{3_L} 和 S_{4_L}）、一个二极管（D_H 或 D_L）和一个电容器（C_H 或 C_L）。其中，所添加的二极管和电容器是为在串扰发生时，减小驱动回路阻抗，进一步抑制串扰峰值。根据 SiC MOSFET 数据手册推荐的栅极驱动电压，在图 6.41 中 U_{1_H} 和 U_{1_L} 的电压值为 15V，U_{2_H} 和 U_{2_L} 的电压值为 5V。并使四个开关管有时序地进行开通和关断，来实现由 20V 的栅源电压加速 SiC MOSFET 的开通，15V 的栅源电压实现 SiC MOSFET 的稳定导通，–5V 的栅源电压来减小正向串扰峰值以及实现 SiC MOSFET 的可靠关断，0V 的栅源电压来减小负向串扰峰值并加快相应的导通信号。图 6.42 为显示多电平有源驱动电路中晶体管相应的控制逻辑信号，图 6.43 为对应的多电平有源驱动电路工作的模态图，具体工作过程如下所述。

模态 1（$t_0 \sim t_1$）：此阶段，电路工作在续流状态，S_1 和 S_2 均处于关断状态。对于 S_1 的驱动，晶体管 S_{2_H} 和 S_{3_H} 导通，通过图 6.43（a）中模态 1 的驱动电路可知，S_1 的栅源电压被调节至 0V，这不仅可以降低栅源极的电压应力，而且能够以更快的速度响应即将到来的导通信号。对于 S_2 的驱动，晶体管 S_{2_L} 和 S_{4_L} 导通，此时 S_2 栅源电压为–5V，从而对 S_1 导通带来的正向串扰峰值进行抑制。另外，电容器 C_L 由 U_{2_L} 电源进行充电，充电方向与栅漏电容 C_{gd} 产生的位移电流相反，可以进一步对正向串扰幅值进行抑制。

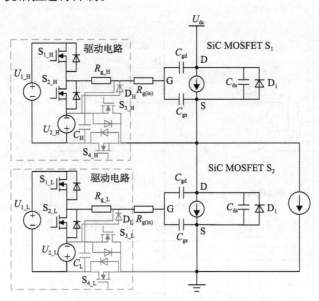

图 6.41 多电平有源驱动电路结构

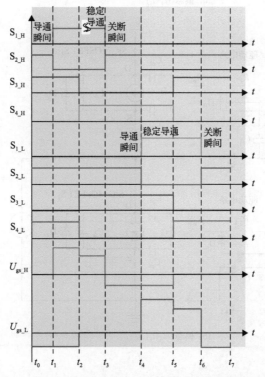

图 6.42 多电平有源驱动电路中晶体管相应的控制逻辑信号

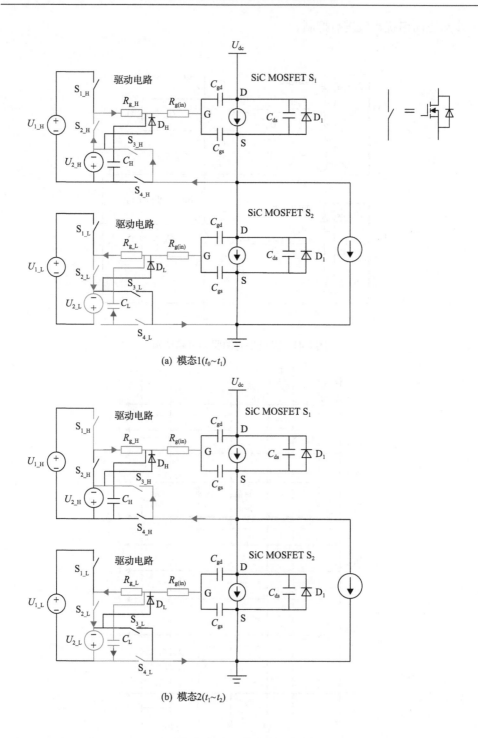

(a) 模态1($t_0 \sim t_1$)

(b) 模态2($t_1 \sim t_2$)

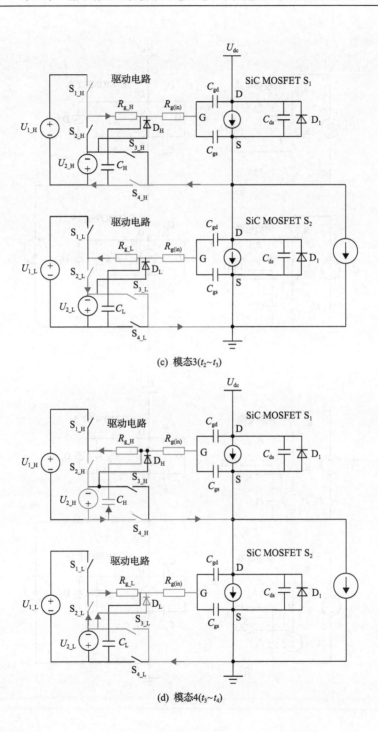

(c) 模态3($t_2 \sim t_3$)

(d) 模态4($t_3 \sim t_4$)

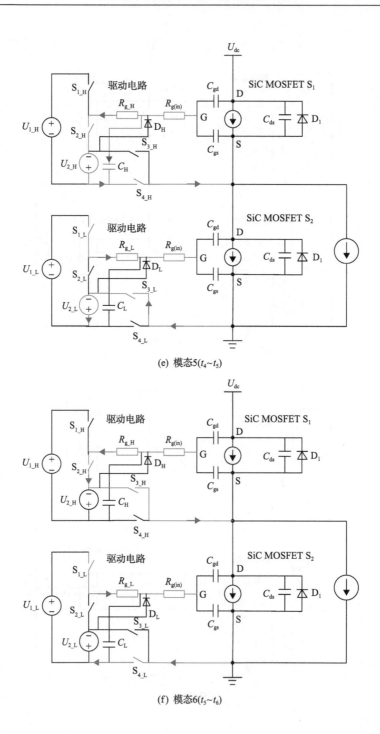

(e) 模态5($t_4 \sim t_5$)

(f) 模态6($t_5 \sim t_6$)

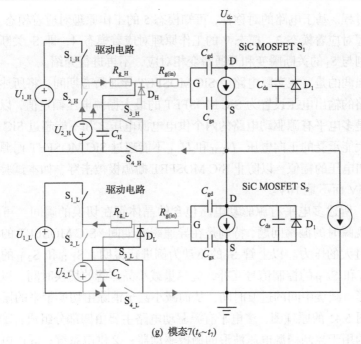

(g) 模态7(t_6~t_7)

图 6.43　多电平有源驱动电路的工作模态图

　　模态 2(t_1~t_2)：此阶段，S_1 由关断状态过渡到稳定导通状态，而 S_2 仍然保持关闭状态。对于 S_1 的驱动，晶体管 S_{1_H} 和 S_{3_H} 保持导通状态。根据图 6.43(b)中模态 2 中的驱动电路，可知 S_1 的栅源电压调节为 U_{1_H} 和 U_{2_H} 电压之和 20V，从而加速 S_1 的导通。对于 S_2 的驱动，驱动电路的晶体管导通状态不变，S_2 的栅源电压仍然保持为–5V，并且由于 S_1 的开通在下管 S_2 栅漏电容 C_{gd} 上产生的位移电流会流过电容 C_L，可以进一步抑制正向串扰峰值。因此，S_2 的栅源电压为负和此时在栅源极并联的电容 C_L 都有利于减小正向串扰峰值。

　　模式 3(t_2~t_3)：此阶段，S_1 处于稳定导通阶段，S_2 仍然保持关断状态。对于 S_1 的驱动，晶体管 S_{1_H} 和 S_{4_H} 导通。S_1 的栅源电压被调节为正常的驱动电压，为 15V。对于 S_2 的驱动，晶体管 S_{2_L} 和 S_{3_L} 导通。S_2 的栅源电压被调节至 0V，以响应即将到来的导通信号，并缓解由上管关断导致的负向串扰峰值。

　　模式 4(t_3~t_4)：此阶段，S_1 由导通状态过渡到关断状态，S_2 依然保持在关断状态。对于 S_1 的驱动，晶体管 S_{2_H} 和 S_{4_H} 保持导通。如图 6.43(d)中模态 4，S_1 的栅源电压调节至为–5V。电容 C_H 由 U_{2_H} 进行充电，进而抵消由 S_2 开通在栅漏电容 C_{gd} 上产生的位移电流，S_1 的栅源极正向串扰峰值被抑制。对于 S_2 的驱动，晶体管的状态保持不变，栅极驱动电压被调节为 0V 以快速响应即将到来的导通信号和抑制负向串扰峰值。

　　如图 6.43 所示，模式 5(t_4~t_5)、模式 6(t_5~t_6)和模式 7(t_6~t_7)对应着 S_2 的开

通和关断过程。基于电路的对称性，可知模态 5 的工作原理对应着模态 2，模态 6 的工作原理对应着模态 3，模态 7 的工作原理对应着模态 4，即 S_2 关断瞬变和开通瞬变分别与 S_1 的关断瞬变和开通瞬变相对应，不再进行介绍。

需要强调的是，在实际电路中 SiC MOSFET 导通瞬态期间，将所述多电平有源驱动电路的输出电压设置为 SiC MOSFET 的最大栅源电压额定值，以实现高速开关。但是多电平有源驱动电路的两个供电电源电压之和不能超过 SiC MOSFET 栅源极最大能承受的正向电压，U_{2_H} 和 U_{2_L} 不能超过 SiC MOSFET 栅源极最大能承受的负向电压的幅值，以防止 SiC MOSFET 栅源极被击穿，如本试验中所采用的电压为 5V 而不是 10V。

同时，所述多电平有源驱动电路包含的晶体管在切换的瞬间，可能会导致栅源极出现瞬时的振荡问题，特别是在导通瞬变期间，SiC MOSFET 的栅源极可能会承受过大的压力。以上管 S_1 的驱动为例进行说明，S_{1_H} 和 S_{2_H} 的控制信号互补，S_{3_H} 和 S_{4_H} 的控制信号互补，应尽量减小晶体管的切换时间，以达到理想的驱动波形，减缓中间的过渡时间，从而减小甚至消除由切换带来的振荡问题。

根据图 6.41 的原理图，多电平有源驱动电路主要由四部分组成：①由四个晶体管组成的用于控制栅源电压波形的栅极驱动器；②供电系统；③由电容器和二极管组成的正向和负向串扰峰值抑制电路；④DSP 控制板。所述多电平有源驱动电路的具体硬件电路如图 6.44 所示。其中，所示电位均是相对参考地进行设计的。硬件结构的详细设计如下所述。

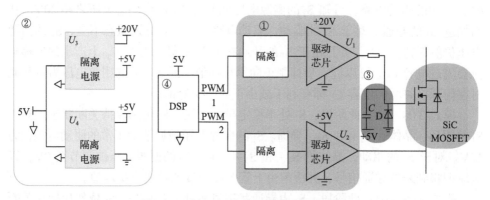

图 6.44　多电平有源驱动电路的硬件结构

选择 Wolfspeed 1200V/36A SiC MOSFET 作为被测器件。图 6.45 为所述多电平有源驱动电路的硬件电路，图 6.46 为所述多电平有源驱动用于驱动 SiC MOSFET 的试验波形，测试点为多电平有源驱动电路用于与 SiC MOSFET 栅源极相连的两个端点，分别用于驱动上管 S_1 和下管 S_2，输出波形与理论分析一致，验证了所述驱动电路理论的正确性。

图 6.45　多电平有源驱动电路的硬件电路

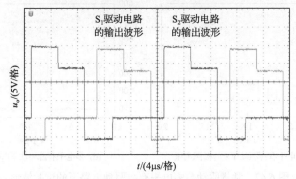

图 6.46　多电平有源驱动电路输出波形

　　基于半桥电路对有源驱动电路抑制串扰进行说明，试验参数如表 6.18 所示。并将所述多电平有源驱动电路的串扰抑制效果与常规驱动电路进行对比，本试验中用于对比的常规驱动电路为负压驱动，高电位为 20V，低电位为–5V。图 6.47(a) 是常规驱动下 S_2 的栅源电压整体试验波形，图 6.47(b) 为常规驱动下 S_2 的漏源电压整体试验波形，图 6.47(c) 为多电平有源驱动下 S_2 的栅源电压整体试验波形，图 6.47(d) 为多电平有源驱动下 S_2 的漏源电压整体试验波形。细节波形对比如图 6.48 所示，用以评估所述多电平有源驱动电路对串扰和开关速度的影响。

表 6.18　试验平台参数(多电平有源驱动)

参数	U_{dc}/V	C_{in}/μF	R_g/Ω	f_s/kHz	L_{load}/μH	R_{load}/Ω
数值	500	470	6.8	100	330	10

　　图 6.48(a) 和(b) 的比较表明，与传统驱动电路相比，多电平有源驱动电路 S_2 的漏源电压上升速率并未减慢，正向串扰峰值降低了 0.6V。从图 6.48(c) 和(d) 的对比可知，S_2 的漏源电压下降速率不受影响，负向串扰峰值的幅值从 9.9V 降低到 5.5V，验证了所述多电平有源驱动电路的正确性和有效性。因此，多电平有源驱动电路能够使桥式电路充分发挥 SiC MOSFET 的高频和高开关速度的优势。

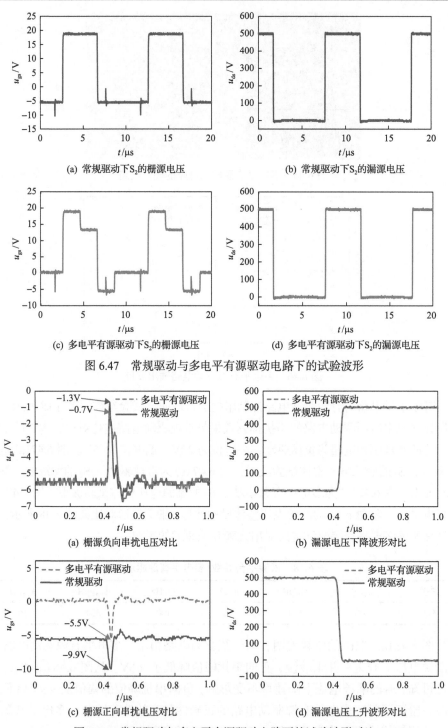

(a) 常规驱动下S₂的栅源电压　　　　　　　(b) 常规驱动下S₂的漏源电压

(c) 多电平有源驱动下S₂的栅源电压　　　　(d) 多电平有源驱动下S₂的漏源电压

图 6.47　常规驱动与多电平有源驱动电路下的试验波形

(a) 栅源负向串扰电压对比　　　　　　　　(b) 漏源电压下降波形对比

(c) 栅源正向串扰电压对比　　　　　　　　(d) 漏源电压上升波形对比

图 6.48　常规驱动与多电平有源驱动电路下的试验波形对比

6.3.4　基于三电平有源驱动电路的串扰抑制方法

本节在上面提出的理想栅源电压波形的基础上，不增加开通瞬间额外的高电平，保留在正向串扰发生时将栅源电压保持在适当的负压，当负向串扰发生时，将栅源电压调整至零压，从而尽可能减小负向串扰峰值的功能。下面介绍一种易于实现的三电平有源驱动电路结构，对应理想的三电平栅源电压波形如图 6.49 所示。

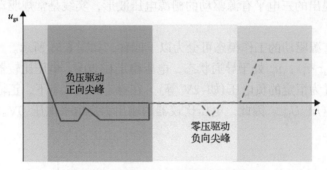

图 6.49　理想的三电平栅源电压波形

所述三电平有源驱动电路及其对应的控制逻辑框图如图 6.50 所示。图 6.50(a) 中，S_1 是 SiC MOSFET，左侧部分为推挽电路，用于获得推荐的栅源电压(如 20V、–5V 等)。与常规驱动器相比，构建了辅助电路，用于创建三电平栅源电压。每个部分的功能可以分为以下三类。

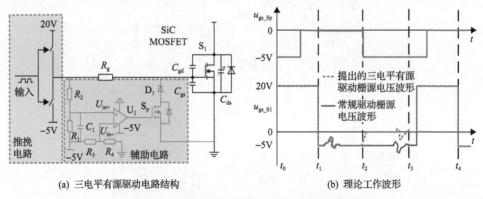

(a) 三电平有源驱动电路结构　　　　　　(b) 理论工作波形

图 6.50　三电平有源驱动电路结构及其工作原理

(1)有源开关 S_p 用于在关断状态期间产生零电平栅极电压。当它导通时，栅源电压被钳位到 0V。串联二极管 D_1 用于阻断栅极正向电压及 S_p 的寄生二极管的反向导通。

(2)S_p 的控制信号是电压比较器 U_1 的输出，不需要增加额外的驱动电路。原始的栅极驱动输出(如 20V、–5V 等)可作为电压比较器 U_1 的输入,栅极驱动输出电压经 R_1、R_2、R_3、R_4 分压,可以保护 U_1 不被过压击穿。

(3)关断时的栅极驱动输出电压不能直接使用,因为零电压钳位不会在 SiC MOSFET 关断后的同一时刻发生,栅源电压抬升时刻应为图 6.50(b) 中的 t_2 时刻,$t_1 \sim t_2$ 的延迟时间可以通过 $R_1 C_1$ 延时电路实现。

图 6.50(b) 为三电平有源驱动串扰抑制的栅源电压波形。$u_{\mathrm{gs\_Sp}}$ 是 S_p 的控制信号。虚线是提出的三电平有源驱动的栅源电压波形,实线是常规驱动的栅源电压波形。

三电平有源驱动的工作模态可分为以下四种,如图 6.51 所示。

模态 $1(t_0 \sim t_1)$:u_{gs} 处于导通状态,电压稳定在 20V。电压比较器的负输入电压 $U_{\mathrm{in-}}$ 被设置为恒定的负电压(如–2V 等)。在稳定导通状态下,正输入电压 $U_{\mathrm{in+}}$ 高于负输入电压 $U_{\mathrm{in-}}$。因此,电压比较器的输出为高电平电压 0V。辅助电路被 D_1 和 S_p 阻断。

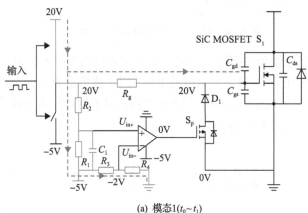

(a) 模态1$(t_0 \sim t_1)$

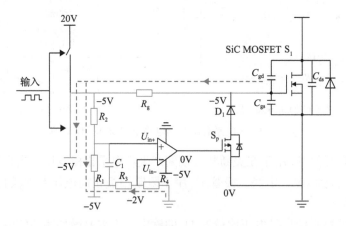

(b) 模态2$(t_1 \sim t_2)$

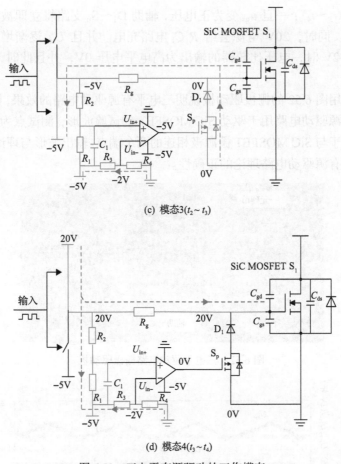

(c) 模态3($t_2 \sim t_3$)

(d) 模态4($t_3 \sim t_4$)

图 6.51　三电平有源驱动的工作模态

模态 2($t_1 \sim t_2$)：当关断栅极信号到来时，–5V 电压源同时对 SiC MOSFET 栅源电容 C_{gs} 和辅助电路 $R_1 C_1$ 放电。由于 $R_1 C_1$ 延迟，SiC MOSFET 栅极电压已放电至–5V，而正输入电压由 U_{in+} 逐渐降低。在此期间，U_{in+} 仍高于负输入电压 U_{in-} 的–2V。辅助电路仍被 D_1 和 S_p 阻断。此时 u_{gs} 为负电压–5V，这有助于 SiC MOSFET 更快地关闭，并在栅极正向尖峰到来时防止器件误触发。

模态 3($t_2 \sim t_3$)：在此期间，U_{in+} 下降到 U_{in-} 以下，此时电压比较器 U_1 的输出为低电平电压–5V。因此，有源开关 S_p 导通，通过 $D_1 \sim S_p$ 支路将 SiC MOSFET 栅源电压钳位到 0V。栅源电压从–5V 上升到 0V 以规避负向串扰峰值的影响同时能够对即将到来的开通信号实现快速响应，因为与常规驱动器(–5～20V)相比，将 C_{gs} 从 0V 充电到 20V 所需的时间更短。当栅源电压设置为 0V 时，更难超过栅极负电压最大耐受值的限制。值得一提的是，可以通过改变 R_1 和 C_1 来设置时间段 $t_2 \sim t_3$，增加辅助电路的灵活性。

　　模态 $4(t_3 \sim t_4)$：一旦 u_{gs} 变为正电压，辅助 $D_1 \sim S_p$ 支路将立即被肖特基二极管 D_1 阻断。同时，20V 电源会给 R_1C_1 电路充电。并且 U_{in+} 逐渐增加。当高于 U_{in-} 设定值−2V 时，电压比较器的输出为高电平电压 0V，并且此时 S_p 处于关闭状态。

　　下面利用图 6.52 的栅极驱动板说明三电平有源驱动电路的效果，图 6.53 为所述三电平有源驱动电路用于驱动 SiC MOSFET 的试验波形，测试点为三电平有源驱动电路用于与 SiC MOSFET 栅源极相连的两个端点。输出波形与理论分析一致，说明三电平有源驱动电路理论的正确性。

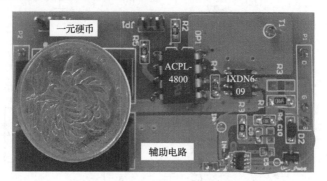

图 6.52　三电平驱动电路栅极驱动板

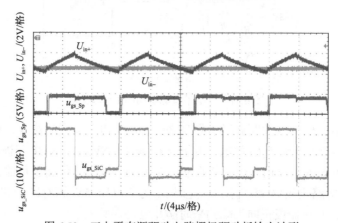

图 6.53　三电平有源驱动电路栅极驱动板输出波形

　　为验证所搭建的三电平有源驱动板能够有效抑制桥式电路中的串扰，同样将其在含有半桥电路结构的同步 Buck 试验平台中进行验证。试验参数如表 6.19 所示。本节仍采用 Wolfspeed 1200V/36A SiC MOSFET 进行测试，测试条件为母线电压 400V，最大电流 10A，并将所述三电平有源驱动电路的串扰抑制效果与常规驱动电路进行对比，本试验中用于对比的常规驱动电路为负压驱动，高电位为 20V，低电位为−5V。

表 6.19　试验平台参数（三电平有源驱动）

参数	U_{dc}/V	C_{in}/μF	R_g/Ω	f_s/kHz	L_{load}/μH	R_{load}/Ω
数值	400	470	7.5	100	330	40

在上述测试条件下，SiC MOSFET 已经遭受了误触发或负向过压击穿的风险。图 6.54 为常规驱动电路对应的同步 Buck 变换器试验结果。由图 6.54 可知，在发生正向串扰时，漏源电压 u_{ds} 的电压变化率 du/dt 为 18.72V/ns。过高的 du/dt 将导致严重的串扰影响，使得栅源电压 u_{gs} 的正向串扰峰值电压达到 2.7V，高于器件数据手册规定的最小允许栅极阈值电压 2V。该正向串扰电压使器件容易误触发。在发生负向串扰时，漏源电压 u_{ds} 的电压变化率 du/dt 为 9.86V/ns。过高的 du/dt 也会导致巨大的串扰影响，这使得栅源电压 u_{gs} 的负向串扰峰值电压达到–12.2V，高于数据手册规定的最小允许栅源电压–10V。该负向尖峰电压使器件容易受到栅极击穿的危险。当三电平有源驱动电路应用于同步 Buck 变换器时，试验结果如图 6.55 所示。可以看出，栅源电压的正向串扰电压从 2.7V 下降到 1.2V，下降了55.6%。并且栅源电压负向串扰峰值从 12.2V 下降到 6.7V，下降了 45.08%。同时，无论是开通还是关断器件对应的漏源电压 u_{ds} 的电压变换率 du/dt 保持不变。这意味着 SiC MOSFET 的开关速度没有改变。这进一步验证了所述三电平有源驱动电

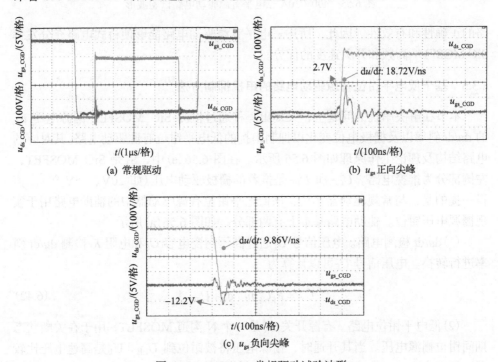

(a) 常规驱动　　　　　　　　　　(b) u_{gs} 正向尖峰

(c) u_{gs} 负向尖峰

图 6.54　400V/10A 常规驱动试验波形

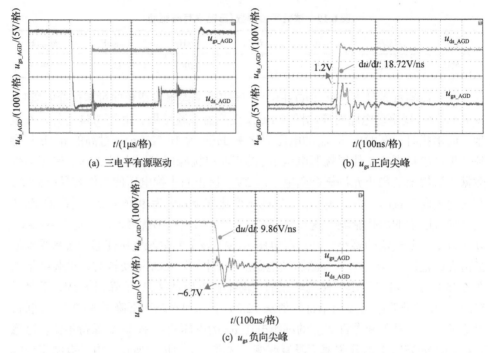

(a) 三电平有源驱动　　　　　　　　(b) u_{gs} 正向尖峰

(c) u_{gs} 负向尖峰

图 6.55　400V/10A 三电平有源驱动电路试验波形

路的正确性和有效性。因此，所述三电平有源驱动电路能够使桥式电路充分发挥 SiC MOSFET 高频和开关速度的优势。

6.3.5　基于低电平钳位有源驱动电路的串扰抑制方法

本节在解决串扰的问题上，又提出一种通过检测 SiC MOSFET 漏源电压 u_{ds} 的 du/dt 斜率以及栅极电位变化以抑制串扰的低电平钳位有源驱动电路。其对应的电路结构及理论工作原理如图 6.56 所示。在图 6.56(a) 中，S_1 是 SiC MOSFET，左侧部分为推挽电路。U_{CC} 和 U_{EE} 是推荐的栅极驱动电压（如 20V、–5V 等）。值得一提的是，与常规驱动器相比，该低电平钳位有源驱动器中的辅助电路用于实现栅源电压钳位。辅助电路基本上有两部分，如图 6.56(a) 所示。

(1) du/dt 检测电路。电压信号 U_f 通过高压陶瓷电容 C_f 和电阻 R_f 检测 du/dt 斜率进行转换。电压信号 U_f 可以计算为

$$U_f = R_f C_f du / dt + U_{EE} \tag{6.42}$$

(2) 低电平钳位电路。有源开关 S_N 是一个 N 沟道 MOSFET，用于在关断状态期间钳位栅源电压。当其开通时，栅源电压将被钳位到 U_{EE}。U_1 是高速电压比较器，用于产生 S_N 的控制信号，无需额外的驱动电源和驱动电路。负向偏置电压

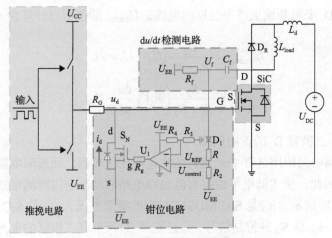

(a) 低电平钳位有源驱动电路结构

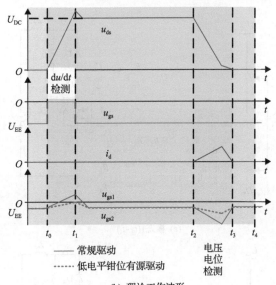

(b) 理论工作波形

图 6.56 低电平钳位有源驱动电路结构及理论工作原理

U_{EE}（如-5V）经 R_3 和 R_4 分压，分压后的电压 U_{REF} 可直接用作高速电压比较器 U_1 的负输入。U_{REF} 的值取决于 SiC 的工作条件。例如，当 SiC 器件的栅极正向串扰峰值远低于其阈值电压时，它不会误触发 SiC 器件。在该情况下，U_{REF} 可以设置得很大，并且钳位电路在开关瞬变过程不工作。U_{REF} 的值可以计算为

$$U_{REF} = \frac{R_4}{R_3 + R_4} U_{EE} \tag{6.43}$$

为了保护 U_1 不被过压击穿，正输入电压 $U_{control}$ 由 R_1 和 R_2 分压，并用一个串

联的二极管 D_1 来阻断该支路中的反向电流。$U_{control}$ 的值可以计算为

$$
\begin{aligned}
U_{control} &= \frac{R_2}{R_1 + R_2}(U_f - U_{D1} - U_{EE}) \\
&= \frac{R_2}{R_1 + R_2}\left(R_f C_f \frac{\mathrm{d}u}{\mathrm{d}t} - U_{D1}\right)
\end{aligned}
\tag{6.44}
$$

式中，U_{D1} 为二极管 D_1 的正向压降。

钳位电路中仅使用具有 7ns 延迟的高速电压比较器，而检测电路仅由电容和电阻组成。因此，所述低电平钳位有源驱动电路的动态响应时间很短，其理论波形如图 6.56(b) 所示。u_{ds} 是 SiC MOSFET S_1 的漏源电压，u_{gs1} 是 SiC MOSFET S_1 的栅源电压，u_{gs} 是 S_N 的控制信号，i_d 是流经 S_N 反并联二极管的电流。具体的工作原理可以分为图 6.57 中的四个模态。

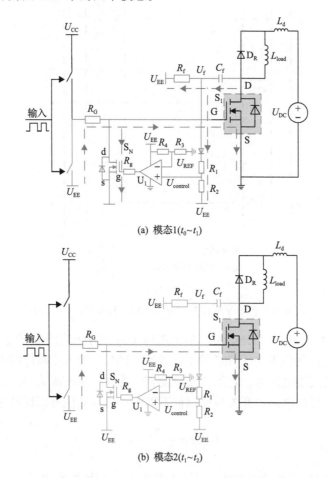

(a) 模态1($t_0 \sim t_1$)

(b) 模态2($t_1 \sim t_2$)

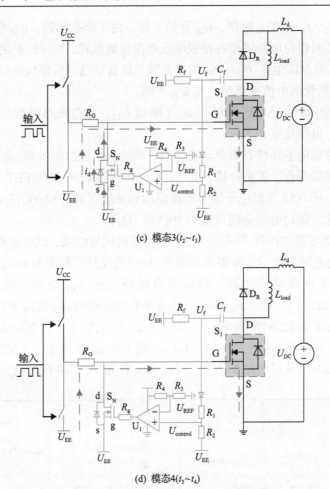

(c) 模态3($t_2 \sim t_3$)

(d) 模态4($t_3 \sim t_4$)

图 6.57　低电平钳位有源驱动电路工作模态

模态 1($t_0 \sim t_1$)：此时栅源电压 u_{GS} 处于关闭状态，关断电压稳定在 U_{EE}。在 t_0 时刻，漏源电压 u_{DS} 快速增加。由于串扰问题，栅源电压 u_{GS} 在受到干扰后开始上升。在 t_1 时刻，正向串扰电压峰值达到最大值。u_{GS1} 为发生串扰时常规驱动的栅源电压波形。当使用低电平钳位有源驱动时，du/dt 斜率信号 U_f 被检测。然后高速电压比较器 U_1 的正输入电压 $U_{control}$ 上升并高于 U_{REF}，U_1 的输出为高电平电压 0V。因此，有源开关 S_N 导通，将 SiC MOSFET 钳位到 U_{EE}。u_{GS2} 表示发生串扰时应用低电平钳位有源驱动电路的栅极电压，其最大正向串扰峰值将远低于常规驱动电路。

模态 2($t_1 \sim t_2$)：一旦 u_{DS} 达到直流母线电压，du/dt 检测电路不工作。然后 U_1 的正输入电压 $U_{control}$ 将低于 U_{REF}，U_1 的输出为低电平电压 U_{EE}。因此，有源开关 S_N 关断。并且 u_{GS} 将逐渐降低到 U_{EE}。之后 u_{GS} 将处于关闭状态，电压稳定在 U_{EE}。

模态 $3(t_2 \sim t_3)$：在 t_2 时刻，u_{DS} 开始下降。由于串扰问题，u_{GS} 在受到干扰后开始下降。此时钳位电路工作在栅极电压电位检测模式。S_N 的 d 端电压电位 u_d 低于 S_N 的 s 端电压电位 U_{EE}。S_N 的反并联二极管导通，将栅极电压 U_{GS} 钳位到 U_{EE}，流过二极管的电流变化趋势与 u_{GS} 相同。

模态 $4(t_3 \sim t_4)$：一旦栅源电压 u_{GS} 下降到 U_{EE}，钳位电路将不工作。u_{GS} 将处于关闭状态，电压稳定在 U_{EE}。

为验证该低电平钳位有源驱动电路的正确性和串扰抑制效果，搭建 600V/15A 双脉冲测试试验平台。该平台基于 Infinion 1200V/56A SiC MOSFET，并与常规驱动进行对比。图 6.58 为低电平钳位有源驱动和常规驱动在 600V/15A 的试验条件下的结果对比，驱动电阻分别设置为 10Ω 和 5Ω。

表 6.20 为汇总的两种不同驱动方式下对应的试验结果，试验在相同条件下比较 u_{GS} 正负向电压尖峰、du/dt 斜率和损耗分析（假设开关频率为 100kHz）。值得一提的是，与常规驱动相比较，低电平有源驱动的 u_{GS} 正向串扰峰值减少了 20.34%（$R_G=5Ω$）和 67.92%（$R_G=10Ω$），低电平有源驱动的 u_{GS} 负向串扰峰值减少了 52.83%（$R_G=5Ω$）和 52.54%（$R_G=10Ω$）。如表 6.20 所示，低电平有源驱动的开通 du/dt 增加了 0.68%（$R_G=5Ω$）和 1.23%（$R_G=10Ω$），而关断 du/dt 增加了 4.30%（$R_G=5Ω$）和 2.21%（$R_G=10Ω$）。从试验结果来看，开通和关断 du/dt 都略有增加。较高的 du/dt

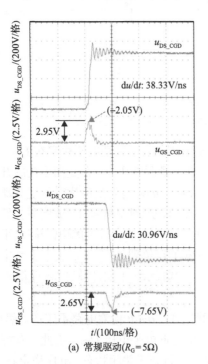

(a) 常规驱动(R_G=5Ω)

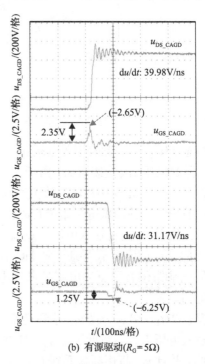

(b) 有源驱动(R_G=5Ω)

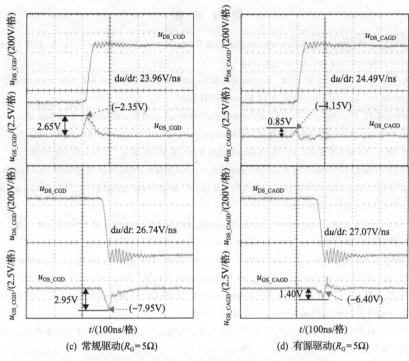

(c) 常规驱动(R_G=5Ω)　　　　　　　　(d) 有源驱动(R_G=5Ω)

图 6.58　600V/15A 双脉冲试验平台试验结果汇总

表 6.20　600V/15A 双脉冲试验平台试验结果汇总

参数	R_G=5Ω			R_G=10Ω		
	常规驱动	有源驱动	对比	常规驱动	有源驱动	对比
正向串扰峰值/V	2.95	2.35	↓20.34%	2.65	0.85	↓67.92%
负向串扰峰值/V	2.65	1.25	↓52.83%	2.95	1.40	↓52.54%
开通 du/dt/(V/ns)	30.96	31.17	↑0.68%	26.74	27.07	↑1.23%
关断 du/dt/(V/ns)	38.33	39.98	↑4.30%	23.96	24.49	↑2.21%
开通损耗/(100kHz/W)	4.84	4.79	↓1.03%	6.43	6.12	↓4.82%
关断损耗/(100kHz/W)	4.34	4.23	↓2.53%	5.88	5.66	↓3.74%
导通损耗/(100kHz/W)	4.32	4.40	↑1.85%	4.28	4.26	↓0.47%
总损耗/(100kHz/W)	13.50	13.42	↓0.59%	16.59	16.04	↓3.32%

导致低电平钳位有源驱动电路的导通和关断损耗较低，但与常规驱动相比，导通损耗基本相同，总损耗降低了 0.59%（R_G=5Ω）和 3.32%（R_G=10Ω）。从试验结果可以很好地验证所述低电平有源驱动电路的有效性。

参 考 文 献

[1] Wang F, Zhang Z, Jones E A. Characterization of Wide Bandgap Power Semiconductor Devices[M]. London: The Institution of Engineering and Technology, 2018.

[2] She X, Huang A Q, Lucia O, et al. Review of silicon carbide power devices and their applications[J]. IEEE Transactions on Industrial Electronics, 2017, 64(10): 8193-8205.

[3] Riazmontazer H, Mazumder S K. Optically switched-drive-based unified independent dv/dt and di/dt control for turn-off transition of power MOSFETs[J]. IEEE Transactions on Power Electronics, 2014, 30(4): 2338-2349.

[4] 蒋艳锋. 基于有源驱动电路 SiC MOSFET 瞬态性能的分析与优化[D]. 北京: 北京交通大学, 2020.

[5] Oswald N, Anthony P, McNeill N, et al. An experimental investigation of the tradeoff between switching losses and EMI generation with hard-switched all-Si, Si-SiC, and all-SiC device combinations[J]. IEEE Transactions on Power Electronics, 2013, 29(5): 2393-2407.

[6] Di H, Li S, Wu Y, et al. Comparative analysis on conducted CM EMI emission of motor drives: WBG versus Si devices[J]. IEEE Transactions on Industrial Electronics, 2017, 64(10): 8353-8363.

[7] Li H, Jiang Y, Feng C, et al. A voltage-injected active gate driver for improving the dynamic performance of SiC MOSFET[C]. IEEE Energy Conversion Congress and Exposition (ECCE), Baltimore, 2019: 6943-6948.

[8] Jiang Y, Feng C, Yang Z, et al. A new active gate driver for MOSFET to suppress turn-off spike and oscillation[J]. Chinese Journal of Electrical Engineering, 2018, 4(2): 43-49.

[9] 冯超, 李虹, 蒋艳锋, 等. 抑制瞬态电压电流尖峰和振荡的电流注入型 SiC MOSFET 有源驱动方法研究[J]. 中国电机工程学报, 2019, 39(19): 5666-5673, 5894.

[10] 冯超. 四象限变流器电磁干扰建模及主动抑制方法研究[D]. 北京: 北京交通大学, 2019.

[11] Li H, Jiang Y, Qiu Z, et al. A predictive algorithm for crosstalk peaks of SiC MOSFET by considering the nonlinearity of gate-drain capacitance[J]. IEEE Transactions on Power Electronics, 2020, 36(3): 2823-2834.

第7章 模块化多电平变换器的共模电磁干扰主动抑制方法

模块化多电平变换器(modular multilevel converter, MMC)以其谐波性能优越、效率高、易扩展等优势，在柔性直流输电、海上风电送出、城市配电网等领域受到了广泛的关注。但是 MMC 中开关器件的开关动作会产生很高的 du/dt 和 di/dt，在常用调制策略下产生共模电压问题，共模电压是 MMC 重要的电磁干扰源，影响电网二次设备及其设备自身的工作。第 7 章针对双星形结构 MMC 在常用调制策略下存在的共模电压问题，分析抑制共模电压的机理，并介绍基于 CPWM、六段式调制、脉冲顺接调制的 MMC 共模电磁干扰抑制方法。

7.1 模块化多电平变换器原理与共模电磁干扰问题

7.1.1 模块化多电平变换器原理

MMC 以其谐波性能优越、效率高、易扩展等优势，在柔性直流输电、海上风电送出、城市配电网等领域受到了广泛的关注[1]。

典型的三相 MMC 电路拓扑为双星形结构，如图 7.1 所示。其中点 O 为零电位参考点，点 O′为交流侧中性点。双星形结构的典型三相 MMC 由三个相单元组成，每相包括上、下两个桥臂，每个桥臂由一个电感值为 L_0 的电抗器和 N 个电气参数相同的子模块串联形成，每相两桥臂间的中点为该相输出端[2]。

MMC 的子模块通常采用由两个 IGBT 构成的半桥结构，如图 7.2 所示。其中 S_1、S_2 为 IGBT，D_1、D_2 为反并联二极管。子模块通过外部控制改变其功率器件 S_1、S_2 的开关状态，可以输出零和电容电压 U_0。在实际电路中，由于开关器件开关过程需要一定的时间，为防止 S_1、S_2 同时导通发生直流贯穿故障，需要在控制信号中加入死区。

根据 IGBT 和反并联二极管的开关状态及电流方向，可将 MMC 子模块的正常工作分为四种工作模态，如图 7.3 所示。

(1)当上管 D_1 导通、下管关断时，电流由 A 流入子模块，如图 7.3(a)所示，子模块电容处于充电状态；

(2)当上管 T_1 导通、下管关断时，电流由 B 流入子模块，如图 7.3(b)所示，子模块电容处于放电状态；

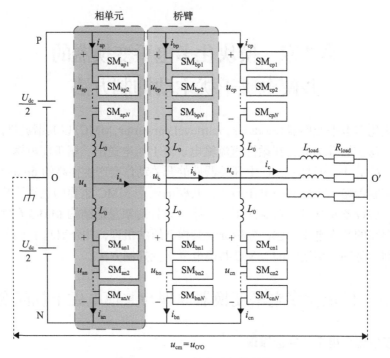

图 7.1　MMC 的电路拓扑结构

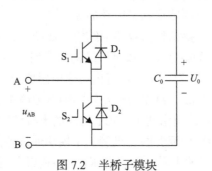

图 7.2　半桥子模块

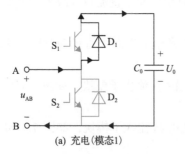

(a) 充电(模态1)

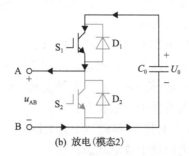

(b) 放电(模态2)

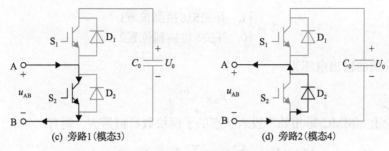

(c) 旁路1（模态3）　　　　　　　　(d) 旁路2（模态4）

图 7.3　MMC 子模块的工作模态

(3) 当上管关断、下管 S_2 导通时，电流由 A 流入子模块，如图 7.3(c) 所示，子模块电容处于旁路状态；

(4) 当上管关断、下管 D_2 导通时，电流由 B 流入子模块，如图 7.3(d) 所示，子模块电容同样处于旁路状态。

四种工作模态对应的功率器件开关状态、电流方向和输出电压如表 7.1 所示。表 7.1 中，ON 代表 IGBT 或反并联二极管处于导通状态，OFF 代表 IGBT 或反并联二极管处于断开状态。对电容来说，有三种工作状态，即充电、放电、旁路。其中模态 1 和模态 2 统称为投入状态，模态 3 和模态 4 统称为切除状态。

表 7.1　子模块各工作模态

模态	S_1	D_1	S_2	D_2	电流方向	输出电压	电容状态
1	OFF	ON	OFF	OFF	A→B	U_0	充电
2	ON	OFF	OFF	OFF	B→A	U_0	放电
3	OFF	OFF	ON	OFF	A→B	0	旁路1
4	OFF	OFF	OFF	ON	B→A	0	旁路2

根据以上分析，可以得到子模块的等效电路，如图 7.4 所示。当开关切换到位置 1 时，子模块处于投入状态，即上管导通、下管关断；当开关切换到位置 2 时，子模块处于切除状态，即上管关断、下管导通。

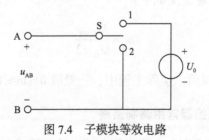

图 7.4　子模块等效电路

因此子模块的状态可以用开关函数 S 表示：

$$S = \begin{cases} 1, & \text{开关S切换到位置1} \\ 0, & \text{开关S切换到位置2} \end{cases} \tag{7.1}$$

子模块的输出电压为

$$u_{AB} = SU_0 \tag{7.2}$$

理论上，MMC 每相处于投入状态的子模块数目恒为 N，则有

$$N_{jp} + N_{jn} = \sum S_{jp} + \sum S_{jn} = N, \quad j = \text{a,b,c} \tag{7.3}$$

式中，N_{jp}、N_{jn} 分别为 j 相上桥臂和下桥臂处于投入状态的子模块数目。

理想状态下，子模块电容电压与直流侧输入电压有一定的关系，即

$$U_0 = \frac{U_{dc}}{N} \tag{7.4}$$

式中，U_{dc} 为直流侧输入电压。以 $N=4$ 为例，则上、下桥臂处于投入状态的子模块数目与输出相电压之间的关系如表 7.2 所示，其中 u_{jo} 为相单元中点与零电位参考点之间的电压，即输出相电压。

表 7.2　桥臂子模块投入数目与相电压之间的关系

N_{jp}	N_{jn}	u_{jo}
0	4	$U_{dc}/2$
1	3	$U_{dc}/4$
2	2	0
3	1	$-U_{dc}/4$
4	0	$-U_{dc}/2$

MMC 以其独特的级联型模块化结构，可以在开关器件开关频率较低的情况下获得较高的等效开关频率，且输出电平数越高，其输出波形越接近正弦波，谐波特性越好。

在 MMC 中调制比 m 定义如下：

$$m = \frac{U_{j\max}}{U_{dc}/2} \tag{7.5}$$

式中，$U_{j\max}$ 为相电压幅值。实际工程中，一般取 $0 \leqslant m \leqslant 1$。

7.1.2　模块化多电平变换器常用调制策略

本节对 MMC 的常用调制方法进行介绍，目前的研究大部分是根据开关频率的高低将 MMC 的调制方法分为低开关频率调制和高开关频率调制[3]。其中低开

关频率调制包括选择谐波消除调制、最近矢量调制和最近电平逼近调制(nearest level modulation, NLM)；高开关频率调制方法一般是指多载波调制，包括载波移相正弦脉宽调制(carrier phase-shifted sinusoidal pulse width modulation, CPS-SPWM)、载波层叠正弦脉宽调制(carrier level-shifted sinusoidal pulse width modulation, CLS-SPWM)；除此之外，还有 NLM 和 SPWM 的混合调制。

1. 载波层叠正弦脉宽调制

CLS-SPWM 一般有两种形式，即 $N+1$ 型和 $2N+1$ 型，主要区别在于前者只有一个调制波，下桥臂子模块投切状态正好与上桥臂互补；而后者有两条相位差为 π 的调制波，在同一工作条件下，输出相电压电平数目最多分别为 $N+1$ 和 $2N+1$。$2N+1$ 型比 $N+1$ 型有更好的输出谐波特性[4]，本节 CLS-SPWM 是指 $2N+1$ 型 CLS-SPWM。

CLS-SPWM 基本原理是用一个正弦调制波与若干个频率和幅值相同而相互层叠的三角载波进行比较，当调制波幅值大于载波幅值时，子模块的开关函数 $S=1$，子模块处于投入状态；反之 $S=0$，子模块处于切除状态。根据载波相位的不同，可以分为三种层叠方式：同向层叠(phase disposition, PD)方式、正负反向层叠(phase opposition disposition, POD)方式、交替反向层叠(alternative phase opposition disposition, APOD)方式。以五电平 MMC 为例，上述三种方式调制波与载波排列方式分别如图 7.5(a)、(b)和(c)所示，三者之间唯一的不同在于载波之间的相位关系。以 PD SPWM 为例，对 CLS-SPWM 进行分析和验证，其他两种方式同理。将上、下桥臂所有子模块开关函数相加，可以分别得到上、下桥臂处于投入状态的子模块数目，如图 7.6 所示。MMC 相电压如图 7.7 所示。

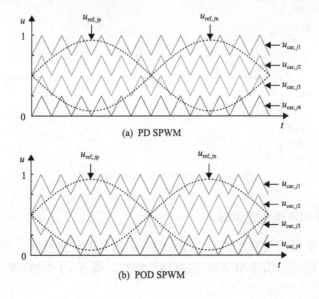

(a) PD SPWM

(b) POD SPWM

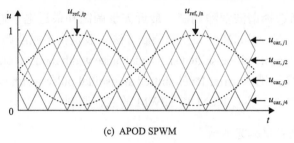

(c) APOD SPWM

图 7.5   CLS-SPWM 的三种类型

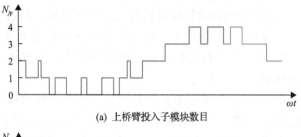

(a) 上桥臂投入子模块数目

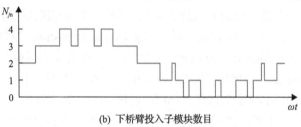

(b) 下桥臂投入子模块数目

图 7.6   PD SPWM 下 MMC 桥臂投入子模块数目

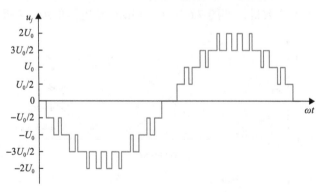

图 7.7   PD SPWM 下 MMC 的相电压

2. 载波移相正弦脉宽调制

在 MMC 常用的调制方法中，CPS-SPWM 因其谐波含量低、可自动均压等优势得到了广泛研究。CPS-SPWM 也有两种形式，即 $N+1$ 型和 $2N+1$ 型，两者主要区别同 CLS-SPWM，本节所指的 CPS-SPWM 也是 $2N+1$ 型 CPS-SPWM。

CPS-SPWM 工作原理如图 7.8 所示，以五电平（$N=4$）MMC 为例，$u_{\text{car},jp1}$、$u_{\text{car},jp2}$、$u_{\text{car},jp3}$ 和 $u_{\text{car},jp4}$ 为上桥臂的四条载波，分别对应上桥臂的四个子模块，相邻载波之间的相位差为 $\theta=2\pi/N=2\pi/4=\pi/2$；同样，$u_{\text{car},jn1}$、$u_{\text{car},jn2}$、$u_{\text{car},jn3}$ 和 $u_{\text{car},jn4}$ 为下桥臂的四条载波，分别对应下桥臂的四个子模块，相邻载波之间的相位差也为 $\pi/2$。上、下桥臂处于同一位置的子模块（SM_{jpl} 与 SM_{jnl}，$j=\text{a, b, c}$，$l=1,2,\cdots,N$）对应的载波之间的相位差为 $\alpha=2\pi/2N=2\pi/8=\pi/4$。$u_{\text{ref},jp}$ 和 $u_{\text{ref},jn}$ 分别为上桥臂和下桥臂的调制波，其相位差为 π。两条调制波分别与各自对应桥臂的四条载波进行比较，当调制波幅值大于载波幅值时，输出为 1，即载波对应的子模块处于投入状态；反之，输出为 0，即载波对应的子模块处于旁路状态。两桥臂各自将所有子模块对应的方波相加，得到各自的桥臂电压 u_{jp} 和 u_{jn}，该波形形状接近一条正弦波，但并非连续，而是在五个电平内阶梯变化。相电压 u_j 波形同样接近一条正弦波，不过相电压在九个电平中阶梯变化。由于 CPS-SPWM 每个子模块处于投入状态的时间相等，子模块电容能够自动均压，所以不需要像 CLS-SPWM 和 NLM 加入排序均压算法。

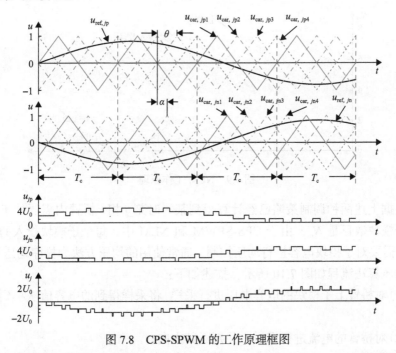

图 7.8　CPS-SPWM 的工作原理框图

3. 最近电平逼近调制

另一种需要使用排序均压算法的调制方法是 NLM，这种调制策略不需要载波的参与，即不采用控制脉冲宽度等效为正弦波的 SPWM 方法，而是使用阶梯波直接逼近正弦波，直接控制上、下桥臂处于投入状态的子模块数目来控制输出的电压波形。令 $u_{\text{ref},j}$ 为 j 相的瞬时调制波形参考值，而 u_j 是 j 相的输出电压，那么在每个时刻，上、下桥臂处于投入状态的子模块数目 N_{jp} 和 N_{jn} 可以分别表示为

$$N_{jp} = N - N_{jn} = \frac{N}{2} - \text{round}\left(\frac{u_{\text{ref},j}}{U_0}\right) \tag{7.6}$$

$$N_{jn} = \frac{N}{2} + \text{round}\left(\frac{u_{\text{ref},j}}{U_0}\right) \tag{7.7}$$

式中，$\text{round}(x)$ 为与 x 最接近的整数，且因为每个桥臂只有 N 个子模块，所以有 $0 \leqslant N_{jp}, N_{jn} \leqslant N$。如图 7.9 所示，在调制波逐渐增大的过程中，子模块投入数目也逐步增加；在调制波逐渐减小的过程中，子模块投入数目也逐步减少。

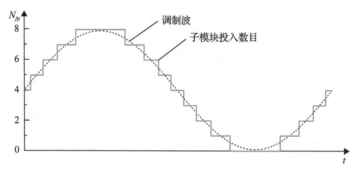

图 7.9　NLM 工作原理

　　根据上述两种调制策略已经计算得到某一时刻 j 相 k 桥臂内需要处于投入状态的子模块数目是 N_{jk}，由于 CPS-SPWM 和 NLM 中，每个子模块投入的时间不相等，需要对子模块电容进行均压控制，通常使用的均压方法为排序均压算法[5]。排序均压算法流程如图 7.10 所示，描述如下：

　　(1) 对桥臂上子模块的电容电压进行采样，将采样得到的电容值从小到大进行排序。

　　(2) 对桥臂的电流进行采样，并判断其方向。

　　(3) 如果电流方向为正，即电容处于充电状态，那么此时选取电容电压最小的 N_{jk} 个子模块投入桥臂中；如果电流方向为负，即电容处于放电状态，那么此时选取电容电压最大的 N_{jk} 个子模块投入桥臂中。

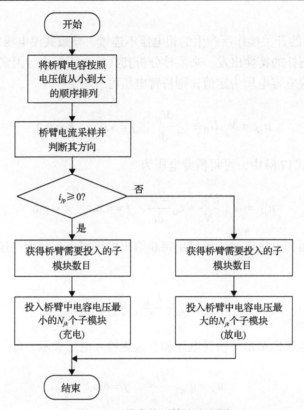

图 7.10　排序均压算法流程图

7.1.3　模块化多电平变换器共模电磁干扰问题

从 MMC 在 21 世纪初被发明以来，科研人员已经在其拓扑结构、工作原理、调制策略、控制方法、子模块电容电压均衡、环流抑制和故障穿越等领域进行了大量研究，但对 MMC 产生的电磁干扰问题关注较少。MMC 中由器件开关序列组合方式而形成的共模电压是重要的电磁干扰源。

在 DC-AC 变换器系统中，共模电压是负载侧中性点与直流侧中性点之间的电势差，也称为零序电压。在理想三相逆变器中，三相输出相电压为三条相位差互为 $2\pi/3$ 的正弦波，则共模电压为零。但 MMC 因其独特的模块化结构，在开关动作下控制其子模块投切，输出电压波形处于多个电平跳变的不连续状态，并且三相输出两两之间的投切操作并非处于同一时刻，三相中点输出的相电压之和也处于多个电平跳变，所以共模电压会发生高频跳变，具体波形情况与使用的调制方法和电压等级、调制比、桥臂子模块数目等因素有关。共模电压每个电平的幅值与直流侧输入电压成正比，其频率与功率器件的开关频率有关。同时，由于 MMC 子模块电容电压的低频波动，共模电压中也存在一部分低频分量。

MMC 各相的开关操作所产生的相电压不连续，导致共模电压发生高频跳变，下面从 MMC 拓扑的特性出发，来推导分析其共模电压的决定因素。

假设子模块电容电压为定值，则桥臂电压可表示为

$$u_{jk} = N_{jk}U_0 + L_0\frac{\mathrm{d}i_{jk}}{\mathrm{d}t}, \quad j=\mathrm{a,b,c}, \quad k=\mathrm{p,n} \tag{7.8}$$

将式(7.4)代入式(7.8)中，可得桥臂电压为

$$u_{jk} = N_{jk}\frac{U_{\mathrm{dc}}}{N} + L_0\frac{\mathrm{d}i_{jk}}{\mathrm{d}t}, \quad j=\mathrm{a,b,c}, \quad k=\mathrm{p,n} \tag{7.9}$$

根据基尔霍夫电压定律，可得出每相输出电压可由上桥臂电压和直流侧输入电压表示，即

$$u_j = -u_{jp} + \frac{U_{\mathrm{dc}}}{2}, \quad j=\mathrm{a,b,c} \tag{7.10}$$

同时每相输出电压也可由下桥臂电压和直流侧输入电压表示，即

$$u_j = u_{jn} - \frac{U_{\mathrm{dc}}}{2}, \quad j=\mathrm{a,b,c} \tag{7.11}$$

联立式(7.10)和式(7.11)，每相输出电压则可由该相上桥臂电压和下桥臂电压共同表示为

$$u_j = \frac{u_{jn} - u_{jp}}{2}, \quad j=\mathrm{a,b,c} \tag{7.12}$$

将式(7.9)代入式(7.12)中，可得

$$\begin{aligned}u_j &= \frac{U_{\mathrm{dc}}}{2N}(N_{jn}-N_{jp}) + L_0\frac{\mathrm{d}}{\mathrm{d}t}(i_{jn}-i_{jp}) \\ &= \frac{U_{\mathrm{dc}}}{2N}(N_{jn}-N_{jp}) - L_0\frac{\mathrm{d}}{\mathrm{d}t}i_j, \quad j=\mathrm{a,b,c}\end{aligned} \tag{7.13}$$

式中，i_{jn} 或 i_{jp} 为相中点输出电流，即相电流。根据共模电压的定义可得，共模电压为

$$u_{\mathrm{cm}} = \frac{u_{\mathrm{a}}+u_{\mathrm{b}}+u_{\mathrm{c}}}{3} \tag{7.14}$$

将式(7.13)代入式(7.14)，可得

$$u_{cm} = \frac{U_{dc}}{6N}\Big[(N_{an} + N_{bn} + N_{cn}) - (N_{ap} + N_{bp} + N_{cp})\Big] - \frac{1}{3}L_0\frac{d}{dt}(i_a + i_b + i_c)$$

$$= \frac{U_{dc}}{6N}\Big[(N_{an} + N_{bn} + N_{cn}) - (N_{ap} + N_{bp} + N_{cp})\Big] \tag{7.15}$$

之所以式 (7.15) 最后一项消去，是因为在三相平衡工况下，其值为零。将三个相单元上桥臂处于投入状态的子模块之和表示为 N_p，并将三个相单元下桥臂处于投入状态的子模块之和表示为 N_n，则有

$$N_p = N_{ap} + N_{bp} + N_{cp} \tag{7.16}$$

$$N_n = N_{an} + N_{bn} + N_{cn} \tag{7.17}$$

共模电压可表示为

$$u_{cm} = \frac{U_{dc}}{6N}(N_n - N_p) \tag{7.18}$$

将 $N_n - N_p$ 用 N_{diff} 表示，即

$$N_{diff} = N_n - N_p \tag{7.19}$$

则共模电压最终可表示为

$$u_{cm} = \frac{U_{dc}}{6N}N_{diff} \tag{7.20}$$

因此，在同一个 MMC 电路中，当直流侧输入电压 U_{dc} 确定时，共模电压值由上述两和之差 $N_n - N_p$ 直接决定。当 $N_n - N_p$ 跳变时，共模电压 u_{cm} 也会相应地跳变，每次跳变电平为 $U_{dc}/(6N)$。

MMC 共模电压受调制策略影响较大，图 7.11 给出 MMC 相同主电路参数下 CLS-SPWM、CPS-SPWM 和 NLM 的共模电压波形。CLS-SPWM 和 CPS-SPWM 控制下共模电压幅值相同，NLM 控制下共模电压幅值较低。

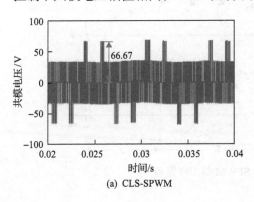

(a) CLS-SPWM

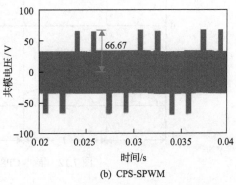

(b) CPS-SPWM

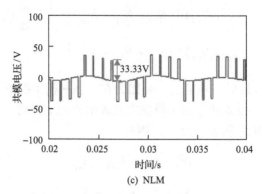

(c) NLM

图 7.11 不同调制策略下 MMC 共模电压波形

7.2 基于混沌脉宽调制的共模电磁干扰抑制方法

7.2.1 混沌脉宽调制原理

本节针对 MMC 的 CPS-SPWM 策略，基于电力电子变换器的 CPWM 技术，提出混沌 CPS-SPWM 抑制 MMC 共模电磁干扰。以五电平 MMC 为例来解释混沌 CPS-SPWM 的工作原理，如图 7.12 所示。上桥臂和下桥臂分别有四条载波，分别对应上桥臂和下桥臂的四个子模块。载波周期不是恒定的，而是按照混沌序列进行混沌变化，这是混沌 CPS-SPWM 与传统 CPS-SPWM 唯一的不同[6]。与传统 CPS-SPWM 相同的是，在混沌 CPS-SPWM 的每个载波周期内，上桥臂相邻载波之间的相位差为 π/2，下桥臂也如此，上、下桥臂处于同一位置的子模块对应的载波之间的相位差为 π/4。$u_{\mathrm{ref},jp}$ 和 $u_{\mathrm{ref},jn}$ 分别为上桥臂和下桥臂的调制波，其相位差为 $\pi^{[8]}$。

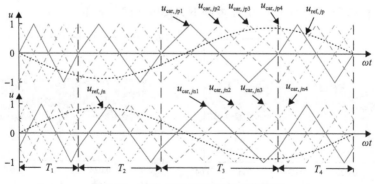

图 7.12 混沌 CPS-SPWM 的工作原理

7.2.2 混沌载波移相正弦脉宽调制抑制共模电磁干扰

为了验证混沌 CPS-SPWM 抑制共模电磁干扰的有效性,搭建五电平 MMC 仿真模型,分别在传统 CPS-SPWM 和混沌 CPS-SPWM 两种调制下对比共模电压仿真结果,在传统 CPS-SPWM 中,载波频率设置为 5kHz(周期为 200μs),在混沌 CPS-SPWM 中,载波周期范围为 160～240μs。

在验证混沌 CPS-SPWM 能够抑制 MMC 共模电压之前,需要保证使用混沌 CPS-SPWM 时,MMC 可以正常工作。首先使用传统 CPS-SPWM 对 MMC 中的输出电压和电流进行谐波分析,如图 7.13 所示。由图可得,传统 CPS-SPWM 下 MMC 的电压和电流的总谐波失真(total harmonic distortion,THD)分别为 11.43%和 0.28%。

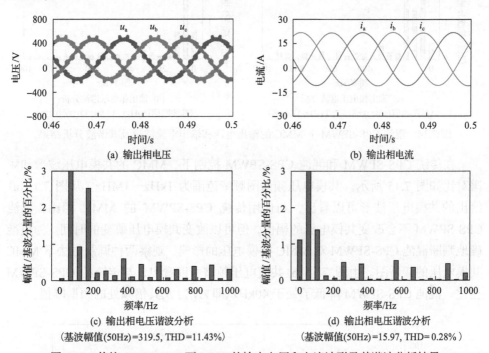

(a) 输出相电压　　　　　　　　　　　(b) 输出相电流

(c) 输出相电压谐波分析　　　　　　　　(d) 输出相电压谐波分析
(基波幅值(50Hz)=319.5, THD=11.43%)　　　(基波幅值(50Hz)=15.97, THD=0.28%)

图 7.13　传统 CPS-SPWM 下 MMC 的输出电压和电流波形及其谐波分析结果

对混沌 CPS-SPWM 控制的 MMC 输出电压和电流进行谐波分析,与传统 CPS-SPWM 进行对比。图 7.14 为使用混沌 CPS-SPWM 的 MMC 的输出电压和输出电流的波形及其谐波分析结果。由图 7.14 可以看出,在使用混沌 CPS-SPWM 时,MMC 输出电压和输出电流波形与传统 CPS-SPWM 基本相同,且 THD 分别为 11.41%和 0.25%,与传统 CPS-SPWM 相比,变化很小。因此,基于混沌 CPS-SPWM 控制的 MMC 电气输出性能正常。

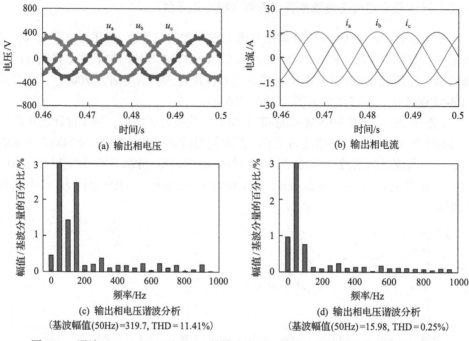

(a) 输出相电压

(b) 输出相电流

(c) 输出相电压谐波分析
（基波幅值(50Hz)=319.7, THD=11.41%）

(d) 输出相电流谐波分析
（基波幅值(50Hz)=15.98, THD=0.25%）

图 7.14　混沌 CPS-SPWM 下 MMC 的输出电压和输出电流波形及其谐波分析结果

在传统 CPS-SPWM 和混沌 CPS-SPWM 控制下，MMC 的共模电压波形和频谱对比如图 7.15 所示。共模电压频谱图频率范围为 1kHz～1MHz。从图 7.15(a)给出的共模电压波形可以看出，与使用传统 CPS-SPWM 的 MMC 相比，混沌 CPS-SPWM 不会改变共模电压的幅值，但可以改变共模电压跳变的时间。为更准确地判断混沌 CPS-SPWM 对 MMC 共模电压的影响，观察两种调制方法下 MMC 共模电压的频谱图。由图 7.15(b)共模电压频谱可以看出，与传统的 CPS-SPWM 相比，混沌 CPS-SPWM 降低了处于 40kHz（即 $2Nf_c$）及其倍频处的频谱峰值。

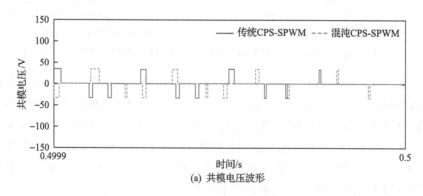

(a) 共模电压波形

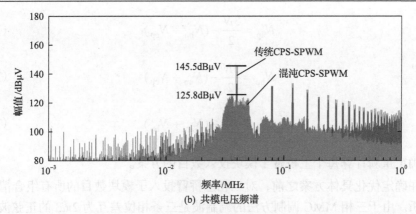

(b) 共模电压频谱

图 7.15　传统 CPS-SPWM 和混沌 CPS-SPWM 的 MMC 中共模电压波形和频谱

　　为了直观地体现混沌 CPS-SPWM 对 MMC 共模电压降低的影响,根据分析与仿真结果对常规的 CPS-SPWM 与混沌 CPS-SPWM 进行对比总结,如表 7.3 所示。可以得出,相比于传统 CPS-SPWM,混沌 CPS-SPWM 基本上不会改变交流输出相电压和相电流的 THD,就可以使调制方法引起的 MMC 共模电压的频谱最大尖峰减小 19.7dBμV,具有较好的共模电磁干扰抑制效果。

表 7.3　传统 CPS-SPWM 与混沌 CPS-SPWM 对比结果

参数	传统 CPS-SPWM	混沌 CPS-SPWM
输出相电压的 THD/%	11.43	11.41
输出相电流的 THD/%	0.28	0.25
共模电压 40kHz 处频谱峰值/ dBμV	145.5	125.8

7.3　基于六段式调制的共模电磁干扰抑制方法

7.3.1　六段式调制原理

　　根据 7.1 节的分析,只要满足 $N_p=N_n=3N/2$,就可以使 MMC 共模电压为零。本节以此为依据,在传统调制方法计算子模块投入数目的基础上,重新计算子模块投入数目,以满足 $N_p=N_n=3N/2$。排序均压算法的使用,使得根据需求来进一步计算需要投入的子模块数目成为可能。下面首先以上桥臂为例,对使用排序均压算法的调制方法进行分析。

　　设 N'_{jk} 为重新计算后的子模块投入数目,要满足 $N_p=3N/2$,利用 $3N/2$ 直接减去其他两个桥臂的投入子模块数目,有以下三种方式:

$$N'_{ap} = \frac{3N}{2} - (N_{bp} + N_{cp}) \tag{7.21}$$

$$N'_{bp} = \frac{3N}{2} - (N_{ap} + N_{cp}) \tag{7.22}$$

$$N'_{cp} = \frac{3N}{2} - (N_{ap} + N_{bp}) \tag{7.23}$$

需要确定重新计算每个上桥臂子模块投入数目的方案。

　　在确定优化具体方案之前,对三相上桥臂投入子模块数目的所有组合情形进行分析。由于三相 MMC 调制方法的调制波是三条相位差互为 $2\pi/3$ 的正弦波,为了简化分析过程,根据三相调制波的大小关系,可以将每个工频周期平均分为六个 $\pi/3$ 的区域,如图 7.16 所示。以 CLS-SPWM 下每个桥臂有 4 个子模块的 MMC(五电平 MMC,此时 $N=4$)为例,在第 I 区域中,每个三相上桥臂投入的子模块数目的所有组合情况如表 7.4 所示[8]。如表 7.4 所示,在控制段 I 中的所有组合情形中,只有 $N_{ap}+N_{cp}$ 始终满足 $2 \leqslant N_{ap}+N_{cp} \leqslant 6$,即满足 $0 \leqslant 6-(N_{ap}+N_{cp}) \leqslant 4$。其中情形 1 中,$N_{ap}+N_{bp}=1<2$;情形 13 中,$N_{bp}+N_{cp}=7>6$。所以,在第 I 区域中,令 B 相上桥臂子模块投入数目为 $N'_{bp}=6-(N_{ap}+N_{cp})$。同理,在第 IV 区域中,令 B 相上桥臂子模块投入数目为 $N'_{bp}=6-(N_{ap}+N_{cp})$;在第 II 和第 V 区域中,令 A 相上桥臂子模块投入数目为 $N'_{ap}=6-(N_{bp}+N_{cp})$;在第 III 和第 VI 区域中,令 C 相上桥臂子模块投入数目为 $N'_{cp}=6-(N_{ap}+N_{bp})$。

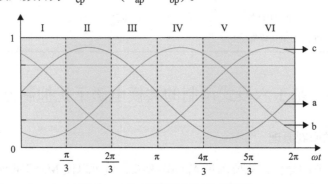

图 7.16　三相正弦调制波和控制段

表 7.4　五电平 MMC 控制段 I 上桥臂投入子模块数目所有组合情形

情形	N_{ap}	N_{bp}	N_{cp}	$N_{ap}+N_{bp}$	$N_{ap}+N_{cp}$	$N_{bp}+N_{cp}$	$N_{ap}+N_{bp}+N_{cp}$
1	0	1	3	1	3	4	4
2	0	2	2	2	2	4	4

续表

情形	N_{ap}	N_{bp}	N_{cp}	$N_{ap}+N_{bp}$	$N_{ap}+N_{cp}$	$N_{bp}+N_{cp}$	$N_{ap}+N_{bp}+N_{cp}$
3	0	2	3	2	3	5	5
4	0	2	4	2	4	6	6
5	0	3	3	3	3	6	6
6	1	1	2	2	3	3	4
7	1	1	3	2	4	4	5
8	1	1	4	2	5	5	6
9	1	2	2	3	3	4	5
10	1	2	3	3	4	5	6
11	1	2	4	3	5	6	7
12	1	3	3	4	4	6	7
13	1	3	4	4	5	7	8
14	2	2	3	4	5	5	7
15	2	2	4	4	6	6	8
16	2	3	3	5	5	6	8

当 N 增大时，$N_{ap}+N_{bp}$、$N_{ap}+N_{cp}$、$N_{bp}+N_{cp}$ 均满足不小于 2 且不大于 $3N/2$ 的要求，这里不具体给出上桥臂投入子模块数目的所有组合情形，但是需要注意的是，如果不继续采用分段计算子模块投入数目的方式，而是让其中一相的桥臂直接为重新计算的子模块投入数目，那么该相承担全部的谐波含量会增加。以 NLM 下每个桥臂有 8 个子模块的 MMC（九电平 MMC，此时 $N=8$）为例，若令 $N'_{cp}=12-(N_{ap}+N_{bp})$ 且 $N'_{cn}=12-(N_{an}+N_{bn})$，则三相交流相电压 u_j 和电流 i_j(j=a,b,c)波形及其快速傅里叶变换结果分别如图 7.17 和图 7.18 所示，C 相输出相电压和相电流的 THD 明显高于 A 相和 B 相，很明显，这样的共模电压消除方式不可行。因此，如果能分情况重新计算子模块投入数目，则可使输出相电压和相电流的 THD 基本相等。

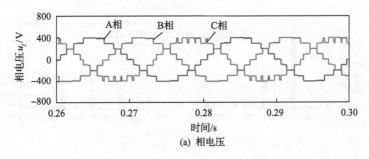

(a) 相电压

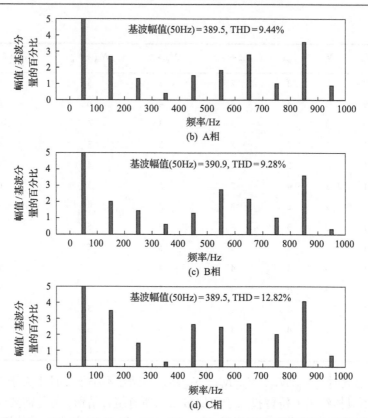

图 7.17　$N'_{cp} = 12 - (N_{ap} + N_{bp})$ 且 $N'_{cn} = 12 - (N_{an} + N_{bn})$ 时三相交流输出相电压及其快速傅里叶变换结果

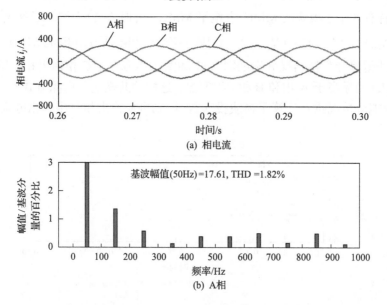

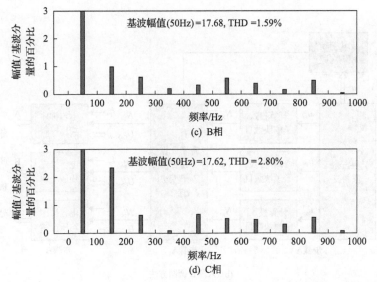

图 7.18　$N'_{cp} = 12 - (N_{ap} + N_{bp})$ 且 $N'_{cn} = 12 - (N_{an} + N_{bn})$ 时三相交流输出相
电流及其快速傅里叶变换结果

按照上述分析，介绍适用于排序均压算法来完全消除共模电压高频跳变的优化调制方法——六段式调制方法。

将每个 π/3 的区域定义为一个控制段，分段规则为：满足关系 $u_{sa} < u_{sb} < u_{sc}$ 的控制段称为控制段 I；满足关系 $u_{sb} < u_{sa} < u_{sc}$ 的控制段称为控制段 II；满足关系 $u_{sb} < u_{sc} < u_{sa}$ 的控制段称为控制段 III；满足关系 $u_{sc} < u_{sb} < u_{sa}$ 的控制段称为控制段 IV；满足关系 $u_{sc} < u_{sa} < u_{sb}$ 的控制段称为控制段 V；满足关系 $u_{sa} < u_{sc} < u_{sb}$ 的控制段称为控制段 VI。

使用均压排序算法的传统调制方法和六段式调制方法的原理框图如图 7.19 所

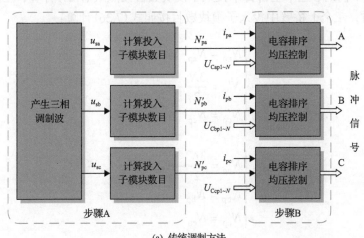

(a) 传统调制方法

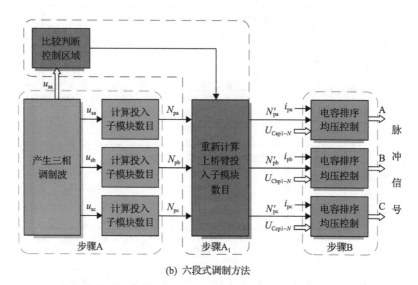

(b) 六段式调制方法

图 7.19　传统调制方法和六段式调制方法原理框图

示,其中图 7.19(a)为传统调制方法,主要由基本调制方法和排序均压算法两部分构成,图 7.19(b)为六段式调制方法,在图 7.19(a)的基础上增加了步骤 A_1(分段重新计算子模块投入数目)。步骤 A 和步骤 A_1 分别如下:

步骤 A　产生三相调制波,通过传统无法自动均压调制方法,如 NLM 和 CLS-SPWM,计算三个上桥臂中需要投入的子模块数目。

步骤 A_1　根据调制信号的大小关系对工频周期进行分段,对应图 7.19,根据分段对需要投入的子模块数目进行重新计算,得到新的子模块投入数目计算规则为在控制段 I 或 IV 内时,三个上桥臂中投入子模块数目按照式(7.24)计算;在控制段 II 或 V 内时,三个上桥臂中投入子模块数目按照式(7.25)计算;在控制段 III 或 VI 内时,三个上桥臂中投入子模块数目按照式(7.26)计算:

$$\begin{cases} N'_{\mathrm{ap}} = N_{\mathrm{ap}} \\ N'_{\mathrm{bp}} = \dfrac{3N}{2} - N_{\mathrm{ap}} - N_{\mathrm{cp}} \\ N'_{\mathrm{cp}} = N_{\mathrm{cp}} \end{cases} \tag{7.24}$$

$$\begin{cases} N'_{\mathrm{ap}} = \dfrac{3N}{2} - N_{\mathrm{bp}} - N_{\mathrm{cp}} \\ N'_{\mathrm{bp}} = N_{\mathrm{bp}} \\ N'_{\mathrm{cp}} = N_{\mathrm{cp}} \end{cases} \tag{7.25}$$

$$\begin{cases} N'_{ap} = N_{ap} \\ N'_{bp} = N_{bp} \\ N'_{cp} = \dfrac{3N}{2} - N_{ap} - N_{bp} \end{cases} \tag{7.26}$$

步骤 B　根据桥臂上的电流方向、子模块电容电压大小和需要投入的子模块数目，进行排序均压算法，具体均压算法见 7.1.2 节。

7.3.2　六段式载波层叠正弦脉宽调制抑制共模电磁干扰

基于上述六段式调制技术原理,实现 MMC 的六段式 CLS-SPWM(six-segment CLS-SPWM, S²CLS-SPWM)控制。为了确保 MMC 在使用 CLS-SPWM 和 S²CLS-SPWM 这两种调制方法时均能够保持正常的电气性能,给出两种调制方法下 MMC 的输出相电流波形如图 7.20 所示。由图 7.20(a) 和 (b) 可以看出,MMC 中的输出电流是正常的,不同的是,使用 CLS-SPWM 时 MMC 的输出电流的 THD 为 0.44%,而使用 S²CLS-SPWM 时该值稍大,为 0.69%。

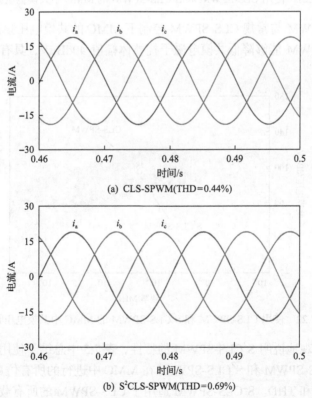

(a) CLS-SPWM(THD=0.44%)

(b) S²CLS-SPWM(THD=0.69%)

图 7.20　CLS-SPWM 和 S²CLS-SPWM 的 MMC 输出相电流波形

使用 CLS-SPWM 和 S²CLS-SPWM 的 MMC 中共模电压波形如图 7.21 所示。由图 7.21 可以看出，使用 CLS-SPWM 时共模电压的峰峰值为 136.27V，使用 S²CLS-SPWM 时为 5.40V。与 CLS-SPWM 相比，S²CLS-SPWM 将共模电压的峰峰值降低了 96.0%。使用 S²CLS-SPWM 时共模电压不为零的原因是子模块电容电压的波动。

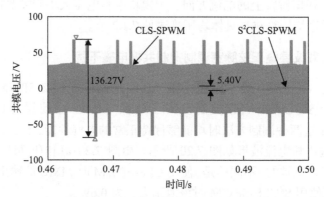

图 7.21 使用 CLS-SPWM 和 S²CLS-SPWM 的 MMC 中共模电压波形

S²CLS-SPWM 与常规 CLS-SPWM 控制下 MMC 的共模电压频谱如图 7.22 所示，S²CLS-SPWM 能够降低共模电磁干扰整体幅值 40dBμV，具有良好的电磁干扰抑制效果。

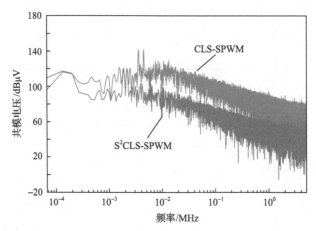

图 7.22 使用 CLS-SPWM 和 S²CLS-SPWM 的 MMC 中共模电压频谱

为了更直观地说明 S²CLS-SPWM 的特性，表 7.5 中总结了使用上述两种不同调制方法(CLS-SPWM 和 S²CLS-SPWM)在 MMC 中进行的所有仿真结果，包括共模电压峰峰值和 THD。S²CLS-SPWM 适用于 CLS-SPWM 的所有载波相位分布情况，包括 PD、APOD 和 POD。

表 7.5　CLS-SPWM 与 S²CLS-SPWM 对比结果

参数	CLS-SPWM	S²CLS-SPWM
共模电压峰峰值/V	136.27	5.40
THD/%	0.44	0.69

7.3.3　六段式最近电平逼近调制抑制共模电磁干扰

基于上述六段式调制技术原理,实现 MMC 的六段式 NLM(six-segment NLM,S²NLM)控制。为了确保 MMC 在使用 NLM 和 S²NLM 两种不同的调制方法时均能够保持正常工作,分别给出了使用这两种调制方法时 MMC 的输出相电流波形,如图 7.23 所示。由图 7.23(a) 和(b)可以看出,MMC 中的输出电流是正常的,使用 S²NLM 的 MMC 中输出电流的 THD 为 7.67%,大于使用 NLM 时的 6.30%。

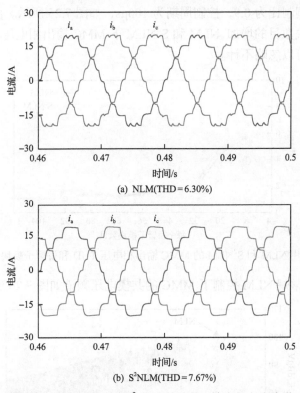

(a) NLM(THD=6.30%)

(b) S²NLM(THD=7.67%)

图 7.23　使用 NLM 和 S²NLM 的 MMC 输出相电流波形

使用 NLM 和 S²NLM 的共模电压波形如图 7.24 所示。由图 7.24 可以看出,使用 NLM 时共模电压的峰峰值为 74.86V,使用 S²NLM 时为 4.53V。与 NLM 相比,S²NLM 将共模电压的峰峰值降低了 93.9%。使用 S²NLM 时共模电压不为零的原因是子模块电容电压的波动。

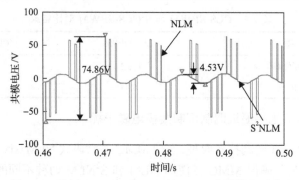

图 7.24　使用 NLM 和 S²NLM 的 MMC 中共模电压波形

由于 NLM 通常应用于电平数较高的场合(大于 21 电平), 所以这里给出了
NLM 和 S²NLM 下 MMC 输出相电压的 THD 和每个桥臂子模块数目之间关系的仿
真结果, 其中调制比为 0.9, 控制周期为 100μs, 如图 7.25 所示。由图 7.25 可得,
随着桥臂子模块数目的增加, NLM 和 S²NLM 下 MMC 输出相电压 THD 的差距越
来越小, 甚至可以忽略不计。

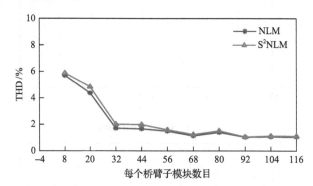

图 7.25　使用 NLM 和 S²NLM 的 MMC 输出相电压 THD 和桥臂子模块数目的关系

S²NLM 与常规 NLM 控制下 MMC 的共模电压频谱如图 7.26 所示, S²NLM 能

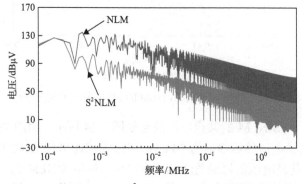

图 7.26　使用 NLM 和 S²NLM 的 MMC 中共模电压频谱

够降低共模电磁干扰整体幅值 40dBμV，具有良好的电磁干扰抑制效果。

为了更直观地说明 S²NLM 的特性，表 7.6 为总结使用上述两种不同调制方法（NLM 和 S²NLM）在 MMC 中进行的所有仿真结果，包括共模电压峰峰值和 THD。

表 7.6　NLM 与 S²NLM 对比结果

参数	NLM	S²NLM
共模电压峰峰值/V	74.86	4.53
THD/%	6.30	7.67

7.4　基于脉冲顺接调制的共模电磁干扰抑制方法

7.4.1　脉冲顺接载波移相调制原理

本节针对具备自动均压的载波移相正弦脉宽调制，提出一种能够完全消除 MMC 高频共模电压跳变的调制方法。以三相上桥臂为例，MMC 的每个桥臂的子模块数量 N 通常为偶数，如果从三相上桥臂中分别将第 k 个和第 $N/2+k$ 个子模块取出，并将这每 6 个子模块编为一个组，那么上桥臂的所有子模块可以均分为 $N/2$ 组，具体分组方法如图 7.27 所示。将这六个子模块按照图 7.27 中①～⑥的顺序依次排列，则这个组中相邻的两个子模块所对应的载波相位差为π，第⑥个和第①个子模块对应的载波相位差也是 π（将这个有顺序的子模块组称为脉冲顺接

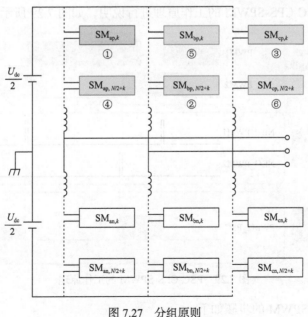

图 7.27　分组原则

组），一组子模块对应的载波如图 7.28 所示，$N/2$ 个组内子模块之间都有同样的关系，如果能分组分别在组内保持投入的子模块数目恒定不变，那么共模电压在理论上就可以保持恒定。

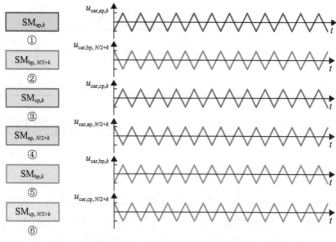

图 7.28　一组子模块对应的载波

7.4.2　脉冲顺接载波移相正弦脉宽调制抑制共模电磁干扰

本节针对传统的 CPS-SPWM 进行改进，并提出一种新的调制方式：脉冲顺接载波移相正弦脉宽调制(pulse sequential connection CPS-SPWM，PSC-CPS- SPWM)。

下面对 PSC-CPS-SPWM 的工作原理进行说明，如图 7.29 所示。

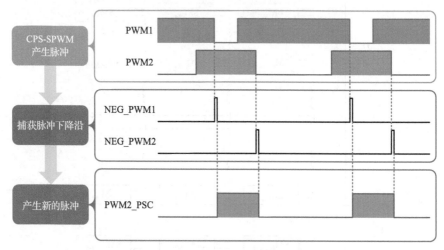

图 7.29　PSC-CPS-SPWM 的工作原理

PSC-CPS-SPWM 的步骤如下：

(1)利用常规的 CPS-SPWM 产生脉冲波形；

(2)捕获由 CPS-SPWM 产生的脉冲的下降沿；

(3)由捕获的下降沿产生新的脉冲波形。

整个 PSC 组层面如图 7.30 所示。图 7.30(a)为 CPS-SPWM 下一个 PSC 组中子模块对应的载波和调制波，其中图 7.30 中序号①~⑥与图 7.27 中序号①~⑥的含义相同且一一对应。CPS-SPWM 下，这一个 PSC 组的子模块输出电压波形如图 7.30(b)所示。与 CPS-SPWM 不同，PSC-CPS-SPWM 脉冲的上升沿是由上一个相邻子模块的下降沿触发的，即每个子模块的脉冲的上升沿与同一个 PSC 组的前一个子模块的脉冲下降沿处于同一时刻，这样，得到 PSC-CPS-SPWM 下一个 PSC 组中的所有子模块的驱动脉冲，子模块输出电压波形如图 7.30(c)所示，图中，对脉冲进行区分，可以看出，这一个 PSC 组中的子模块输出电压形成三条首尾相连的脉冲带，简称 PSC 带。在每一条 PSC 带中，总有一个子模块处于投入状态，即每个 PSC 组中的处于投入状态的子模块数目始终为 3。因此，三个上桥臂和三个下桥臂的所有投入的子模块数目均为 $3N/2$，使得整个 MMC 拓扑的共模电压为零。

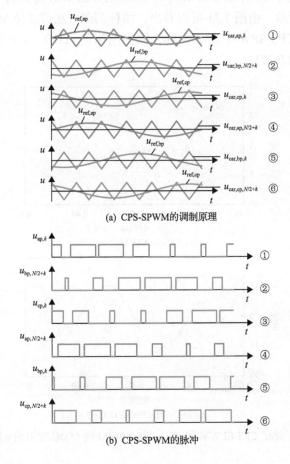

(a) CPS-SPWM的调制原理

(b) CPS-SPWM的脉冲

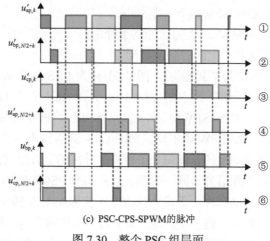

(c) PSC-CPS-SPWM的脉冲

图 7.30　整个 PSC 组层面

　　为了验证 PSC-CPS-SPWM 的正确性，在 MATLAB/Simulink 中搭建五电平 MMC 的仿真模型。使用 CPS-SPWM 和 PSC-CPS-SPWM 得到的 MMC 交流输出电流如图 7.31 所示。由图 7.31 可以看出，两种调制方法可以使 MMC 正常工作，但是使用 PSC-CPS-SPWM 时，MMC 输出电流的 THD 为 0.93%，高于使用 CPS-SPWM 时的 0.27%。

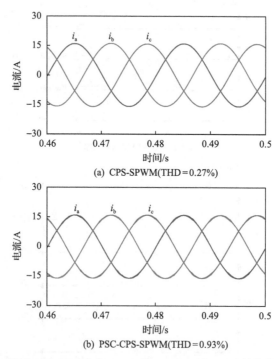

(a) CPS-SPWM(THD=0.27%)

(b) PSC-CPS-SPWM(THD=0.93%)

图 7.31　使用 CPS-SPWM 和 PSC-CPS-SPWM 的 MMC 输出相电流波形

如图 7.32 所示,使用常规 CPS-SPWM 时,MMC 共模电压的峰峰值为 135.72V,而使用 PSC-CPS-SPWM 时,其共模电压的峰峰值仅为 3.71V,比前者低 97.3%。使用 PSC-CPS-SPWM 时,MMC 的共模电压未完全保持为零的主要原因是子模块电容电压的波动。

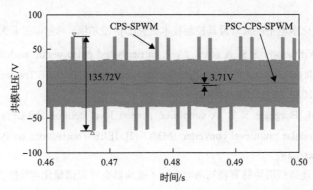

图 7.32　使用 CPS-SPWM 和 PSC-CPS-SPWM 的 MMC 中共模电压波形

PSC-CPS-SPWM 与常规 CPS-SPWM 控制下 MMC 的共模电压频谱如图 7.33 所示,PSC-CPS-SPWM 能够降低共模电磁干扰整体幅值 40dBμV,具有良好的电磁干扰抑制效果。

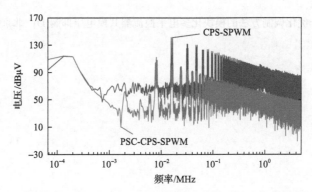

图 7.33　使用 CPS-SPWM 和 PSC-CPS-SPWM 的 MMC 中共模电压频谱

为了更直观地说明 PSC-CPS-SPWM 的特性,表 7.7 中总结了使用上述两种不同调制方法(CPS-SPWM 和 PSC-CPS-SPWM)在 MMC 中进行的所有仿真结果,包括共模电压峰峰值和输出电流的 THD。

表 7.7　CPS-SPWM 与 PSC-CPS-SPWM 对比结果

参数	CPS-SPWM	PSC-CPS-SPWM
共模电压峰峰值/V	135.72	3.71
输出电流的 THD/%	0.27	0.93

参 考 文 献

[1] 徐政. 柔性直流输电系统[M]. 北京: 机械工业出版社, 2016.

[2] 汤广福, 贺之渊, 庞辉. 柔性直流输电工程技术研究、应用及发展[J]. 电力系统自动化, 2013, 37(15): 3-14.

[3] 李彬彬. 模块化多电平换流器及其控制技术研究[D]. 哈尔滨: 哈尔滨工业大学, 2017.

[4] Ronanki D, Williamson S S. A novel 2N+1 carrier-based pulse width modulation scheme for modular multilevel converters with reduced control complexity[J]. IEEE Transactions on Industry Applications, 2020, 56(5): 5593-5602.

[5] Meshram P M, Borghate V B. A simplified nearest level control (NLC) voltage balancing method for modular multilevel converter (MMC)[J]. IEEE Transactions on Power Electronics, 2014, 30(1): 450-462.

[6] 杨志昌. 基于连续型混沌脉宽调制的电力电子变换器电磁频谱量化与性能分析方法研究[D]. 北京: 北京交通大学, 2020.

[7] Wang J X, Li H, Yang Z C, et al. Common-mode voltage reduction of modular multilevel converter based on chaotic carrier phase shifted sinusoidal pulse width modulation[C]. IEEE International Symposium on Electromagnetic Compatibility & Signal/Power Integrity, Reno, 2020: 626-631.

[8] 王佳信. 基于优化调制方法的模块化多电平换流器共模电压抑制[D]. 北京: 北京交通大学, 2021.